Damir Sagdeev
Marina Fomina
Ilmutdin Abdulagatov

Lepkość i gęstość olefin w wysokich temperaturach i ciśnieniach

Damir Sagdeev
Marina Fomina
Ilmutdin Abdulagatov

Lepkość i gęstość olefin w wysokich temperaturach i ciśnieniach

Wydawnictwo Bezkresy Wiedzy

Imprint
Any brand names and product names mentioned in this book are subject to trademark, brand or patent protection and are trademarks or registered trademarks of their respective holders. The use of brand names, product names, common names, trade names, product descriptions etc. even without a particular marking in this work is in no way to be construed to mean that such names may be regarded as unrestricted in respect of trademark and brand protection legislation and could thus be used by anyone.

Cover image: www.ingimage.com

Publisher:
Wydawnictwo Bezkresy Wiedzy
is a trademark of
International Book Market Service Ltd., member of OmniScriptum Publishing Group
17 Meldrum Street, Beau Bassin 71504, Mauritius

Printed at: see last page
ISBN: 978-620-0-54514-5

Drogi czytelniku,

książka, którą posiadasz, została pierwotnie wydana pod tytułem "Viscosity and Density of Olephins at High Temperatures and Pressures", ISBN 978-3-659-87378-2.

Jego publikacja w języku polskim jest możliwa dzięki zastosowaniu najbardziej zaawansowanej sztucznej inteligencji dla języków.

Technologia ta, uhonorowana pierwszą w historii Honorową Nagrodą Sztucznej Inteligencji w Berlinie we wrześniu 2019 r., naśladuje sposób działania ludzkiego mózgu, dzięki czemu jest w stanie uchwycić i przetłumaczyć nawet najmniejsze niuanse w bezprecedensowy sposób.

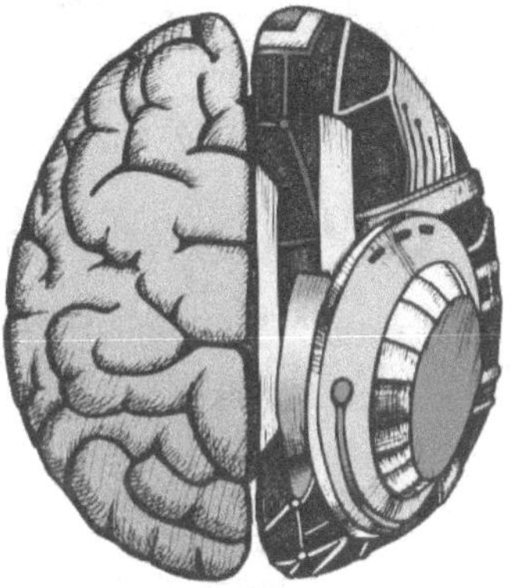

Mamy nadzieję, że znajdą Państwo wiele satysfakcji z tej książki i uprzejmie prosimy o uwzględnienie wszelkich rozbieżności językowych, które mogłyby wyniknąć z tego procesu.

Miłego czytania!

Wydawnictwo Bezkresy Wiedzy

85. rocznica powstania Zakładu Fundamentów Teoretycznych Ciepłownictwa, KNITU-KChTI

Profesor Niemiec Konstantynowicz Dyakonow

11 czerwca 1907 r. - 23 kwietnia 1953 r.

Prof. G.K. Dyakonov opracował metodykę modelowania fizykochemicznego przemian procesów. Jego praca naukowa stała się podstawą do rozwoju podejścia termofizycznego w badaniach statyki i kinetyki układów fizyko-chemicznych. Wprowadził nowe kryteria podobieństwa i udowodnił możliwość zastosowania metod podobieństwa w badaniach chemicznych procesów technologicznych. Jego praca naukowa jest uznawana w świecie.

Profesor Aitugan Garifowicz Usmanow

19 grudnia 1920 r. - 1 października 1996 r.

Prof. A.G. Usmanov wykorzystując metody fizyki statystycznej i teorii informacji opracował nową linię, tj. podobieństwo procesów transportu molekularnego. Zaproponował on nową metodę badania kinetyki procesów transportu i przemiany molekularnej, którą nazwano metodą entropijną dla uogólnienia wyników doświadczenia. Pozwoliło to na przewidywanie współczynników transportu dla niezbadanych sudanów. Jest autorem 200 publikacji naukowych. Pod jego nadzorem opracowano 78 tez doktorskich.

W hołdzie

Profesor Gabdlnur Chabibrachhmanowicz Mukhamedżanow

26 grudnia 1930 r. — 12 stycznia 2016 r.

Prof. G. Kh. Mukhamedzyanov jest znanym naukowcem w dziedzinie fizyki cieplnej, zwłaszcza badań nad właściwościami cieplnymi i fizykochemicznymi cieczy organicznych w szerokim zakresie temperatur i ciśnień. Jest on autorem trzech monografii i ponad 250 publikacji naukowych. Pod jego nadzorem opracowano trzynaście tez doktorskich.

Podziękowania

Autorzy pragną podziękować dr Huberowi za pożyteczne omówienie modeli lepkościowych do reprezentowania obecnych danych.

Autorzy są wdzięczni prof. Gumerowowi Faridowi Mukhamedowiczowi (Wydział Inżynierii Cieplnej) z Narodowego Uniwersytetu Technologicznego w Kazaniu.

Autorzy są wdzięczni profesorowi Alajewowi Walerijowi Aleksejewiczowi (Wydział Urządzeń Próżniowych) z Kazańskiego Narodowego Uniwersytetu Technologicznego.

Autorzy są wdzięczni Jakobsonowi Michaiłowi Michaiłowiczowi, głównemu specjaliście w dziedzinie elektroniki (wydział utrzymania ruchu Narodowego Uniwersytetu Technologicznego w Kazaniu), za opracowanie i dostosowanie elektronicznego systemu monitoringu.

I.M. Abdulagatov dziękuje Wydziałowi Właściwości Termofizycznych Narodowego Instytutu Norm i Technologii za możliwość pracy jako Gościnny Naukowiec w NIST.

Badania prowadzone są na koszt grantu rosyjskiego funduszu naukowego (projekt nr 18-19-00478).

Wprowadzenie

Realizacja wielu decyzji inżynierskich związanych z projektowaniem i obliczeniami procesów i aparatury technologii chemicznej i petrochemicznej, energetyki cieplnej i urządzeń chłodniczych wymaga danych o właściwościach termodynamicznych i transportowych substancji w szerokim zakresie temperatur i ciśnień. Duża trudność pojawia się, gdy półprodukty, rozpuszczalniki, płyny do przenoszenia ciepła, mieszanki dwu- i wieloskładnikowe są stosowane jako produkty początkowe. Właściwości nienasyconych węglowodorów serii etylenowej, które są szeroko stosowane w produkcji substancji powierzchniowo czynnych, syntetycznych cieczy smarujących, związków wysokocząsteczkowych nie zostały odpowiednio zbadane.

Dotyczy to w szczególności badań takich właściwości termodynamicznych i transportowych jak gęstość i współczynniki lepkości dynamicznej. Wiedza o nich jest oczywista przy wykonywaniu obliczeń cieplnych i hydrodynamicznych elementów i podzespołów maszyn i urządzeń, zwłaszcza przy wysokich ciśnieniach w szerokim zakresie temperatur.

Ze względu na specyficzne cechy stanu ciekłego (gdy cząstki intensywnie oddziałują na siebie i dlatego analiza teoretyczna jest skomplikowana), teoria cieczy pozostaje w tyle za teoriami stanów gazowych i krystalicznych.

Ścisłe teoretyczne metody badania procesów transferu, oparte na ogólnych zasadach nierównoważnej mechaniki statystycznej, nie zostały jeszcze wystarczająco rozwinięte.

Ilościowe określanie właściwości cieczy za pomocą ścisłych teorii stanu ciekłego otrzymanych na podstawie całkowania Bogoliubowa i

Kirkwood równania [1] określone przez Rice'a i Olnetta [2] z nałożonymi przybliżeniami Borna i Greena [3] nie dały zadowalających wyników, z wyjątkiem prostych przypadków, takich jak ciecze składające się z kulisto-symetrycznych nie-dipolowych cząsteczek.

Dalszy rozwój teorii stanu ciekłego doprowadził do powstania teorii modelowych Lennarda-Jonesa i Devonshire'a, Eyringa dla poszczególnych substancji, teorii Prigozhina, KirkwoodScott, teoria podstawowych struktur dla roztworów płynnych. Przybliżone teorie oparte na niestrukturalnym modelu charakterystycznym dla gazów wykazały niezadowalające wyniki. Bardziej perspektywiczne były teorie "dziury", "kraty" i "komórki", z których każda oparta jest na modelu "zepsutej" kraty krystalicznej. Instrumentem tych teorii jest obliczenie statystycznej całki na podstawie założeń struktury i charakteru ruchu termicznego. Pomimo pewnych osiągnięć w opisie właściwości termodynamicznych, teorie te mają sztuczny schemat, modele są niezdefiniowane i warunkowe, a powierzchnia stanów dostępnych do opisu jest ograniczona.

Wszystkie wymienione teorie wykorzystują stałe empiryczne lub regulowane parametry, funkcje temperatury znalezione w eksperymencie. W sensie ilościowym mają miejsce znaczne odchylenia od wartości eksperymentalnych.

Tworzenie dużych komputerów doprowadziło do rozwoju metod numerycznych w teorii stanu ciekłego w oparciu o metodę Monte Carlo i dynamikę molekularną [4, 5]. "Modelowanie maszyn" wydaje się mieć kilka perspektywicznych kierunków.

Metody te mają jednak istotne ograniczenia: założenie sparowanego potencjału interakcji międzycząsteczkowych upraszczające obliczenia i wykonywanie obliczeń tylko dla systemu o dość małej liczbie stopni swobody. Metoda dynamiki molekularnej daje możliwość badania zachowania się układu tylko w dość krótkich odstępach czasu, co pozwala na badanie procesów z małym czasem relaksacji, ale wyklucza możliwość badania w trybie hydrodynamicznym.

Badania lepkości ciekłych związków organicznych prowadzone są głównie pod ciśnieniem atmosferycznym, z wyjątkiem węglowodorów nasyconych i niektórych przedstawicieli innych klas związków, dla których istnieją dane dotyczące gęstości w warunkach podwyższonego ciśnienia. Można wyjaśnić, że do wyznaczenia współczynników lepkości dynamicznej konieczna jest znajomość gęstości badanych substancji w tej samej temperaturze i ciśnieniu. Dla większości płynów organicznych brak jest takich danych.

Wykładnicza zależność lepkości *od* temperatury, która teoretycznie została odebrana przez Ya. I. Frenkel [6] umożliwia otrzymanie tylko jakościowej oceny lepkości. Wszystkie teorie dotyczące lepkości nie uwzględniają asocjacji cząsteczek i nie mają zastosowania do oceny ciśnienia.

Obecnie proponuje się liczne równania empiryczne do określania zależności lepkości od temperatury przy ciśnieniu atmosferycznym. Dla niestowarzyszonych związków ciekłych stosuje się równanie A. I. Bachinsky'ego [7, 8], gdzie ustalana jest zależność między lepkością a objętością właściwą. G. M. Panchenkov [9] i inni autorzy [10] uzyskali równania łączące lepkość i strukturę molekularną.

W tych okolicznościach bardzo ważne jest stworzenie nowych metod obliczania właściwości transportowych czystych cieczy i ich mieszanin, które opierają się na nowoczesnych wynikach badań właściwości molekularnych i termofizycznych badanych substancji w szerokim zakresie parametrów stanu.

Rozwiązanie tego zadania, z naszego punktu widzenia, może dać wiarygodne wyniki, jeśli są one oparte na otrzymanych eksperymentach z dużą precyzją.

Badania eksperymentalne pod wysokim ciśnieniem wiążą się z dużymi trudnościami. Dlatego stworzenie banku danych dla dużej ilości płynów w szerokim zakresie parametrów stanu jest trudnym zadaniem. Wniosek ten staje się bardziej oczywisty, jeśli weźmie się pod uwagę współczynniki gęstości i lepkości dynamicznej mieszanek dwu- i wieloskładnikowych, ponieważ każda mieszanka może mieć różne kombinacje stężeń składników.

Powyżej określono następujące główne cele tego badania:

1. Opracowanie instalacji doświadczalnej do pomiarów lepkości i gęstości ciekłych związków organicznych przy ciśnieniach do 250 MPa i temperaturach do 500 K.

2. Badania doświadczalne lepkości i gęstości 1-heksenu, 1-heptenu, 1-oktenu, 1-dekenu, ich dwu- i wieloskładnikowych mieszanin w zakresie temperatur od 298 do 473 K i ciśnień od 0,098 do 245 MPa.

3. Określenie zależności między lepkością/gęstością a charakterystyką molekularną związków, temperaturą, ciśnieniem, stężeniem składników i parametrami stanu na podstawie uzyskanych danych doświadczalnych.

4. Uogólnienie wyników badań w celu uzyskania równań do obliczania współczynników lepkości dynamicznej i gęstości w badanym zakresie temperatury i ciśnienia.

Wykaz badanych obiektów, ich gęstość ρ_4^{25} i współczynnik lepkości dynamicznej η^{25} w 25oC oraz ciśnienie atmosferyczne, współczynnik załamania światła n_D^{25}, stężenie składników mieszaniny (procent masy) przedstawiono w tabeli 1.

Do pomiarów wykorzystano chemicznie czyste substancje 1-heksen, 1-hepten, 1-okten, 1-deken. Skład tych związków oznaczono za pomocą analizy chromatograficznej.

Tabela 1

Podstawowe właściwości fizykochemiczne próbek

n/n	Substancja chemiczna	n_D^{25}	ρ_4^{25}, kg·m-3	η^{25}, mPa-s	Czystość, masa %
1	1-heksen	1.3850	673.71	0.279	98.0 [a]
2	1-hepten	1.3976	694.51	0.362	98.0 [a]
3	1-okten	1.4080	718.15	0.487	98.0 [a]
4	1-decena	1.4192	738.67	0.747	98.0 [a]
5	25% 1-heksen + + 75% 1-decena	1.4108	722.40	0.556	–
6	50% 1-heksen + + 50% 1-decen	1.4013	703.80	0.416	–
7	75% 1-heksen + + 25% 1-decena	1.3939	689.55	0.343	–
8	25% 1-heksen + + 75% 1-okten	1.4021	705,13	0.411	–
9	50% 1-heksen + + 50% 1-okten	1.3968	694.22	0.360	–
10	75% 1-heksen + + 25% 1-okten	1.3909	684.43	0.317	–
11	50% 1-okten + + 50% 1-decen	1.4134	727.45	0.600	–

12	33,3% 1-heksen + + 33,3% 1-okten + +33,3% 1-decena	1.4028	709.16	0.444	–

chromatografia gazowo-cieczowa

Stałość zawartości masy głównego produktu w badanych obiektach oraz ρ_4^{25} n_D^{25} stałość przed i po eksperymentach pozwoliła na ocenę braku zniszczenia substancji w wysokich temperaturach i ciśnieniach.

Dalszy materiał będzie oparty na wynikach naszych badań [11-16].

Rozdział 1. Opis instalacji eksperymentalnej

W [17] opracowaliśmy nową aparaturę doświadczalną do jednoczesnego pomiaru gęstości i lepkości cieczy w wysokich temperaturach (od temperatury normalnej do 500 K) i przy ciśnieniach do 250 MPa, odpowiednio z wykorzystaniem techniki ważenia hydrostatycznego i opadania korpusu.

1.1. Technika ważenia hydrostatycznego

Technika ważenia hydrostatycznego (urządzenia wypornościowego) jest jedną z najdokładniejszych metod pomiarowych do eksperymentalnych badań gęstości cieczy. Metoda ta opiera się na zasadzie Archimedesa, polegającej na pomiarze ciężaru pozornego przedmiotu o znanej objętości i masie zawieszonego w cieczy. Metoda ta została wcześniej opracowana przez Beams [18] i dalej udoskonalona przez wielu autorów [19-38]. Densymetr tego typu został opracowany przez różnych autorów [19-41]. Zaletą tej metody jest brak szkodliwej ("martwej") objętości i niewymaganie określania objętości piezometru oraz rozszerzalności termicznej i barycznej. Dla wielu zastosowań nie jest jednak możliwe lub użyteczne umieszczenie wagi lub urządzenia ważącego w samej komorze pomiarowej (*np.* przy wysokich temperaturach, wysokich ciśnieniach, agresywnej atmosferze). W wielu z tych przypadków odpowiednim rozwiązaniem mogłaby być waga z zawieszeniem magnetycznym. Za pomocą wagi z zawiesiną magnetyczną możliwy jest dokładny pomiar zmian masy próbki umieszczonej w zamkniętej celi pomiarowej wykonanej z metalu lub szkła. W tych przypadkach, waga (handlowa waga analityczna lub mikrowaga) znajduje się poza komorą pomiarową w atmosferze otoczenia i próbka jest ważona bez kontaktu "przez ścianę" komory pomiarowej. Kluczowym elementem składowym wagi z zawieszeniem magnetycznym jest sprzęgło zawieszenia magnetycznego, które zwykle składa się z elektromagnesu (z rdzeniem z miękkiego żelaza) przymocowanego do podłogowego haka wagowego wagi analitycznej, magnesu zawieszającego (magnesu stałego) połączonego cienkim przewodem ze wspornikiem wgłębienia, czujnika położenia i układu sterowania. Za pomocą sprzęgła zawieszenia magnetycznego zmiany masy próbki były przenoszone bez fizycznego kontaktu z wagą. W densymetrii zawiesiny magnetycznej mierzy się siłę potrzebną do zawieszenia pływaka o masie m i objętości V w cieczy o nieznanej gęstości ρ_L.

1.2. Technika upadku ciała

Metoda ta ma pewne zalety w porównaniu z innymi metodami (np. przepływ kapilarny i metody oscylacyjno-tarczowe) do pomiaru lepkości przy wysokich ciśnieniach. Zasada metody opadania ciała (kula lub piłka, cylinder) opiera się na prawie Stokesa [42]. Metoda ta ma zastosowanie do precyzyjnych pomiarów cieczy o dużej lepkości, takich jak glikole polietylenowe lub do pomiarów pod wysokim ciśnieniem. Różne wersje aparatury eksperymentalnej realizującej tę metodę zostały opracowane przez kilku autorów [42-52]. Zmiany te obejmowały zazwyczaj metody wykrywania przejścia ciała przez pozycje odniesienia w jego rurce oraz dokładny kształt spadającego ciała. Dostępne są również opracowania teoretyczne dotyczące modyfikacji prawa Stokesa dla szerszego zakresu numerów Reynoldsa (*Re*) [53, 54]. Trudno jest w pełni zrealizować warunki, w jakich obowiązuje prawo Stokesa. Aby wykonać dokładne pomiary lepkości techniką opadania korpusu, należy uwzględnić różne poprawki (wymiary rury spadowej, wpływ końcówek rury spadowej, prędkość końcowa, kształt korpusu spadającego, położenie rury spadowej) [55, 56].

1.3. Pomiary lepkości

Widok ogólny i schemat aparatu doświadczalnego przedstawiono na rys. 1 i 2.

Rdzeń aparatu stanowi wysokociśnieniowa komora pomiarowa (Rys. 2), która składa się z rurki 2 (wiskozymetrycznej lub spadowej). Ciało 1 opada współosiowo w rurce 2. Rura 2 jest wykonana ze stali nierdzewnej (X18H10T). Długość rury wynosi 120 mm, średnica wewnętrzna 6,122 mm, a grubość ścianki rury 1 mm. Kształt korpusu to cylinder z kulistym dolnym końcem. Wysokość ciała wynosi $h \approx 1.75d$. Zastosowaliśmy 11 różnych korpusów wykonanych ze stali 2X13 o różnych średnicach od 5,605 mm do 6,090 mm. Do wyśrodkowania rurki pomiarowej w autoklawie oraz do zamocowania korpusu w pozycji dolnej i górnej stosuje się korek 6 ze stali X18H10T. Pomiary średnic rur i korpusów wykonano przy użyciu specjalnego sprzętu (DIP-1) o niepewności odpowiednio 0,002 mm i 0,004 mm.

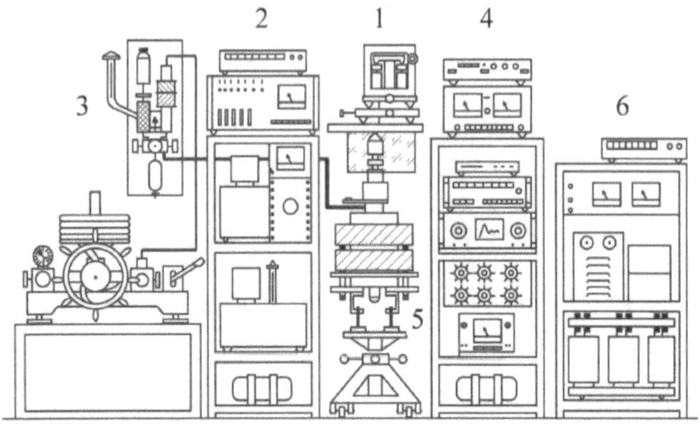

Rys. 1. Schematyczny schemat aparatury doświadczalnej do pomiarów gęstości i lepkości przy wysokich ciśnieniach: 1 - układ do pomiaru gęstości i lepkości; 2 - układ termostatów; 3 - układ napełniania, wytwarzania ciśnienia i układ pomiarowy; 4 - elektroniczny układ monitorujący; 5 - urządzenie do podnoszenia, przemieszczania i podawania pozycji pionowej układu pomiarowego; 6 - układ podawania solenoidów trakcyjnych

Do pomiaru czasu opadania korpusu stosowane są dwa przetworniki 3 i 4 (Rys. 2). Procedura kalibracji służy do określenia odległości pomiędzy przetwornikami. Przetwornik 3 służy do pomiaru lepkości cieczy poniżej 100 mPa·s, a przetwornik 4 do pomiaru lepkości w zakresie od 100 do 1500 mPa·s. Korpus można ustawić z powrotem w pozycji wyjściowej za pomocą solenoidów trakcyjnych 5, które znajdują się parami na pierścieniowej tablicy 28. Cewki są połączone równolegle i mają całkowitą rezystywność $R=10\Omega$.

Systemy pomiaru gęstości i lepkości znajdują się w wysokociśnieniowym autoklawie 12 (część górna) i 9 (część dolna), który jest wykonany ze stopu tytanu (VT-6). Wymiary górnej części autoklawu to: średnica zewnętrzna - 20 mm, średnica wewnętrzna - 8 mm, długość - 180 mm, a części dolnej to: średnica zewnętrzna - 25 mm, średnica wewnętrzna - 10 mm, długość - 425 mm. Badana próbka jest ładowana za pomocą rury łączącej C w dolnej części autoklawu 9. Górna część autoklawu 12 jest utrzymywana na poziomie T = 293 K za pomocą chłodnic 17 i 18 (ultratermostat U-10). Temperatura wewnątrz termostatu jest utrzymywana na stałym poziomie w granicach 0,02 K. Jako ciecze termostatyczne stosuje się wodę destylowaną lub silikon (PES-5).

Ciecze termostatyczne przepływają z ultratermostatów U-10 do płaszcza 23 i do kanału B bloku miedzianego 25. Przy temperaturach powyżej 370 K płaszcz 23 jest stosowany do izolacji próżniowej. Hermetyczny stan systemu zapewnia obudowa (pokrywa, płaszcz) 24 wykonana z rury ze stali nierdzewnej.

Temperatura w górnej i dolnej części autoklawu jest regulowana za pomocą termopar bednarskich. W celu uniknięcia ewentualnych gradientów temperatury wzdłuż autoklawu stosuje się dwie grzałki kompensacyjne 21 i 32.

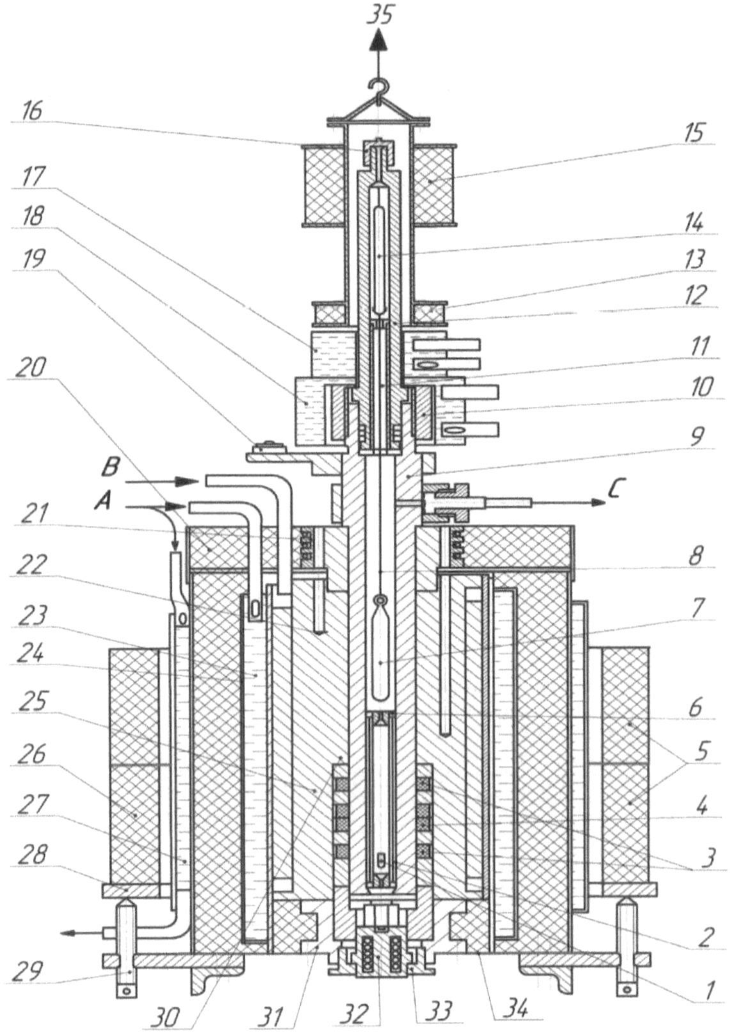

Rys. 2 Komora pomiarowa wysokiego ciśnienia do jednoczesnych pomiarów gęstości i lepkości: 1 - opadające ciało; 2 - opadająca rurka pomiarowa; 3 i 4 - przetworniki; 5 i 15 - solenoidy trakcyjne; 6 - korek centrujący; 7 - boja; 8 - druty constantan; 9 i 12 - autoklaw

wysokociśnieniowy; 10 i 33 - nakrętki; 11 i 31 - tuleje; 13 - przetwornik położenia rdzenia; 14 - rdzeń; 16 - korek; 17 i 18 - chłodnica; 19 - poziomowskaz; 20 - pokrywa; 21 i 32 - grzałki kompensacyjne górne i dolne; 22 - studzienki do PRT i termopar; 23 - płaszcz termostatu; 24 - kaseta (pokrywa, płaszcz); 25 - blok miedziany; 26 - najłatwiejsza izolacja; 27 - płaszcz; 28 - stół pierścieniowy; 29 - śruby regulacyjne; 30 - pierścienie nośne; 34 - płyta nośna; 35 - waga (VLA-200); A - ciecz silikonowa; B - woda; C - do układu pomiaru ciśnienia

Grzałki 21 i 32 są połączone z obwodem tyrystorowego regulatora temperatury. Regulator zapewnia utrzymanie stałej temperatury w termostacie w granicach 0,07 K. Równomierność rozkładu temperatury wzdłuż autoklawu jest sprawdzana za pomocą sondy termoparowej w temperaturze eksperymentu. Wahania temperatury w trakcie eksperymentu były mniejsze niż (0,05 do 0,07) K. Temperatura próbki jest mierzona za pomocą platynowego termometru oporowego (PRT) (rys. 3) o stosunku rezystancji $R100/R0=1$,39243±0,00103. PRT został skalibrowany przez VNIIFTRI (Moskwa) na ITS-90 ($R0=10$.0804 Ω).

Ciśnienie w układzie jest generowane i mierzone przez manometr masy własnej MP-2500 z niepewnością 0,05%. System napełniania wraz z układami wytwarzającymi i mierzącymi ciśnienie został schematycznie przedstawiony na rys. 4.

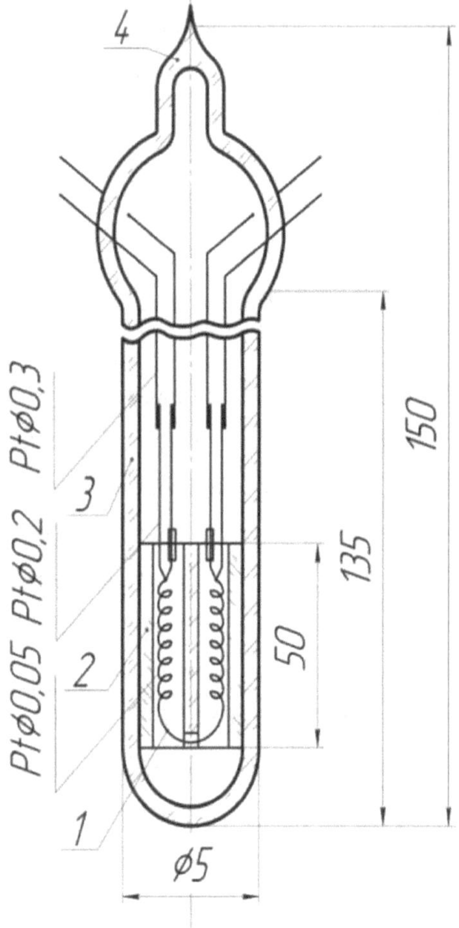

Rys. 3. Platynowy termometr oporowy: 1 - element czuły; 2 - kapilara dwukanałowa; 3 - korpus; 4 - uszczelnienie (lutowanie)

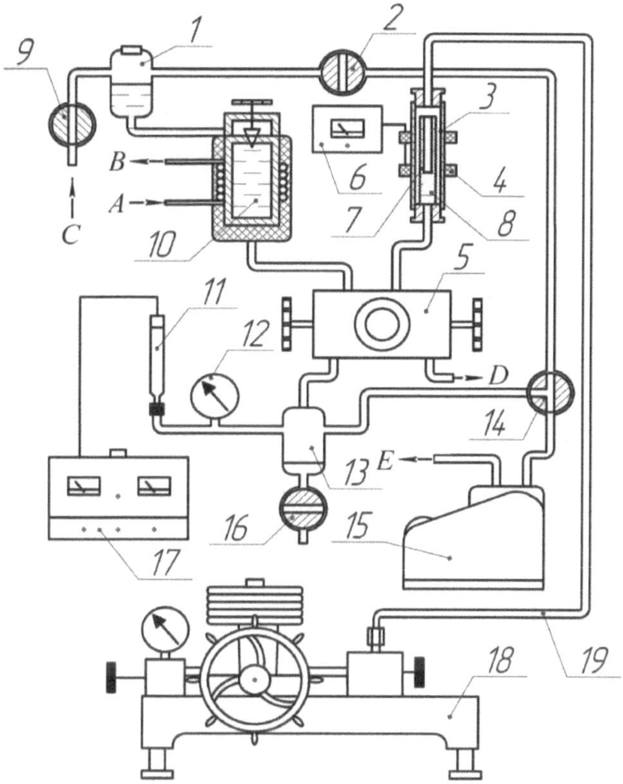

Rys. 4. Urządzenie napełniające wraz z układami wytwarzającymi ciśnienie i pomiarowymi: 1 i 13 - zbiorniki do napełniania i opróżniania; 2,9,14 i 16 - kurki; 3 - wysokociśnieniowy zbiornik oddzielający; 4 - przetwornik; 5 - kurk wysokociśnieniowy; 6 - urządzenie rejestrujące; 7 - bateria mieszkowa; 8 - rdzeń; 10 - termo-prasowanie wraz z urządzeniem do regulacji temperatury; 11 - transformator manometryczny (PMT - 2); 12 - próżniomierz; 15 - pompa próżniowa (VN-461M); 17 - próżniomierz (VIT-1A); 18 - manometr ciężaru własnego MP-2500; 19 - przewody rurowe

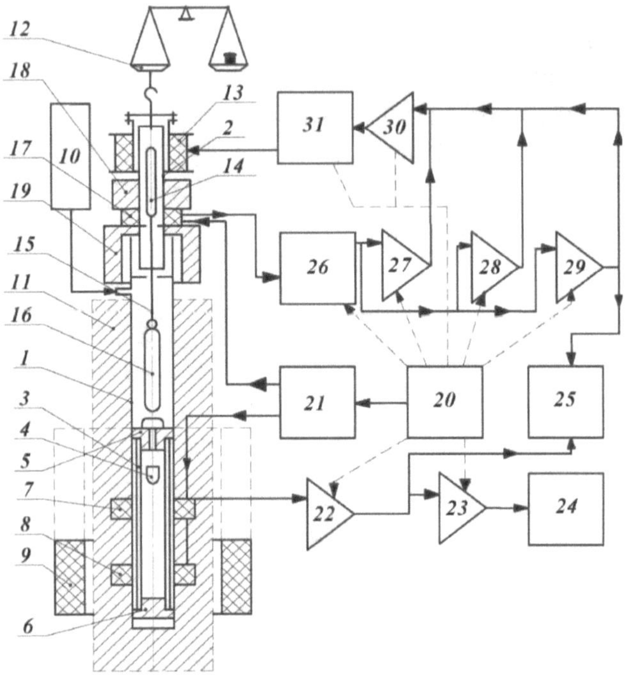

Rys. 5. Schematyczny schemat elektronicznego systemu monitoringu dla pomiaru czasu opadania: 1 i 2 - wysokociśnieniowy autoklaw; 3 - pomiarowa rurka spadowa; 4 - korpus; 5 i 6 - korki; 7 i 8 - przetworniki; 9 i 13 - solenoidy trakcyjne; 10 - układ napełniania oraz układy wytwarzania i pomiaru ciśnienia; 11 - blok miedziany; 12 - waga analityczna; 14 - rdzeń; 15 - drut konstantanowy; 16 - boja; 17 - przetwornik położenia rdzenia; 18 i 19 - chłodnice; 20 - zasilanie; 21 - generator; 22 - wzmacniacz; 23 - generator sygnałów prostokątnych; 24 - miernik częstotliwości - synchronometr; 25 - oscylograf; 26 - prostownik wrażliwy na fazę; 27, 28, 29 i 30 - odpowiednio wzmacniacze proporcjonalne, całkujące, różnicowe i lecące; 31 - wzmacniacz mocy

Separacja badanej cieczy i mediów przenoszących ciśnienie odbywa się za pomocą baterii mieszkowej 7 w wysokociśnieniowym zbiorniku separacyjnym 3.

Monitorowanie położenia baterii mieszkowej odbywa się za pomocą przetworników indukcyjnych 4, których sygnał jest wzmacniany i podawany do urządzenia rejestrującego 6. System jest skalibrowany na zerowym, maksymalnym i minimalnym położeniu baterii miechowej. System napełniania umożliwia pracę z higroskopijnymi cieczami statycznymi w gazie obojętnym. Aby uniknąć przegrzania badanej cieczy, stosuje się specjalne urządzenie do regulacji temperatury. Urządzenie jest tyrystorowym regulatorem temperatury wraz z termometrem stykowym. Przed napełnieniem system jest ewakuowany za pomocą pompy próżniowej (VN-461M). Czas opadania korpusu i monitorowanie pozycji rdzenia odbywa się za pomocą elektronicznego systemu monitoringu (Rys. 5). Elektroniczny układ monitorujący składa się z bloku energetycznego 20 i generatora sygnału sinusoidalnego 21 (1 kHz, 25 V), który jest połączony z uzwojeniem pierwotnym odpowiednio przetworników indukcyjnych 7, 8 i przetwornika o położeniu rdzenia 17. Uzwojenie wtórne przetworników 7 i 8 jest podłączone do wzmacniacza operacyjnego 22. Sygnał ze wzmacniacza jest podawany na częstotliwościomierz chronometru 24 (F5080), który rejestruje czas opadania korpusu pomiędzy przetwornikami 7 i 8. Spadający korpus może być również monitorowany na ekranie oscylografu 25 (SCh-28B).

1.4. Elektroniczny system monitorowania

Główną częścią jednostki, która decyduje o dokładności badań eksperymentalnych, $\rho = \varphi(p,T)$ jest $\eta = f(p,T)$ elektroniczny system monitoringu. Jego celem jest dokładne ważenie systemu pławek 5, 6, 7 podczas pomiaru gęstości oraz odczytanie czasu opadania korpusu 2 w celu obliczenia dynamicznego współczynnika lepkości.

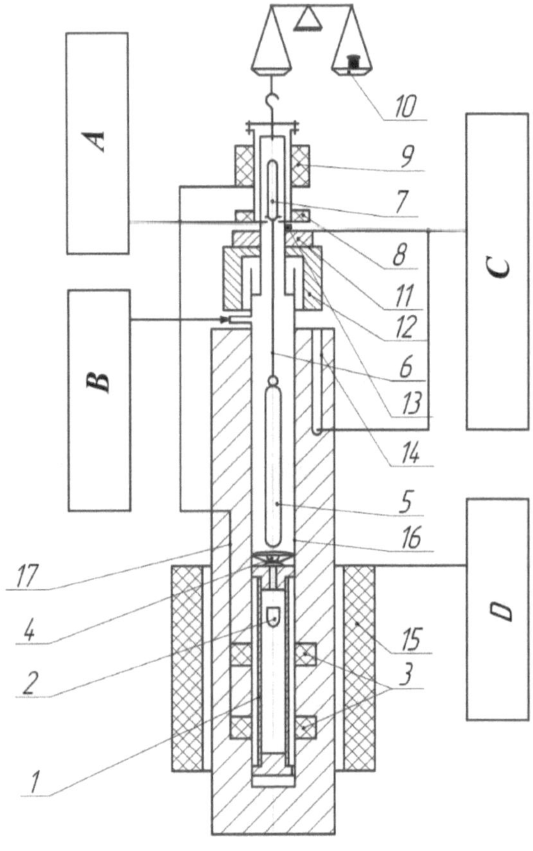

Rys.6. Schematyczny schemat jednostki eksperymentalnej: A - elektroniczny system monitorowania; B - system wytwarzania i pomiaru ciśnienia; C - system kontroli temperatury i pomiarów elektrycznych; D - system zasilania solenoidów trakcyjnych:

1 - dymnica pomiarowa; 2 - korpus; 3 - przetworniki; 4 - pułapka; 5 - boja kwarcowa; 6 - drut stały; 7 - rdzeń (stal ST10); 8 - przetwornik położenia rdzenia; 9 i 15 - solenoidy trakcyjne; 10 - waga analityczna; 11,12 -

chłodnice; 13 - przetwornik temperatury; 14 - platynowy termometr oporowy; 16 - wysokociśnieniowy autoklaw; 17 - blok miedziany

Schemat ideowy zespołu doświadczalnego (rys. 6) został wykonany na podstawie przetworników i układów scalonych. Napięcie zasilania, temperatura i wymiary korpusu 2 wpływają znacząco na dokładność pomiaru czasu opadania τ. Dla wiarygodności danych konieczny był pomiar τ na rosnących i opadających granicach niewyważenia sygnału, gdy ciało 2 przechodzi przez przetworniki 3.

W celu uzyskania dokładnych i wiarygodnych odczytów czasu opadania, w elektronicznym systemie monitoringu zainstalowano specjalne urządzenie progowe, które umożliwiło zastosowanie przetworników 3 zgodnie z systemem "input-input". Pozwoliło to na wykluczenie wpływu geometrii komory pomiarowej i parametrów termodynamicznych podczas eksperymentu na załączanie i wyłączanie częstotliwościomierza.

W celu zwiększenia dokładności danych dotyczących gęstości, przed zainstalowaniem ważenia należy przeprowadzić sekcję dostrajania rdzenia 7 do poziomu zerowego.

Elektroniczny system monitoringu (Rys. 7) składa się z oscylatora małej częstotliwości (A1, VT2, VT3) z buforowymi wzmacniaczami mocy (VT5-VT8, VT11-VT14), traktów pomiaru gęstości i lepkości. Częstotliwość generatora jest regulowana za pomocą rezystorów R3, R10 i jest określana na podstawie właściwości przetworników i komory pomiarowej (f=1046 Hz).

Układ pomiaru lepkości składa się z przetworników L5, L6, L8, L9, wzmacniacza A5, komparatora A7 i kształtowników wytrzymałościowych VT18, DD2. Spadający korpus dostaje się do górnego przetwornika L5, strefy L8 i prądowe sprzężenie zmian uzwojenia. Sygnał różnicowy uzwojeń L8, L9 jest wzmacniany przez A5, jest prostowany i porównywany przez VD10, A7. Przemieszczenie początkowe jest określane przez rezystor R49. Aby zwiększyć nachylenie (stromość) impulsów start/stop, sygnał jest formowany na VT18, DD2 do poziomu TTL logiki pozytywnej i negatywnej.

Pozwala to na użycie dowolnego częstotliwościomierza. Podczas ruchu korpusu wewnątrz przetwornika L5, L8 na wyjściu X3 obsługiwany jest wysoki poziom. Na jego granicy narastania uruchamiany jest miernik okresowy. Podczas upadku ciało opuszcza górną strefę przetwornika.

Schemat zamienia się w stan referencyjny (początkowy), ale miernik okresowy kontynuuje odczyt oczekując na impuls stopu. Odbywa się to w momencie, gdy korpus dotrze do dolnego przetwornika L6, L9, a na wyjściu X3 tworzy się dodatni front. Kończy się odczyt czasu ruchu ciała pomiędzy górnymi granicami przetworników.

Do pomiaru gęstości stosuje się rdzeń magnetyczno-statyczny z przetwornikiem położenia transformatora różnicowego. Tor pomiaru gęstości składa się z przetwornika położenia L1, L3, przetwornika kompensacyjnego L2, L4, prostownika fazowego A4 z obwodem regulacyjnym A2, DD1, VT16, VD17, proporcjonalnego, integralnego, różnicowego urządzenia regulacyjnego A6 , A8, A9, wzmacniacza mocy A3, VT1, VT9, VT10, VT15 i cewki L7 mocno związanej z przetwornikiem L1, L3.

W celi pomiarowej umieszczono system pływakowy składający się z rdzenia, drutu konstantanowego i kwarcowej boi. Cewka znajduje się nad celą pomiarową i jest zawieszona na wadze. Pomiary przeprowadzane są w następujący sposób. Przełącznik wyłączający S5, S4 zostaje włączony, a rdzeń wsunięty w strefę stałej trakcji cewki, regulując prąd cewki L7 za pomocą reostatu R38.

Położenie rdzenia strojonego w przetworniku kompensacyjnym L2, L4 jest regulowane, a przetwornik położenia rdzenia jest śledzony przez rezystory R31, R32. S4 jest wyłączony, a S3 włączony. Przemieszczenie wyjściowe wzmacniacza mocy jest regulowane za pomocą rezystorów R4, R5, R6 zgodnie z odczytami amperomierza.

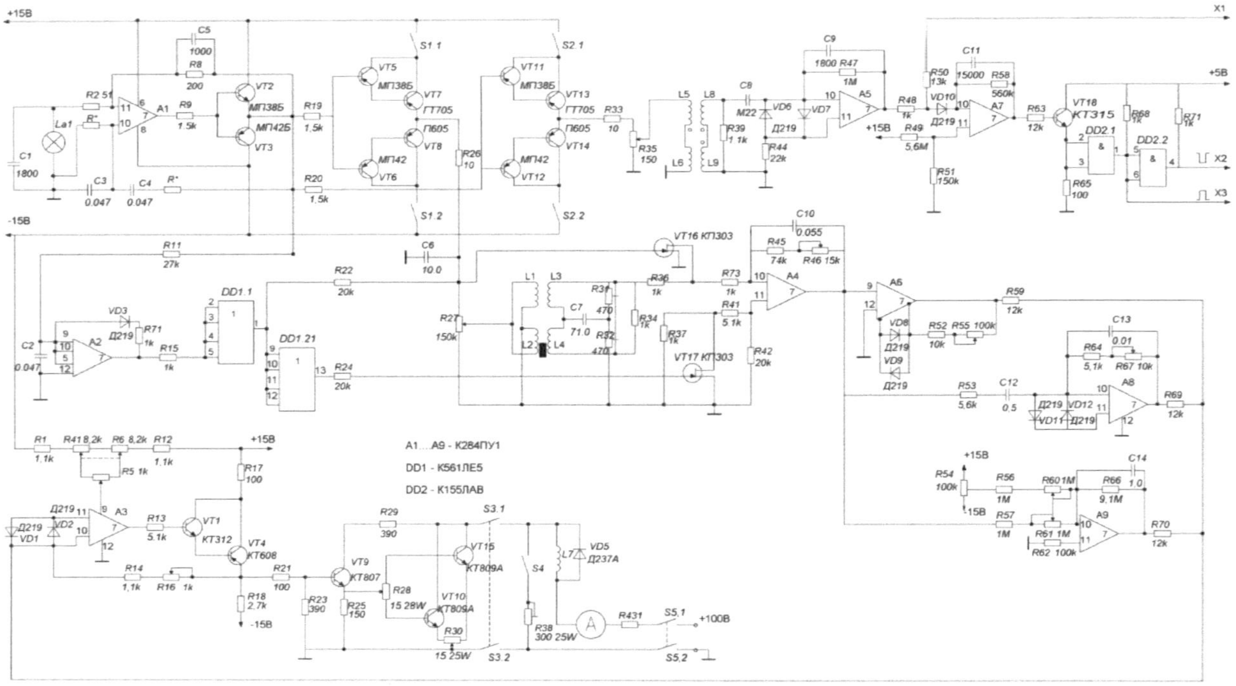

Rys. 7. Elektroniczny system monitorowania

Stabilność rdzenia jest określona przez jakość proporcjonalnego, integralnego, różnicowego urządzenia regulującego. Proporcjonalna część jest regulowana za pomocą rezystora R55, wibracje są wykluczone za pomocą rezystora R67, a czas stabilności jest regulowany za pomocą rezystorów R60, R61. Aby wykluczyć reakcję systemu regulującego na przypadkowe zakłócenia, przyjmuje się, że stała czasowa części integralnej jest równa $\tau_u \geq 0.2S$.

Rozdział 2. Eksperymentalny

2.1 Pomiary lepkości

Do pomiaru lepkości dynamicznej czystego 1-heksenu, 1-heptenu, 1-oktenu, 1-dekenu, ich mieszanek dwu- i wieloskładnikowych w temperaturach od 298 K do 470 K i przy wysokich ciśnieniach (do 245 MPa) zastosowano metodę opadania korpusu (wersja względna). Dla względnej wersji tej metody konieczna jest kalibracja wiskozymetru.

2.1.1 Kalibracja wiskozymetru

Duża liczba prac poświęcona jest doświadczalnym badaniom lepkości i gęstości gazów i cieczy. Takie metody jak metoda kapilarna, metoda opadającego korpusu, metoda kuli ślizgowej, metoda tłumienia wahań obrotowych tarczy lub kuli, metoda sznura wstrząsającego, metoda obrotu cylindrów, itp. [57] są szeroko stosowane.

Celem kalibracji jest wyznaczenie stałej przyrządu pozwalającej na uwzględnienie zmiany wymiarów i warunków hydrodynamicznych w szerokim zakresie temperatur i ciśnień.

Istniejące rodzaje procedury kalibracji można podzielić na cztery główne grupy.

W pierwszej grupie kalibracji nie bierze się pod uwagę reżimu przepływu badanego ośrodka w przestrzeni pierścieniowej pomiędzy rurką a opadającym korpusem. W [58-60] kalibracja została przeprowadzona przy pomocy cieczy wzorcowych o znanej lepkości w całym zakresie temperatur i ciśnień. Kalibracje takie okazały się odpowiednie tylko dla cieczy, których lepkość zależy od zmian temperatury i ciśnienia w sposób podobny do substancji standardowych.

Druga grupa kalibracji [61-67] starała się wziąć pod uwagę reżim przepływu w prześwicie pierścieniowym. Jednak wprowadzenie zredukowanej stałej instrumentu jako funkcji systemu przepływu cieczy ma pewne wady. Dynamiczne obliczanie współczynnika lepkości jest złożonym procesem iteracji i wymaga przeprowadzenia eksperymentów kalibracyjnych dla każdego spadającego ciała w całym zakresie temperatur i ciśnień.

Trzecia grupa kalibracji pozwala na uwzględnienie złożonego charakteru przepływu cieczy za pomocą metody analizy wymiarowej [68-71]. Metoda ta może być stosowana w szerokim zakresie lepkości - od gazów do cieczy - a nawet w temperaturach zbliżonych do temperatury zamarzania.

Czwarta grupa kalibracji wykorzystuje rozwiązanie równań różniczkowych Naviera-Stokesa na podstawie modelu matematycznego opadającego ciała stałego o nieskończonej długości poruszającego się w cylindrze wypełnionym cieczą [72-74]. Jednak uzyskanie teoretycznego równania dla wiskozymetru z opadającym ciałem, uwzględniającego wpływ efektów końcowych i sił bezwładności, jest dość trudne.

Kalibracja opracowana w tej pracy na podstawie metody analizy wymiarowej [68-71] jest reprezentatywna dla trzeciej grupy kalibracji. Pozwoliło to na uzyskanie ogólnego równania do obliczania współczynnika lepkości dynamicznej cieczy w szerokim zakresie temperatur i ciśnień z uwzględnieniem reżimu przepływu w przestrzeni pierścieniowej. Kalibrację przeprowadza się w temperaturze T=298 K i ciśnieniu atmosferycznym. Wpływ temperatury na wymiary wiskozymetru jest uwzględniany przez korektę rozszerzalności liniowej, wpływ ciśnienia na wymiary rurki i opadającego korpusu jest uwzględniany zgodnie z teorią sprężystości.

Ruch cieczy w wiskozymetrze z opadającym korpusem stanowi mieszany problem hydrodynamiki, który sprowadza się do przybliżonego rozwiązania problemu zewnętrznego i wewnętrznego. W wiskozymetrach z pionowym położeniem komórki pomiarowej w strefie ruchu stałego opadający korpus o skończonych wymiarach przemieszcza się z prędkością zależną od W: dynamicznego współczynnika lepkości badanej cieczy, gęstości badanej ρ cieczy, wewnętrznej średnicy rurki pomiarowej D, $\delta=(D-d)$ prześwitu pierścieniowego, gdzie d jest średnicą opadającego korpusu, zmniejszonej masy opadającego korpusu G

$$W=f(\delta,D,G,\rho,\eta). \tag{1}$$

W przypadku analizy wymiarowej zależność (1) może być przedstawiona w formie

$$W=B\cdot\delta^a\cdot D^b\cdot G^c\cdot\rho^d\cdot\eta^f. \tag{2}$$

Stosując wymiary wartości podstawowych - długość L, masa M i czas T - otrzymamy na podstawie (2) następującego wyrażenia

$$LT^{-1}=B\cdot L^a\cdot L^b\cdot(MLT^{-2})^c\cdot(ML^{-3})^d\cdot(ML^{-1}T^{-1})^f, \tag{3}$$

gdzie B jest wartością stałą.

Zgodnie z (3) napiszmy sumę indeksów reprezentujących L, M, T

$$\left.\begin{aligned} 1&=a+b+c-3d-f\\ 0&=0+0+c+d+f\\ -1&=0+0-2c+0-f\end{aligned}\right\}, \tag{4}$$

i oceniają a, d, f w kategoriach b, c

$$a=-(b+1);d=c-1;f=1-2c. \tag{5}$$

Biorąc pod uwagę (5), zależność (2) dla prędkości spadającego ciała będzie miała postać

$$W=B\cdot\delta^{-b}\cdot\delta^{-1}\cdot D^b\cdot G^c\cdot\rho^c\cdot\rho^{-1}\cdot\eta\cdot\eta^{-2c}. \tag{6}$$

Na podstawie π twierdzenia można uzyskać parametry bezwymiarowe łączące wartości z równymi indeksami

$$\frac{W\cdot\delta\cdot\rho}{\eta}=B\cdot\left(\frac{\delta}{D}\right)^{-b}\cdot\left(\frac{\eta^2}{G\cdot\rho}\right)^{-c}, \tag{7}$$

$\pi_1=\frac{W\cdot\delta\cdot\rho}{\eta}$ gdzie jest to bezwymiarowy parametr charakteryzujący podobieństwo siły tarcia $\pi_2=\frac{\delta}{D}$ i siły bezwładności; jest to bezwymiarowy parametr charakteryzujący podobieństwo geometrycznych wymiarów wiskozymetru; $\pi_3=\frac{\eta^2}{G\cdot\rho}$ jest to bezwymiarowy parametr charakteryzujący podobieństwo siły tarcia i siły grawitacji.

Znalezienie logarytmu z (7) daje

$$\ln\pi_1=\ln B-b\cdot\ln\pi_2-c\cdot\ln\pi_3. \tag{8}$$

Po zamianie następujących wartości na (8)

$$a_0=\ln B; a_1=-b; a_2=-c;$$
$$Z_i=\ln\pi_1; X_i=\ln\pi_2; Y_i=\ln\pi_3$$

$$\ln\left(\frac{W\cdot\delta\cdot\rho}{\eta}\right)=a_0+a_1\cdot\ln\left(\frac{\delta}{D}\right)+a_2\cdot\ln\left(\frac{\eta^2}{G\cdot\rho}\right), \tag{9}$$

uzyskamy

$$Z_i=a_0+a_1\cdot X_i+a_2\cdot Y_i. \tag{10}$$

Przetwarzanie danych doświadczalnych metodą najmniejszych kwadratów dla funkcji dwóch zmiennych daje wartości współczynników a_0, a_1, a_2, a główny wzór na dynamiczny współczynnik lepkości może być przedstawiony w postaci

$$\eta=\exp A, \tag{11}$$

gdzie

$$A=\begin{bmatrix}-a_0+\ln W+(1-a_2)\cdot\ln\delta+a_2\cdot\ln D+\\+(1+a_1)\cdot\ln\rho+a_1\cdot\ln G\end{bmatrix}\cdot(2a_1+1)^{-1}. \tag{12}$$

2.1.2. *Równanie robocze dla lepkości*

W szerokim zakresie temperatur i ciśnień można zastosować następujący wzór otrzymany z (11)

$$\eta_{\mathrm{p,T}}=\exp A_{\mathrm{p,T}}, \tag{13}$$

gdzie

$$A_{\mathrm{p,T}}=\begin{bmatrix}-a_0+\ln W_{\mathrm{p,T}}+(1-a_2)\cdot\ln\delta_{\mathrm{p,T}}+a_2\cdot\ln D_{\mathrm{p,T}}+\\+(1+a_1)\cdot\ln\rho_{\mathrm{p,T}}+a_1\cdot\ln G_{\mathrm{p,T}}\end{bmatrix}\cdot(2a_1+1)^{-1}, \tag{14}$$

$W_{\mathrm{p,T}}=l_{\mathrm{p,T}}/\tau_{\mathrm{p,T}}$; $G_{\mathrm{p,T}}=V^{\mathrm{b}}_{\mathrm{p,T}}\cdot(\rho_{\mathrm{b}}-\rho_{\mathrm{p,T}})\cdot g$; $l_{\mathrm{p,T}}$jest odległością pomiędzy przetwornikami (określoną przez kalibrację); jest $\tau_{\mathrm{p,T}}$ czasem opadania; $V^{\mathrm{b}}_{\mathrm{p,T}}$ jest objętością spadającego korpusu; ρ_{b} =7709,84 kg/m3 jest gęstością materiału spadającego korpusu (stal 2X13); $\rho_{\mathrm{p,T}}$ jest gęstością badanej cieczy w warunkach doświadczalnych.

Wpływ temperatury na wymiary wiskozymetru jest uwzględniany przez korektę rozszerzalności liniowej, wpływ ciśnienia na wymiary rurki i opadającego korpusu jest uwzględniany zgodnie z teorią sprężystości.

Następujące równania zostały użyte do obliczenia ilości w równaniach (13):

$$\ln W_{\mathrm{pT}}=\ln\left(l^{\mathrm{c}}_{\mathrm{p_0T_0}}\cdot\Delta_{\mathrm{3T}}\right)-\ln\tau_{\mathrm{pT}}, \tag{15}$$

$$\delta_{\mathrm{pT}}=D_{\mathrm{p_0T_0}}\cdot\Delta_{\mathrm{1T}}\cdot\Delta_{\mathrm{1p}}-d_{\mathrm{p_0T_0}}\cdot\Delta_{\mathrm{2T}}\cdot\Delta_{\mathrm{2p}}, \tag{16}$$

$$G_{\mathrm{pT}}=V^{\mathrm{b}}_{\mathrm{p_0T_0}}\cdot\Delta_{\mathrm{T}}\cdot\Delta_{\mathrm{p}}\cdot(\rho_{\mathrm{b}}-\rho_{\mathrm{pT}})\cdot g. \tag{17}$$

W Eqs. (15-17) $l^{\mathrm{c}}_{\mathrm{p_0T_0}}$, $D_{\mathrm{p_0T_0}}$ $d_{\mathrm{p_0T_0}}$ to długość drutu, średnica rurki pomiarowej i średnica spadającego korpusu w temperaturze wzorcowania wynoszącej odpowiednio T_0=293 K i ciśnieniu p_0=0,098 MPa; $V^{b}_{p_0T_0}$ to objętość korpusu w warunkach wzorcowania, która została określona przez procedurę ważenia w wodzie i w powietrzu; V^{b}_{pT}, ρ_b τ_{pT} to objętość, gęstość i czas spadania korpusu w warunkach doświadczalnych (*p*, *T*). Uwzględniono wpływ temperatury ($\Delta_{1T}, \Delta_{2T}, \Delta_{3T}, \Delta_T$) i ciśnienia ($\Delta_{1p}, \Delta_{2p}, \Delta_p$) na elementy zasilania wiskozymetru, wykorzystując następujące zależności:

1. Rura pomiarowa

$$\Delta_{1T} = 1 + \alpha_1 \cdot (T - T_0) \text{ i } \Delta_{1p} = 1 - p \cdot (1 - \mu_1) / E_1. \quad (18)$$

2. Organ

$$\Delta_{2T} = 1 + \alpha_2 \cdot (T - T_0) \; \Delta_{2p} = 1 - p \cdot (1 - \mu_2) / E_2,, \quad (19)$$

$$\Delta_T = 1 + 3\alpha_2 \cdot (T - T_0) \; \Delta_P = 1 - 3p \cdot (1 - \mu_2) / E_2,. \quad (20)$$

3. Tuleja pomiędzy przetwornikami

$$\Delta_{3T} = 1 + \alpha_3 \cdot (T - T_0). \quad (21)$$

W Eqs. (18-21) α jest liniowym współczynnikiem rozszerzalności cieplnej materiału w funkcji temperatury, μ jest współczynnikiem Poissona, a *E* jest modułem Younga.

Wartości współczynników a_0, a_1, a_2 są określane na podstawie kalibracji. Kalibrację przeprowadza się w temperaturze T=298 K i ciśnieniu atmosferycznym. Polega ona na pomiarze czasu opadania ciała w rurce pomiarowej wypełnionej cieczami kalibracyjnymi.

Na przykład (11) wartości parametrów *ai* (*i* = 0,2) zostały określone przy użyciu procedury kalibracji. Do kalibracji wiskozymetru użyto różnych cieczy o lepkości od 0,218 mPa·s do 4,136 mPa·s (tabela 2).

Do kalibracji użyto różnych spadających ciał. Podstawowe charakterystyki spadających nadwozi podano w tabeli 3.

Tabela 2

Właściwości cieczy wzorcowych przy T = 298 K i 0,098 MPa

Liquid	ρ, kg·m-3	η, mPa·s	Załamujące Indeks, n_D
n-Pentan [74]	620.85	0.218	1.3550
Toluen [75, 76]	862.30	0.552	1.4969 (T=293 K)
n-Dekan [77]	726.50	0.848	1.4096
Woda [78]	997.03	0.890	1.3330 (T=293 K)
Polimetylsiloksan-5 [79]	909.24	4.136	1.3959

Tabela 3

Podstawowe właściwości spadających korpusów

Opadające ciało	Nr 1	Nr 2	Nr 3	Nr 4	Nr 5
$d \cdot \times 10^3$ (m)	5.947	5.969	5.999	6.018	6.047
$m \cdot \times 10^3$ (kg)	2.018	2.040	2.086	2.092	2.115
$h \times 10^3$ (m)	10.41	10.45	10.50	10.54	10.58
$k = d / D$	0.975	0.979	0.984	0.987	0.991

Współczynniki tej zależności (10) uzyskano poprzez przetworzenie wyników kalibracji. Ich wartości są następujące: a_0 =5.19987; a_1 = – 1.01538; a_2=3.44390.

2.2. Pomiary gęstości

Pomiary gęstości wykonywane były metodą ważenia hydrostatycznego przy użyciu tego samego aparatu, co opisane powyżej pomiary lepkości (patrz również [1, 80]). Metoda ta pozwala na pomiar gęstości w szerokim zakresie temperatur (od temperatury pokojowej do 500 K) i ciśnień (do 250 MPa) z dużą dokładnością w porównaniu z piezometrem o stałej objętości. Gęstość mierzono za pomocą układu zawieszenia (urządzenia wypornościowego), który składa się z rdzenia i drutu wykonanego z pływaka kwarcowego stałego i stałego. Rdzeń został wykonany ze stali (S-10). Wewnętrzna powierzchnia ścianek rurki została doskonale wypolerowana za pomocą proszków o kolejno zmniejszających się ziarnach (od 1 nm do 40nm). Powierzchnia rdzenia była chromowana i polerowana.

2.2.1 Kalibracja *gęstościomierza*

Wyprowadzenie równania projektowego dla metody ważenia hydrostatycznego odbywa się zgodnie z techniką stosowaną wcześniej [81, 82-85].

Układ zawieszenia (urządzenia wypornościowego) składa się z rdzenia, drutu wykonanego z konstantanu i stałego pływaka kwarcowego. Siła reakcji $(P)_z$ szalki wagowej wagi analitycznej belki działa na nią, a jej wartość liczbowa jest równa różnicy między masą układu zawieszenia w próżni a masą układu zawieszenia w powietrzu i jest skierowana w dół.

$$P = (m - m_3 - (m_2 - m_1)) \cdot g \,, \tag{22}$$

где jest sumą $m = m_f + m_w + m_c$ mas pływaka, drutu i rdzenia odpowiednio w próżni m_1; jest masą cewki bez układu zawieszenia; m_2 jest masą cewki z układem zawieszenia; m_3 jest korektą na właściwości magnetyczne otaczających mediów i elastyczność drutów ołowiowych cewki i przetwornika.

Oszacowanie objętości i masy układu zawiesinowego w próżni przeprowadzono zgodnie z [86].

Objętość w podciśnieniu dla zrównoważenia wiązki wynosi

$$V = \frac{m_a - m_l - (m_a - m_l) \cdot \frac{m_a}{m_m}}{\rho_l - \rho_a}, \tag{23}$$

gdzie znajduje się m_a masa, gdy pływak, drut i pierścień są ważone w powietrzu $t = 20^0 C$, gdzie znajduje się m_l masa, gdy pływak, drut i pierścień są ważone w wodzie destylowanej $t = 20^0 C$ V, gdzie znajduje się objętość układu zawiesinowego $\rho_a = 1.2$ kg/m^3 w próżni, gdzie znajduje się gęstość $t = 20^0 C$ powietrza $\rho_l = 998.23$ kg/m^3, gdzie znajduje się gęstość wody destylowanej $t = 20^0 C$, $\rho_m = 8000$ kg/m^3 gdzie znajduje się gęstość materiału ważonego w $t = 20^0 C$.

Masa układu zawieszenia m w próżni dla wyważenia belki jest obliczana jako

$$m = m_a - \left(\frac{m_a}{m_m} - V \right) \cdot \rho_a. \tag{24}$$

Układ zawieszenia (22) gęstościomierza jest równoważony przez siłę Archimedesa skierowaną do góry. Jest on równy sumie sił wyporu działających na pływak, drut i rdzeń z powietrza i badanej cieczy.

$$F_A = \left(V^f + V^w + V^c \right) \cdot \rho^s \cdot g, \tag{25}$$

gdzie jest V^{f} objętość stałego pływaka kwarcowego; jest V^{w} objętością drutu konstantanowego; V^{c} jest objętością rdzenia wykonanego z magnetycznie miękkiego materiału; ρ^{s} jest gęstością badanej cieczy.

W naszym przypadku stan równowagi układu zawiesin całkowicie zanurzonego w badanej cieczy można zapisać jako

$$P = F_{\mathrm{A}}. \qquad (26)$$

Równanie (26) może być zapisane jako

$$(m - m_3 - (m_2 - m_1)) \cdot g = (V^{\mathrm{f}} + V^{\mathrm{w}} + V^{\mathrm{c}}) \cdot \rho^{\mathrm{s}} \cdot g. \qquad (27)$$

Konstrukcja urządzenia przewiduje umieszczenie rdzenia w strefie temperatury pokojowej ($t = 20^0 C$), a stałego pływaka kwarcowego w badanej strefie temperatury i ciśnienia. Górna połowa drutu konstantanowego znajduje się w strefie temperatury pokojowej ($t = 20^0 C$), a dolna część w strefie temperatury i ciśnienia badanego obiektu.

Równanie (27) może być zapisane jako

$$(m - m_3 - (m_2 - m_1)) = (V^{\mathrm{f}}_{\mathrm{p,T}} \cdot \rho_{\mathrm{p,T}} + V^{\mathrm{w}}_{\mathrm{p,T}} \cdot \rho_{\mathrm{p,T}} + V^{\mathrm{s}}_{p,T} \cdot \rho_{\mathrm{p,T}}), \qquad (28)$$

gdzie jest m masa układu zawiesiny w próżni m_1; jest masą cewki bez układu zawiesiny; jest masą cewki m_2 z układem zawiesiny; m_3 jest korektą na właściwości magnetyczne otaczających mediów i elastyczność drutów wiodących cewki i przetwornika; $\rho^{\mathrm{s}}_{\mathrm{p,T_0}}$ jest gęstością badanej cieczy w strefie rdzenia w temperaturze *T0* = 293 K i ciśnieniu doświadczalnym.

Gęstość badanej cieczy w temperaturze i pod ciśnieniem doświadczenia oblicza się jako

$$\rho_{\mathrm{p,T}} = \frac{m - m_3 - (m_2 - m_1) - \rho^{\mathrm{s}}_{\mathrm{p,T_0}} \cdot (V^{\mathrm{c}}_{\mathrm{p,T}} + 0{,}5 \cdot V^{\mathrm{w}}_{\mathrm{p,T}})}{(V^{\mathrm{fc}}_{\mathrm{p,T}} + 0{,}5 \cdot V^{\mathrm{w}}_{\mathrm{p,T}})}. \qquad (29)$$

W celu wyeliminowania dużego błędu systematycznego z końcowego wyniku gęstości badanej cieczy przeprowadza się kalibrację objętości pływaka $V^{fc}_{p_0,T_0}$ z równania (29) przy gęstości badanej cieczy ρ_{p_0,T_0} otrzymanej metodą piknometryczną w temperaturze *T0* = 298 K i ciśnieniu atmosferycznym *p0* = 0,098 MPa.

$$V^{fc}_{p_0,T_0} = \frac{m - m_3 - (m_2 - m_1)}{\rho_{p_0,T_0}} - V^{c}_{p_0,T_0} - V^{w}_{p_0,T_0}. \tag{30}$$

Wpływ temperatury i ciśnienia na elementy układu zawieszenia został uwzględniony jako

1.rdzeń

$$V^{c}_{pT} = V^{c}_{p_0T_0} \cdot [1 + 3 \cdot \alpha_4 \cdot (T - T_0)] \cdot [1 - \beta_4 \cdot (p - p_0)]; \tag{31}$$

2. Float

$$V^{f}_{pT} = V^{fc}_{p_0T_0} \cdot [1 + 3 \cdot \alpha_5 \cdot (T - T_0)] \cdot [1 - \beta_5 \cdot (p - p_0)]; \tag{32}$$

3. Drut

$$V^{w}_{pT} = V^{w}_{p_0T_0}. \tag{33}$$

Na przykład (31) i (32) $V^{c}_{p_0T_0}$, $V^{w}_{p_0T_0}$ są to objętości rdzenia i drutu, odpowiednio, w temperaturze T_0=293 K i ciśnieniu p_0=0,098 MPa i zostały określone na podstawie procedury ważenia w wodzie i powietrzu. W równaniu (32) $V^{fc}_{p_0T_0}$ jest to objętość pływaka w warunkach kalibracji (T_0, p_0); oraz β_4 β_5 są to izotermiczne współczynniki rozszerzalności ciśnienia.

2.2.2. Równanie robocze dla gęstości

Gęstość przy dowolnej temperaturze i ciśnieniu doświadczalnym dla tej metody można obliczyć jako

$$\rho_{p,T} = \frac{m - m_3 - (m_2 - m_1) - \rho^{s}_{pT_0}(V^{c}_{pT} + 0.5V^{w}_{pT})}{V^{b}_{pT} + 0.5V^{w}_{pT}}, \tag{34}$$

gdzie *m jest masą* układu zawieszającego w próżni; *m1 jest masą cewki* bez układu zawieszającego; $_{m2}$ jest masą cewki z układem zawieszającym; $_{m3}$ jest korektą na właściwości magnetyczne otaczających mediów i sprężystość przewodów cewki i przetwornika; $\rho^{s}_{pT_0}$ jest gęstością badanej cieczy w strefie solenoidowej w temperaturze *T0* = 293 K i ciśnieniu doświadczalnym; jest objętością V^{c}_{pT} rdzenia w temperaturach i ciśnieniach doświadczalnych; jest objętością V^{w}_{pT} drutu w warunkach doświadczalnych; V^{f}_{pT} jest objętością pływaka w temperaturach i ciśnieniach doświadczalnych; temperatura *T0* = 298 K i ciśnienie *p0* = 0.098 MPa.

Wpływ temperatury i ciśnienia na części (elementy, podzespoły) układu podwieszonego został uwzględniony jako

1.rdzeń

$$V^{c}_{pT} = V^{c}_{p_0T_0} \cdot [1 + 3 \cdot \alpha_4 \cdot (T - T_0)] \cdot [1 - \beta_4 \cdot (p - p_0)] \quad ; (35)$$

2. Float

$$V^{f}_{pT} = V^{fc}_{p_0T_0} \cdot [1 + 3 \cdot \alpha_5 \cdot (T - T_0)] \cdot [1 - \beta_5 \cdot (p - p_0)] \quad ; (36)$$

3. Drut

$$V^{w}_{pT} = V^{w}_{p_0T_0}. \tag{37}$$

Na przykład (35) i (36) $V^{c}_{p_0T_0}$, $V^{w}_{p_0T_0}$ są to objętości rdzenia i drutu, odpowiednio, przy temperaturze odniesienia T_0=293 K i ciśnieniu p_0=0,098 MPa i zostały określone na podstawie procedury ważenia w wodzie i powietrzu. W kw. 36 $V^{fc}_{p_0T_0}$ jest to objętość pływaka w warunkach kalibracji (T_0, p_0); oraz β_4 β_5 są to izotermiczne współczynniki rozszerzalności ciśnienia.

2.3. Niepewność danych pomiarowych

W celu sprawdzenia dokładności metod, poprawności działania aparatury oraz potwierdzenia wiarygodności danych dotyczących gęstości i lepkości, mierzonych za pomocą obecnych metod dla olefin i ich mieszanin, pomiary wykonano na czystym *n-heptanie*. Właściwości fizykochemiczne i czystość próbki *n-heptanu* wykorzystanej w tym badaniu podano w tabeli 4. Czystość została sprawdzona za pomocą analizy chromatograficznej. W celu sprawdzenia ewentualnego rozkładu termicznego próbki, przed i po pomiarach sprawdzono jej n_D gęstość ρ i współczynnik załamania światła.

Tabela 4

Podstawowe właściwości fizykochemiczne próbki przy T = 298 K i 0,098 MPa

Fluid	Tm (K)	Tb (K)	ρ, kg·m-3	η mPa·s	n_D	Czystość, masa
n-Heptan	182.53	371.52	679.99	0.396	1.3857	99.997

Dane doświadczalne dotyczące lepkości i gęstości zostały ocenione za pomocą Eqs. (22–37). Do oceny niepewności użyliśmy metody linearyzacji. W tabeli 5 przedstawiono analizy niepewności pomiarów gęstości i lepkości.

Tabela 5

Oszacowanie niepewności wielkości mierzonych

(pomiary gęstości i lepkości) dla *n-heptanu* (płynu referencyjnego)

przy $p=196{,}13$ MPa i T=323 K

Ilość	Jednostki	Wynik pomiaru	ε	θ	Δ
1	2	3	4	5	6
m	kg	11.9893×10-3	$1.2\times^{10-7}$	$3.4\times^{10-7}$	-
m_3	kg	0.0775×10-3	$1.7\times^{10-6}$	$2.8\times^{10-7}$	-
m_2	kg	$192.5461\times^{103}$	$1.5\times^{10-6}$	$2.0\times^{10-7}$	
m_1	kg	182.6694×10-3	$3.0\times^{10-7}$	2.0×10-7	-
$\rho^{c}_{pT_0}$	kg·m-3	$774.34\times^{100}$	$1.06\times^{100}$	$0.31\times^{100}$	-
V^{c}_{pT}	m3	$1.11297\times^{10-6}$	1.07×10-10	2.82×10-10	-
V^{w}_{pT}	m3	$0.8254\times^{10-9}$	1.5×10-12	1.07×10-11	-
V^{f}_{pT}	m3	$1.54916\times^{10-6}$	$3.07\times^{10-9}$	8.23×10-10	-
$V^{c}_{p_0T_0}$	m3	$1.11830\times^{10-6}$	1.0×10-10	2.8×10-10	-
Δ_{4T}	-	$1.0\times^{100}$	$1.5\times^{10-6}$	$1.5\times^{10-6}$	-
Δ_{4p}	-	$0.998806\times^{100}$	0.59×1^{-6}	$0.59\times^{10-6}$	-
$V^{fc}_{p_0T_0}$	m3	$1.5574\times^{10-6}$	$3.0\times^{10-9}$	8.2×10-10	-
Δ_{5T}	-	$1.00052\times^{100}$	$7.3\times^{10-8}$	$7.3\times^{10-8}$	-
Δ_{5p}	-	$0.99460\times^{100}$	$2.7\times^{10-6}$	$2.7\times^{10-6}$	-
$V^{w}_{p_0T_0}$	m3	$0.8254\times^{10-9}$	1.5×10-12	1.07×10-	-

				11	
ρ_{pT}	kg·m-3	$774.31\times{}^{100}$	$2.24\times{}^{100}$	$0.65\times{}^{100}$	$2.24\times{}^{100}$
l_{pT}	m	43.544×10-3	5.03×10-4	5.86×10-5	-

Koniec tabeli 5

1	2	3	4	5	6
τ_{pT}	s	$41.0384\times{}^{100}$	5.57×10-2	1.0×10-4	-
δ_{pT}	m	1.3346×10-4	$4.3\times{}^{10\text{-}8}$	$2.7\times{}^{10\text{-}8}$	-
D_{pT}	m	6.120×10-3	$1.9\times{}^{10\text{-}6}$	$1.9\times{}^{10\text{-}6}$	-
G_{pT}	N	1.804×10-2	8.910-5	2.010-5	-
$l^{c}_{p_0T_0}$	m	43.522×10-3	5.03×10-4	5.86×10-5	-
Δ_{3T}	-	$1.000519\times{}^{100}$	$1.6\times{}^{10\text{-}6}$	$7.3\times{}^{10\text{-}7}$	-
$D_{p_0T_0}$	m	$6.122\times10^{)3}$	$2.0\times{}^{10\text{-}6}$	$2.0\times{}^{10\text{-}6}$	-
Δ_{1T}	-	$1.000510\times{}^{100}$	$7.2\times{}^{10\text{-}7}$	$7.2\times{}^{10\text{-}7}$	-
Δ_{1p}	-	$0.99925\times{}^{100}$	$3.4\times{}^{10\text{-}7}$	$3.5\times{}^{10\text{-}7}$	-
d_{pT}	m	5.989×10-3	$6.7\times{}^{10\text{-}6}$	$3.9\times{}^{10\text{-}6}$	-
$d_{p_0T_0}$	m	5.989×10-3	$6.7\times{}^{10\text{-}6}$	$4.0\times{}^{10\text{-}6}$	-
Δ_{2T}	-	$1.000312\times{}^{100}$	$4.4\times{}^{10\text{-}7}$	$5.9\times{}^{10\text{-}8}$	-
Δ_{2p}	-	$0.999312\times{}^{100}$	$3.4\times{}^{10\text{-}7}$	$3.4\times{}^{10\text{-}7}$	-
V^{b}_{pT}	m3	$2.6735\times{}^{10\text{-}7}$	8.8×10-10	2.8×10-10	-
$V^{b}_{p_0T_0}$	m3	$2.6766\times{}^{10\text{-}7}$	8.8×10-10	2.8×10-10	-
Δ_{T}	-	$1.000936\times{}^{100}$	$1.3\times{}^{10\text{-}6}$	$1.3\times{}^{10\text{-}6}$	-
Δ_{p}	-	$0.99793\times{}^{100}$	$1.0\times{}^{10\text{-}6}$	$1.0\times{}^{10\text{-}6}$	-
ρ_{b}	kg·m-3	$7650.9\times{}^{100}$	$25.3\times{}^{100}$	$2.9\times{}^{100}$	-

η_{pT}	Pa ·s	1.103×10-3	1.5×10-5	3.1×$^{10-6}$	1.5×10-5

Zakładając, że wszystkie parametry wejściowe X_i są niezależne, wariancja gęstości i lepkości (Y) wynosi

$$u(Y)^2 = \sum_{i=1}^{N}\left(\frac{\partial Y}{\partial X_i}u(X_i)\right)^2, \quad (38)$$

gdzie N jest liczbą parametrów wejściowych (Tabela 5) w równaniach roboczych, a połączona niepewność standardowa jest pierwiastkiem kwadratowym wariancji [86, 87, 88]. Tabela 5 przedstawia wartość każdego z parametrów wejściowych Xi oraz ich szacunkową standardową niepewność. Na podstawie danych z Tabeli 5, całkowitą niepewność rozszerzoną pomiarów gęstości i lepkości przy 95% poziomie ufności przy współczynniku pokrycia k = 2 oszacowano odpowiednio na 0,15% do 0,30% i 1,5% do 2,0%, w zależności od zakresu temperatury i ciśnienia.

Rozdział 3. Badania doświadczalne gęstości i lepkości 1-oktenu i 1-dekenu w wysokich temperaturach i wysokich ciśnieniach

Wprowadzenie

Opisany powyżej aparat do jednoczesnych pomiarów gęstości i lepkości [17, 80, 83] wykorzystano do pomiaru gęstości i lepkości czystego 1-oktenu i 1-dekenu w wysokich temperaturach od 298 K do 473 K i przy wysokich ciśnieniach (do 245 MPa).

3.1. Krótki przegląd zgłoszonych danych dotyczących gęstości i lepkości dla 1-oktenu i 1-dekenu

Ankieta literaturowa wykazała, że liczba zgłoszonych pomiarów gęstości i lepkości 1-oktenu i 1-dekenu pod ciśnieniem i w wysokiej temperaturze jest raczej ograniczona. Ponadto, rozproszenie zgłaszanych danych jest dość duże (do 0,5-1,0% dla gęstości i 3-5% dla lepkości) i znacznie przekracza przytoczone wzajemne niepewności autorów. Większość badaczy podaje niepewność od 0,1% do 0,3% dla gęstości i od 2,0% do 3,0% dla lepkości. Większość zgłoszonych zestawów danych obejmuje bardzo ograniczone zakresy temperatury (do 323 K) i ciśnienia (do 50 MPa). W tabelach 6 i 7 podsumowano eksperymentalne pomiary gęstości [91-103] i lepkości [93, 98, 104-108] ciekłego 1-oktenu i 1-dekenu podane w literaturze.

Poszukiwanie literatury opierało się na archiwum TRC/NIST [109]. Tabele te zawierają również pewne brakujące źródła danych z lokalnych publikacji rosyjskich i prac doktorskich, które są trudno dostępne dla większości czytelników. Ponad 12 źródeł danych dla gęstości i 6 dla lepkości podano w tabelach, reprezentujących około 1238 (1042 dla 1-oktenu i 196 dla 1-dekenu) gęstości i 169 (97 dla 1-oktenu i 72 dla 1-dekenu) pomiarów lepkości w fazie ciekłej. Te same dane doświadczalne [104-107] zostały opublikowane dwukrotnie dla gęstości i lepkości. Istnieją tylko dwa źródła danych o lepkości [93, 98] dla 1-dekenu w fazie ciekłej. Otpushennikov i in. [97] podali dane dotyczące gęstości dla 1-oktenu i 1-dekenu w cieczy, uzyskane z prędkości pomiaru dźwięku przy wysokich ciśnieniach (do 120 MPa). Wszystkie te dane dotyczące gęstości i lepkości, które pokrywają się z obecnym zakresem doświadczenia, zostały wykorzystane do porównania z obecnymi wynikami (patrz poniżej). Większość tych danych gęstościowych została zmierzona za pomocą piknometrycznego lub wibracyjnego gęstościomierza rurkowego [93, 101, 103] przy ciśnieniu atmosferycznym. Typowa niepewność pomiaru gęstości dla VTD mieści się w granicach 0,002% do 0,04%, a dla metody piknometrycznej w granicach 0,05% do 0,10%. Wszystkie poprzednie wysokociśnieniowe pomiary gęstości wykonywane były z wykorzystaniem techniki ważenia hydrostatycznego [94-96, 98, 100] z typową niepewnością od 0,1% do 0,3%. Raportowane dane dotyczące gęstości obejmują zakres temperatur od 179 K do 533 K i ciśnień do 313 MPa, natomiast raportowane dane dotyczące lepkości obejmują zakres temperatur od 193 K do 473 K i ciśnień do 50 MPa. Tylko w kilku źródłach wykonano pomiary gęstości [94-96, 98, 100] i lepkości [98, 104-107] pod ciśnieniem (odpowiednio do 70 MPa i 50 MPa) metodami hydrostatycznego ważenia i opadania korpusu. Dymond et. al. [99] do pomiaru gęstości 1-oktenu w temperaturach od 298 K do 373 K i przy ciśnieniu do 313 MPa użyto techniki wolumetrycznej mieszkowej z niepewnością 0,12%. Większość podawanych danych dotyczących gęstości [91-99, 101, 103] mierzono w ciśnieniu atmosferycznym w temperaturze do 413 K, stosując techniki piknometryczne i VTD. Dwa źródła Wrighta [93] i Ahosseiniego i wsp. [108] podały dane o lepkości (11 punktów danych dla 1-oktenu i 9 punktów danych dla 1-dekenu) dla obu płynów w ciśnieniu atmosferycznym i temperaturach od 293 K do 413 K. Dla lepkości większość podawanych danych została zmierzona techniką opadania korpusu w temperaturach od 193 K do 473 K i przy ciśnieniach do 50 MPa. W tabelach 6 i 7 podano rok publikacji, zakresy temperatur i ciśnień, metodę pomiaru oraz deklarowaną przez autorów niepewność pomiaru. Niepewność większości zgłaszanych danych dotyczących gęstości mieści się w granicach 0,05% (przy niskich temperaturach i niskich ciśnieniach, zasadniczo przy ciśnieniu atmosferycznym) i 0,1% do 0,3% przy wysokich temperaturach i wysokich ciśnieniach, natomiast niepewność zgłaszanych danych dotyczących lepkości mieści się w granicach 2% do 3%. Większość danych dotyczących gęstości (patrz tabela 6) została wykonana w niskich temperaturach (do 313 K) i wysokich ciśnieniach (do 313 MPa dla 1-oktenu i 120 MPa dla 1-dekenu) [97, 99] lub w wysokich temperaturach (do 533 K), ale przy niskich ciśnieniach (do 70 MPa) [94-96, 98]. Bardzo ograniczone dane dotyczące lepkości (tylko dwa [93, 98]) znaleziono w literaturze dla 1-decenu. Jeden z nich [93] mierzono metodą kapilarną w ciśnieniu atmosferycznym i temperaturze od 293 K do 413 K.

Pomiary pod ciśnieniem (do 50 MPa) w temperaturze od 223 K do 473 K wykonano w pracy Galandarowa [98] techniką opadania korpusu z niepewnością 3,1%. Dla 1-oktenu pomiary lepkości przeprowadzone przez Wrighta [93] i Ahosseiniego i wsp. [108] wykonano przy ciśnieniu atmosferycznym w temperaturach od 293 K do 313 K oraz od 283 K do 348 K, odpowiednio metodą kapilarną.

Wysokociśnieniowe (do 50 MPa) i wysokotemperaturowe (od 193 do 473 K) pomiary lepkości 1-oktenu wykonano w pracach [98, 106-108] techniką opadania korpusu z niepewnością od 2,3% do 3,1%.

Tabela 6

Pomiary gęstości 1-oktenu i 1-dekenu

Najpierw Autor, Referencje	Rok	Me-thod*	Niepewność, %	Tempe-ratura zasięg, K	Pres-pewny zakres, MPa
1	2	3	4	5	6
1-okten					
Landolt, [91]	1892	NIE DOTYCZY	NIE DOTYCZY	287–293	0.101
Forziati, [92]	1950	DB	1×10-4 g·cm-3	293–303	0.101
Wright, [93]	1961	PYC	NA	293–373	0.101
Abas-zade, [94, 95]	1970	HW	0.1%	283–533	do 69
Kerimov, [96]	1972	HW	0.1%	283–533	do 69
Otpushennikov, [97]	1975	SS	NIE DOTYCZY	303–363	do 120
Galandarov, [98]	1985	HW	0.3%	179–293	do 50
Dymond, [99]	1988	BV	0.1%	298–373	do 313
Naziev, [100]	1992	HW	0.3%	290–539	do 59
Ahosseini, [101]	2010	VTD	1×10-4 g·cm-3	283–348	0.101
Ta praca	2013	HW	0.15–0.30%	298–475	0.098–245

Koniec tabeli 6

1	2	3	4	5	6
1-decena					
Landolt, [91]	1892	NIE DOTYCZY	NIE DOTYCZY	287–293	0.101
Forziati, [92]	1950	DB	1×10^{-4} g·cm^{-3}	293–303	0.101
Wright, [93]	1961	PYC	NIE DOTYCZY	293–373	0.101
Otpushennikov, [97]	1975	SS	NIE DOTYCZY	303–363	do 120
Galandarov, [98]	1985	HW	0.3%	222–523	do 50
Treszczanowicz, [103]	2010	VTD	2×10^{-4} g·cm^{-3}	288–308	0.101
Ta praca	2013	HW	0.15–0.30%	298–475	0.098–245

* NA - Niedostępne; DB - waga gęstości; PYC - piknometr; HW - waga hydrostatyczna; SS - od prędkości pomiaru dźwięku; BV - objętościomierze mieszkowe; VTD - zagęszczacz rur wibracyjnych.

Podstawowym celem niniejszej pracy było więc rozszerzenie zakresu temperatur i ciśnień istniejących pomiarów gęstości i lepkości prowadzonych przez innych autorów do wyższych temperatur i ciśnień oraz dostarczenie zestawu gęstości i lepkości doświadczalnych dla 1-oktenu i 1-dekenu w odpowiednio szerokim zakresie temperatur (od 298 K do 475 K) i wysokich ciśnień (do 245 MPa) z wykorzystaniem połączonych technik hydrostatycznych ważenia i opadania korpusu. Dlatego też obecne pomiary znacznie rozszerzają zakres temperatur i ciśnień, w których dostępne są dane o gęstości i lepkości dla 1-oktenu i 1-dekenu.

Tabela 7

Pomiary lepkości 1-oktenu i 1-dekenu

Najpierw Autor, Referencje	Rok	Me-thod*	Niepewność, %	Tempe-ratura zasięg, K	Pres-pewny zakres, MPa
1	2	3	4	5	6
1-okten					
Wright, [93]	1961	CT	NIE DOTYCZY	293–313	0.101
Guseinov, [104]	1972	FRB	3.1%	298–473	do 50
Naziev, [105]	1976	FRB	3.1%	303–473	do 49
Naziev, [106]	1977	FRB	3.1%	298–473	do 50
Shakhverdiev, [107]	1981	FRB	2.3%	303–473	do 50
Galandarov, [98]	1988	FRB	3.1%	193–293	do 50
Ahosseini, [108]	2011	WBC PV	1.0%	283–348	0.101
Ta praca	2013	FRB	1.5–2.0%	298–475	0.098–245
1-decena					
Wright, [93]	1961	CT	NIE DOTYCZY	293–413	0.101

Galandarov, [98]	1985	FRB	3.1%	223–473	do 50

Koniec tabeli 7

1	2	3	4	5	6
Ta praca	2013	FRB	1.5–2.0%	298–475	0.098–245

* NA - Not Accessible; FRB - falling or rolling body; CT - capillary tube; WBCPV - Wells-Brookfield Cone/Plate (DV-III ULTRA) viscometer.

Kolejnym celem niniejszych badań było opracowanie Tait-type EOS oraz modeli korelacji dla lepkości 1-oktenu i 1-dekenu w stanie ciekłym. Praca ta jest częścią ciągłego programu dotyczącego właściwości termodynamicznych i transportowych węglowodorów w wysokich temperaturach i wysokich ciśnieniach.

3.2. Równania modeli stanu i korelacji dla lepkości 1-Oktenu i 1-Dekenu

Niestety, nie opracowano wcześniej referencyjnych EOS i modeli korelacji dla lepkości 1-oktenu i 1-dekenu. Galandarow [98] opracował EOS płynnego 1-oktenu i 1-dekenu jako

$$p = \rho^2 \sum_{i=0}^{5} a_i \left(\frac{T}{T_{b.p.}} \right)^i + \rho^8 \sum_{i=0}^{5} a_i \left(\frac{T}{T_{b.p.}} \right)^i . \quad (39)$$

Ten EOS odtwarza eksperymentalne ciśnienia autora w granicach 0,11%. Dymond i wsp. [99] opracowali Tait-type EOS dla 1-oktanu

$$\frac{\rho - \rho_0}{\rho_0} = c \cdot \lg \left(\frac{B + p}{B + p_0} \right), \quad (40)$$

gdzie parametry $c(T)$ i $B(T)$ są parametrami regulującymi, które mogą być zoptymalizowane w celu zapewnienia najlepszego dopasowania gęstości izotermicznych (tylko funkcje temperatury), i ρ_0 są gęstością cieczy przy ciśnieniu referencyjnym (p_0 p_0= 0,098 MPa). Równanie to zapewnia doskonałą korelację między wysokimi gęstościami ciśnienia (patrz poniżej pkt. 3.3.3). Tait EOS zapewnia dokładną ekstrapolację gęstości na wyższe ciśnienia, poza rzeczywistym zakresem eksperymentalnym. Dla 1-oktenu wartość parametru c jest stała 0,21, a zoptymalizowane wartości B mogą być reprezentowane w funkcji temperatury przez

$$B(T) = 181.404 - 0.376T. \tag{41}$$

Równanie (40) przedstawia wartości zmierzonych gęstości wysokiego ciśnienia przy AAD 0,07% (Max. Dev. 0,17%).

Otpushennikov i in. [97] użyli równania kwadratowego do obliczenia gęstości 1-oktenu i 1-dekenu w cieczy pod wysokim ciśnieniem.

$$\rho = A(T) + B(T)\cdot(p - p_0) + C(T)\cdot(T)\cdot(p - p_0)^2, \tag{42}$$

gdzie $A(T)$, $B(T)$, $C(T)$ są funkcjami temperatury. Równanie to obowiązuje w zakresie temperatur od 303 K do 363 K przy ciśnieniach do 120 MPa.

Model korelacji dla lepkości 1-oktenu i 1-dekenu opracowany przez Galandarowa [98] jest następujący

$$\eta = A(T) + B(T)\cdot C + \frac{1}{5}\cdot\left(\frac{p}{p_C}\right)\cdot\left[a(T) + b(T)\cdot C\right], \tag{43}$$

gdzie $A(T)$, $B(T)$, $a(T)$ i $b(T)$ są wielomianowymi funkcjami temperatury; C jest liczbą atomów węgla w węglowodorze. Ten model lepkościowy (równy 43) odwzorował dane doświadczalne autora w granicach 3,6%.

Niniejsze pomiary wraz z innymi zgłaszanymi danymi (patrz tabele 6 i 7) mogą być wykorzystane do poprawy dostępnych modeli EOS i korelacji dla lepkości 1-oktenu i 1-dekenu w wysokich temperaturach i przy wysokich ciśnieniach.

3.3. Wyniki i dyskusja

3.3.1. Gęstość zaludnienia

Pomiary gęstości i lepkości 1-oktenu i 1-dekenu wykonano w zakresie temperatur od 298 K do 475 K i przy ciśnieniach do 245 MPa. Pomiary gęstości wykonywane były przy stałym ciśnieniu w funkcji temperatury. Wyniki zagęszczenia eksperymentów przedstawiono w tabeli 8 i pokazano na rysunkach 8-11 jako projekcje w płaszczyznach ρ-T i ρ-P wraz z podanymi danymi. Liczby te ilustrują zadowalającą spójność zależności temperatury i ciśnienia gęstości 1-oktenu i 1-dekenu mierzonych w niniejszej pracy i podawanych danych [91-103], z wyjątkiem danych podawanych w 1892 r. przez Landolta i Jahna [91] oraz Nazieva i in. Dane te systematycznie różnią się (wyżej) od wszystkich innych zgłoszonych danych o 1,5 %. Zależność aktualnych zmierzonych gęstości dla 1-oktenu i 1-dekenu wzdłuż różnych ciśnień wraz z podanymi danymi pokazano na rys. 8.

Jak widać wszystkie mierzone izobary są niemal liniowymi funkcjami temperatury. Rys. 9 przedstawia zależność obecnych danych dotyczących gęstości 1-oktenu i 1-dekenu w ciśnieniu atmosferycznym od temperatury wraz ze wszystkimi danymi opisanymi w literaturze (patrz tabela 6). Aby dokładnie odwzorować zmierzone gęstości 1-oktenu i 1-dekenu przy ciśnieniu atmosferycznym, zastosowaliśmy prostą funkcję liniową,

$$\rho_0(T) = a_0 + a_1 \cdot T^2, \tag{44}$$

gdzie znajdują się a_i parametry montażowe (patrz tabela 9).

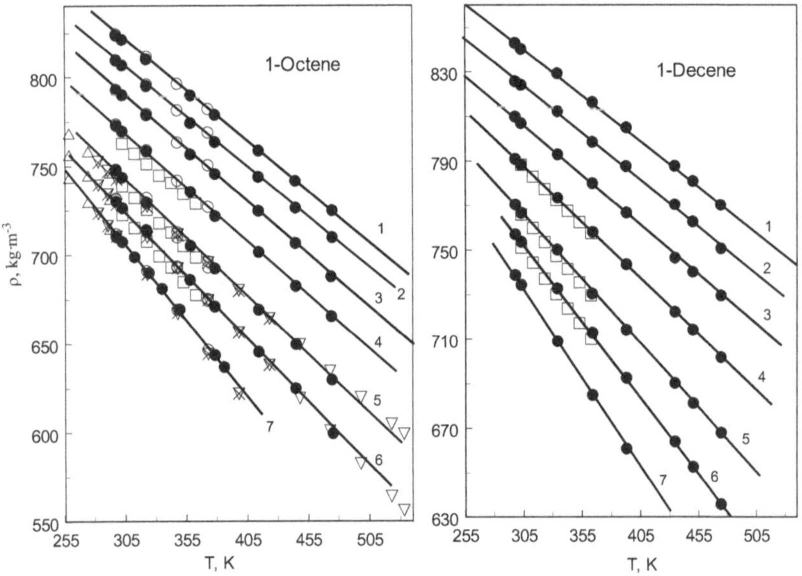

Rys. 8. Mierzone gęstości 1-oktenu i 1-dekenu w funkcji temperatury wzdłuż różnych izobarów wraz z podawanymi danymi. Linie ciągłe są obliczane z Tait EOS (równanie 40). •, ten utwór; △, Galandarov [98]; ○, Dymond et al. [99]; ×, Abas-zade et al. [94, 95]; ▽, Kerimov i Apaev [96]; □, Otpushennikov et al. [97]; 1 - 0,098 MPa; 2 - 24,51 MPa; 3 - 49,03 MPa; 4 - 98,06 MPa; 5 - 147,10 MPa; 6 - 196,13 MPa; 7 - 245,16 MPa

Tabela 8

Dane o gęstości doświadczalnej (kg·m-3) i lepkości (mPa·s), ciśnieniach (MPa) i temperaturach (K) 1-oktenu i 1-dekenu. [á]

T	ρ	η	T	ρ	η
1	2	3	4	5	6
1-okten					
P=0,098 MPa			*P=24*,51 MPa		
298.15	710.15	0.487	298.15	729.96	0.620
303.15	707.28	0.469	303.15	726.35	0.589
313.13	698.80	0.415	322.72	713.99	0.485
324.76	689.87	0.376	358.54	685.91	0.362
335.61	680.95	0.341	378.80	670.96	0.308
350.02	669.33	0.301	414.55	645.38	0.244
379.10	643.52	0.238	445.07	624.82	0.204
386.52	636.88	0.229	475.81	599.57	0.180
P=49,03 MPa			*P=98*,06 MPa		
298.15	747.82	0.752	298.15	772.66	1.054
303.15	743.57	0.714	303.15	769.46	0.999
322.74	729.53	0.587	322.81	758.31	0.815
358.89	705.12	0.441	358.97	735.36	0.605
378.95	692.34	0.377	379.03	721.71	0.5172
414.56	669.13	0.304	414.61	701.56	0.416
445.12	649.55	0.255	445.01	682.44	0.350
474.92	629.59	0.226	474.55	665.36	0.316
P=147,10 MPa			*P=196*,13 MPa		
298.15	792.85	1.415	298.15	809.27	1.846
303.15	789.94	1.335	303.15	806.59	1.735

Kontynuacja tabeli 8

1	2	3	4	5	6
322.81	778.58	1.070	322.81	794.93	1.364
358.99	756.50	0.788	358.91	774.00	0.988
1	2	3	4	5	6
379.02	745.51	0.665	378.99	763.47	0.829
414.50	724.68	0.534	414.41	743.81	0.659
444.80	706.50	0.448	444.70	726.25	0.553
474.12	687.75	0.405	475.01	709.76	0.495
245,16 MPa					
298.15	823.56	2.367	–	–	–
303.15	821.16	2.207	–	–	–
322.87	809.99	1.716	–	–	–
359.03	789.59	1.213	–	–	–
378.89	778.65	1.014	–	–	–
414.60	758.54	0.791	–	–	–
444.62	741.52	0.660	–	–	–
475.01	724.86	0.590	–	–	–
1-decena					
P=0,098 MPa			*P=24*,51 MPa		
298.15	738.67	0.747	298.15	756.90	0.950
303.15	734.30	0.708	303.15	753.56	0.898
334.45	708.99	0.504	334.24	732.65	0.642
364.32	684.75	0.381	364.34	712.74	0.492
393.41	660.81	0.309	393.40	692.44	0.404
-	-	-	435.07	663.87	0.310
-	-	-	450.73	652.48	0.300

Kontynuacja tabeli 8

1	2	3	4	5	6
-	-	-	475.02	635.73	0.275
P=49,03 MPa			*P=98*,06 MPa		
298.15	770.37	1.177	298.15	790.83	1.703
303.15	766.56	1.107	303.15	788.17	1.595
334.11	750.08	0.787	334.42	773.34	1.106
364.17	730.36	0.602	364.59	757.99	0.834
393.26	714.13	0.498	393.36	743.47	0.691
434.83	690.14	0.385	434.94	722.15	0.535
450.73	681.12	0.374	450.38	714.12	0.505
474.98	667.92	0.346	474.92	701.72	0.483
P=147,10 MPa			*P=196*,13 MPa		
298.15	809.77	2.363	298.15	825.62	3.192
303.15	806.82	2.201	303.15	824.05	2.955
334.54	792.86	1.480	334.39	812.18	1.931
364.41	779.91	1.106	364.31	798.45	1.413
393.49	766.66	0.899	393.17	787.56	1.134
434.87	746.426	0.693	434.77	770.32	0.863
450.32	740.05	0.655	450.32	762.58	0.809
474.84	729.46	0.624	474.68	750.60	0.770
245,16 MPa					
298.15	843.01	4.192	–	–	–
303.15	840.29	3.891	–	–	–
334.29	829.20	2.460	–	–	–
364.48	816.27	1.765	–	–	–
393.42	804.92	1.395	–	–	–

Koniec tabeli 8

1	2	3	4	5	6
434.71	787.64	1.048	–	–	–
450.40	780.84	0.985	–	–	–
474.45	770.21	0.927	–	–	–

[a] Standardowe niepewności u wynoszą: $u(T)$ =0,02 K; $u(P)$=0,05 %; $u(\rho)$=0,15 % (przy niskich ciśnieniach, $P<100$ MPa) do 0,30 % (przy wysokich ciśnieniach, P>100 MPa); = 1,5 $u(\eta)$% (przy niskich ciśnieniach, P<100 MPa) do 2,0 % (przy wysokich ciśnieniach, P>100 MPa)

Równanie (44) odtwarza obecne dane dotyczące gęstości dla 1-oktenu i 1-dekenu przy ciśnieniu atmosferycznym w dowolnych temperaturach między 293 K a 386 K w zakresie 0,1 % odpowiednio dla 1-oktenu i 0,04 % dla 1-dekenu. Zgodność pomiędzy obecnymi danymi dotyczącymi gęstości dla 1-oktenu i 1-dekenu a wartościami z literatury na poziomie 0,1 MPa mieści się na ogół w granicach odpowiednio 0,12% i 0,14%. Dla 1-oktenu dane dotyczące gęstości [95-102, 104] przy ciśnieniu atmosferycznym różnią się od obliczonych wartości (44) w zakresie od 0,01% do 0,21%.

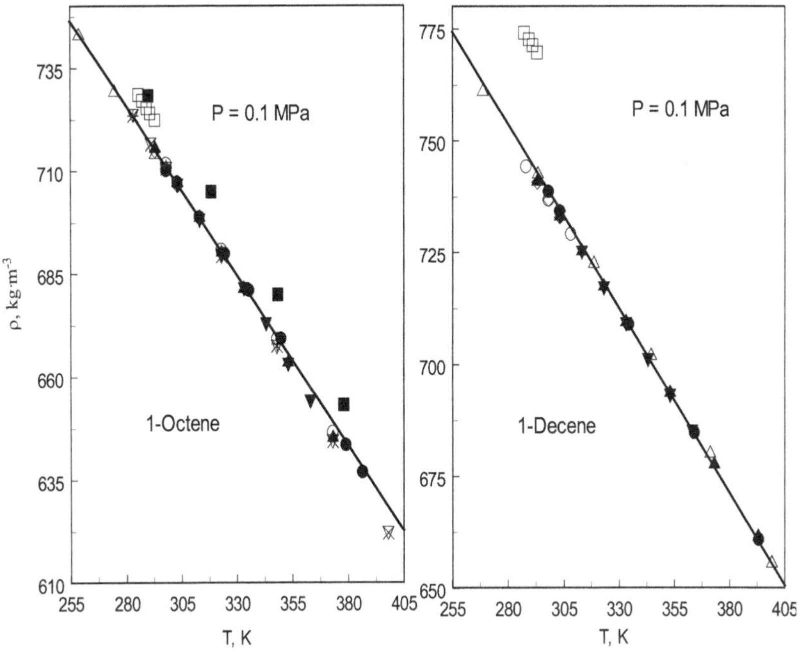

Rys. 9. Mierzone gęstości 1-oktenu i 1-dekenu w funkcji temperatury w ciśnieniu atmosferycznym wraz z danymi zgłoszonymi. **Po lewej**: •- ta praca; ○, Dymond i inni [99]; △, Galandarov [98]; ×, Abas-zade i inni [94, 95▽]; , Kerimov i Apaev [96]; □, Landolt i Jahn [91]; ■, Naziev i inni [106]; ▲, Wright [93]; ◇, Forziati i inni [92]; ▼, Otpushennikov i inni [98]; +, Ahosseini i inni [108]; Po **prawej**: •- ta praca; ○, Treszczanowicz i inni [103]; △, Galandarow [98]; □, Landolt i Jahn [94]; ◇, Forziati i inni [92]; ▲, Wright [93]; ▼, Otpushennikov i inni [97]. Linie ciągłe są obliczane z równania (44).

Tabela 9

Współczynniki Tait EOS (równanie 40) oraz modele korelacji (równanie 46) i (równanie 49) dla lepkości uzyskanej na podstawie niniejszych danych doświadczalnych

Tait EOS (Eq. 40)						
Fluid	*b0*	*b1*	*c0*	*c1*	*a0*	*a1*
1-okten	-64.684	50229.79	0.104263	0.000086	958.0155	-0.82825
1-decena	-57.391	46937.76	0.036291	0.000248	984.7055	-0.82466
Lepkość (kw. 46)						
1-okten	4.3278	0.010344	-0.000011	-2.34025	-0.00048	0.218632
1-decena	6.3186	0.011663	-0.000010	-3.19163	-0.00079	0.328915

Lepkość (kw. 49)							
Fluid	*d0*	*d1*	*d2*	*a1*	*b2*	A1	B2
1-okten	0.5216	-4.6218	7.78965	-0.02604	0.01645	-0.00091	0.0016
1-decena	-0.1248	3.4226	-23.426	-0.10435	-0.1119	-0.00205	0.0054

Wartości gęstości podawane w pracach [96, 100, 101] dla 1-decenu odbiegają od obecnej korelacji (44) o 0,14%, a dane z [95, 106] o 0,25%.

Obecne wyniki gęstości dla 1-oktenu i 1-dekenu wraz z podanymi danymi dotyczącymi wysokich ciśnień wzdłuż różnych izotermów przedstawiono na rysunkach 10 i 11 w projekcji ρ-P. Zależność gęstości od ciśnienia (Rys. 10) znacznie odbiega od liniowości, zwłaszcza w wysokich temperaturach i przy niskich ciśnieniach (do 100 MPa) (funkcja zbliżona do kwadratowej).

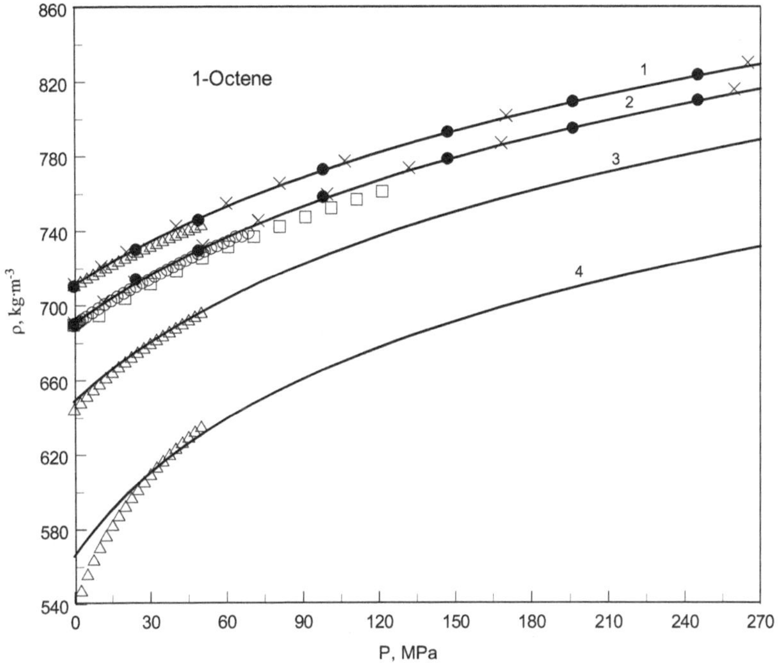

Rys. 10. Mierzone gęstości 1-oktenu w cieczy w funkcji ciśnienia wzdłuż czterech wybranych izotermów wraz z podanymi danymi. • ta praca; ○, Abas-zade i in. [94, 95]; □, Otpushennikov i in. [98]; ×, Dymond i in. [99]; △, Kerimov i Apaev [96]. 1-298,15 K; 2-323,15 K; 3-373,15 K; 4-473,15 K. Linie stałe są obliczane z EOS (równanie 40)

Jak pokazano na rys. 8, zachowanie ρ-T przy wysokich ciśnieniach jest również bardzo zbliżone do liniowej zależności pokazanej przy ciśnieniu atmosferycznym (rys. 9). Porównaliśmy nasze pomiary gęstości dla 1-oktenu i 1-dekenu pod wysokim ciśnieniem z danymi podanymi przez innych autorów (patrz rys. 8, 10, 11). Rys. 10 i 11 przedstawiają porównanie obecnych i zgłoszonych danych dotyczących gęstości 1-oktenu z wartościami obliczonymi na podstawie równania Taita (40).

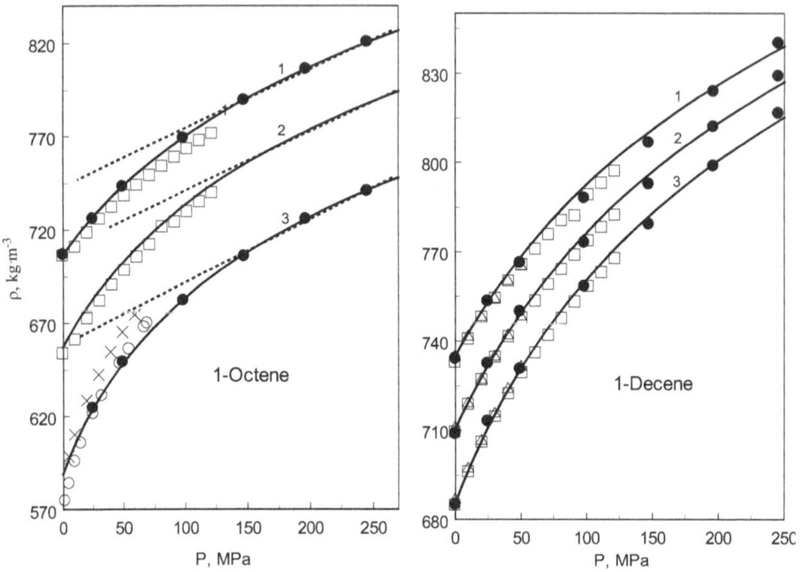

Rys. 11. Mierzone gęstości cieczy 1-oktenu i 1-dekenu w funkcji ciśnienia wzdłuż wybranych izotermów wraz z podanymi danymi. **Po lewej:** •, ta praca; ○, Abas-zade et al. [94, 95]; ×, Naziev et al. [100]; □, Otpushennikov et al. [97]; 1-303.15 K; 2-363.15 K; 3-445.15 K; Po **prawej:** • ta praca; □, Otpushennikov et al. [97]; △, Galandarov [98]; 1-303,15 K; 2-333,15 K; 3-363,15 K; linie stałe są obliczane z EOS (kw. 40)

Wykresy odchyleń dla obecnych zmierzonych gęstości i wcześniej zgłoszonych danych dotyczących gęstości [92-99, 101] oraz wartości obliczone na podstawie Tait EOS są podane poniżej w sekcji. 3.3.3 (zob. szczegółowe omówienie porozumienia pomiędzy obecnymi wynikami a różnymi źródłami danych sprawozdawczych).

3.3.2. Lepkość

Wyniki doświadczalne dla lepkości 1-oktenu i 1-dekenu przedstawiono również w tabeli 8 i pokazano na rysunkach 12-15 jako projekcje w płaszczyznach η -P, η-T oraz η- ρ wraz z danymi z [93, 98, 104-108].

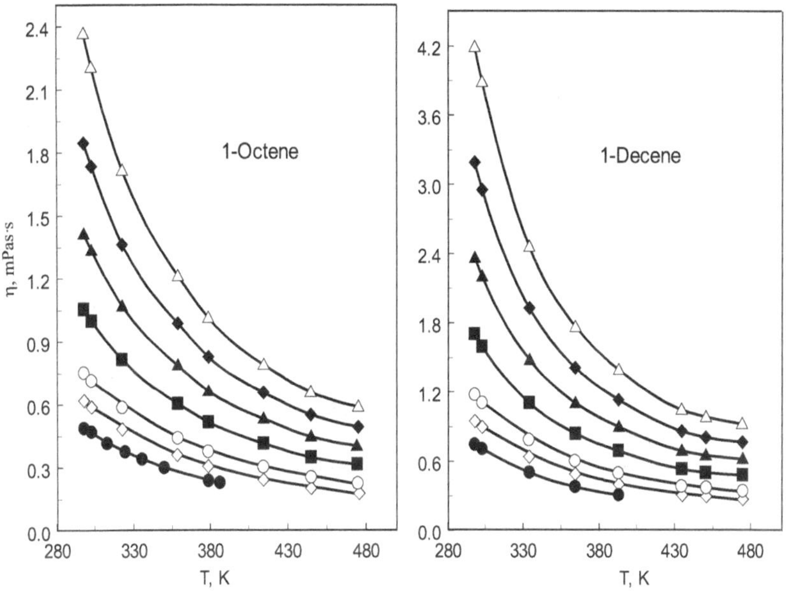

Rys. 12. Zmierzone lepkości 1-oktenu i 1-dekenu w funkcji temperatury wzdłuż różnych izobarów. Całe linie są wygładzoną krzywą eksperymentalną. ●, 0,098 MPa; ◇, 24,51 MPa; ○, 49,03 MPa; ■, 98,06 MPa; ▲, 147,10 MPa; ◆, 196,13 MPa; △, 245,16 MPa

Pomiary lepkości wykonywane były przy stałym ciśnieniu (od 0,098 MPa do 245 MPa) w funkcji temperatury (od 298 K do 475 K). Wszystkie dane o mierzonej lepkości w funkcji temperatury i gęstości wzdłuż różnych izobarów przedstawiono na rysunkach 12 i 13.

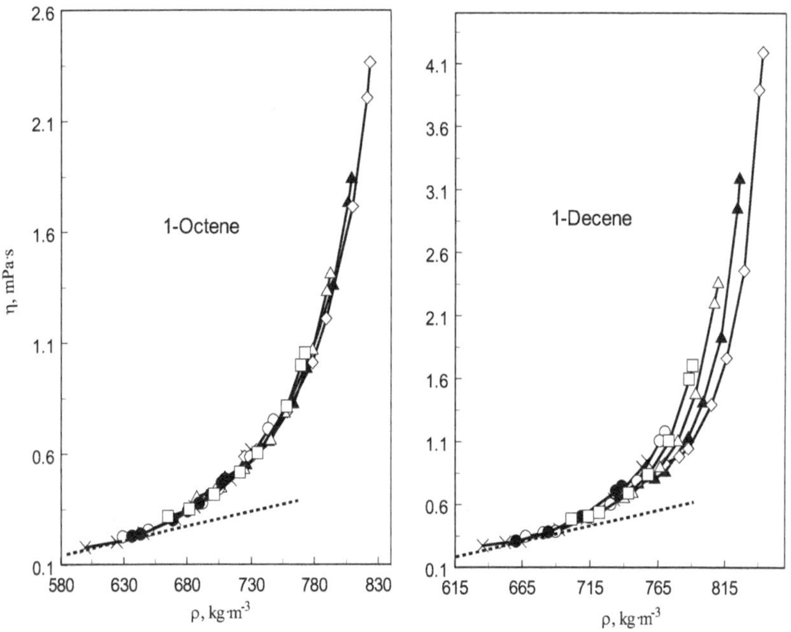

Rys. 13. Zmierzone lepkości 1-oktenu i 1-dekenu w funkcji gęstości wzdłuż różnych izobarów. •, 0,098 MPa; ×, 24,51 MPa; ○, 49,03 MPa; □, 98,06 MPa; △, 147,10 MPa; ▲,196,13 MPa; ◇, 245,16 MPa

Jak widać na podstawie tych danych, lepkość monotonnie spada wraz ze wzrostem temperatury i gwałtownie wzrasta przy dużych gęstościach (powyżej 675 kg·m-3). Obecne wyniki lepkości dla 1-oktenu i 1-dekenu wraz z podanymi danymi w funkcji ciśnienia wzdłuż różnych izotermów przedstawiono na rys. 14. Rys. 15 zawiera niniejsze wyniki oraz wszystkie inne podane dane dotyczące lepkości dla 1-oktenu i 1-dekenu przy różnych ciśnieniach w funkcji temperatury. Jak pokazano na rysunkach 12, 14 i 15, mierzona lepkość 1-oktenu i 1-dekenu gwałtownie spada wraz ze wzrostem temperatury, szczególnie w zakresie niskich temperatur, natomiast zależność lepkości od ciśnienia (rys. 14) wykazuje niewielkie odchylenie od liniowości w wysokich temperaturach i znaczne odchylenie w niskich.

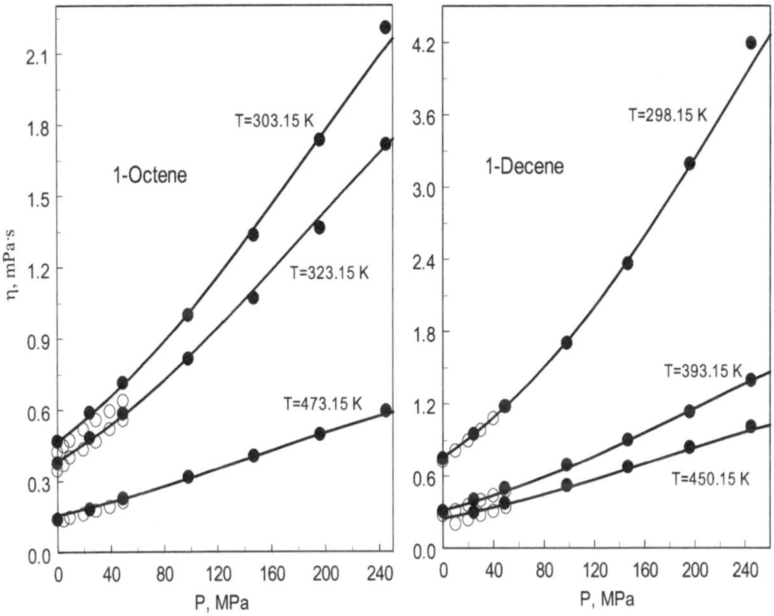

Rys. 14. Zmierzone lepkości 1-oktenu i 1-dekenu w funkcji ciśnienia wraz z podanymi danymi na wybranych izotermach. Linie stałe są obliczane na podstawie równania (11). **1-Octene:** •, ta praca; ○, Naziev et al. [105, 106]; **1-Decene:** •, ta praca; ○, Galandarov [98]

Szybkość zmian lepkości (współczynnik temperaturowy lepkości), $\eta^{-1}(\partial\eta/\partial T)_{\mathrm{p}}$ silnie zależy od temperatury i ciśnienia. Wartości współczynnika temperaturowego lepkości rosną wraz ze wzrostem ciśnienia (patrz rys. 12 i 15). Przy wysokich temperaturach wartości $\eta^{-1}(\partial\eta/\partial T)_{\mathrm{p}}$ wykazują bardzo małe zmiany wraz z temperaturą. Zależność ciśnieniowa mierzonych lepkości jest zbliżona do liniowej w wysokich temperaturach, podczas gdy w niskich temperaturach szybkość zależności ciśnieniowej (współczynnik lepkości ciśnieniowej), $\eta^{-1}(\partial\eta/\partial p)_{\mathrm{T}}$ znacznie wzrasta, szczególnie przy wysokich ciśnieniach.

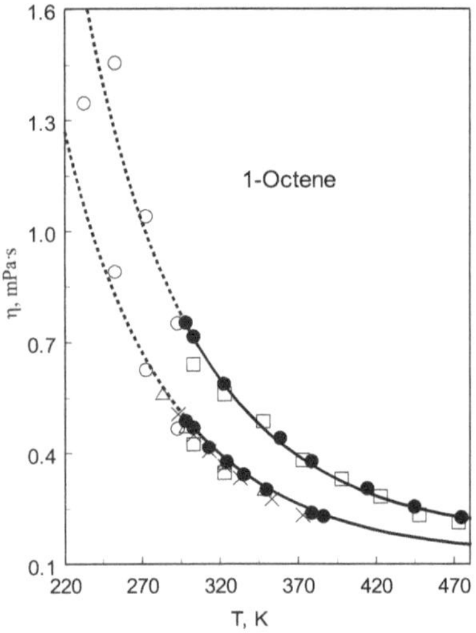

Rys. 15. Zmierzone lepkości dla 1-oktenu i 1-dekenu w funkcji temperatury wraz z danymi raportowanymi wzdłuż wybranych izobarów. Linia ciągła jest obliczana na podstawie modelu korelacji (kw. 46). • ta praca; ○, Galandarov [98]; ×, Wright [93]; □, Shakhverdiev et al. [107]; △, Ahosseini et al. [101]; linie przerywane są ekstrapolowane Eq. (46) na niskie temperatury (poza zakresem obowiązywania modelu)

Rys. 15 przedstawia wykres T^{-1} porównawczy $\ln\eta$ obecnych danych o lepkości doświadczalnej dla 1-oktenu i 1-dekenu. Jak widać na rys. 16, w tym rzucie w stosunku do $\ln\eta$ T^{-1} wykresu prawie liniowego (stwierdzono niewielkie odchylenia od liniowości). Porównanie obecnych wyników dla lepkości 1-oktenu i 1-dekenu z danymi podawanymi przy wybranych izotermach i izobarach przedstawiono na rys. 14 i 15. Porównaliśmy nasze pomiary lepkości dla 1-oktenu i 1-dekenu z dostępnymi danymi podanymi przez innych autorów (ryc. 14 i 15) oraz wartościami obliczonymi na podstawie modeli korelacji. Poniżej przedstawiono wykresy odchylenia pomiędzy obecnymi i raportowanymi danymi z modeli korelacji oraz omówienie porozumienia. 3.3.4.

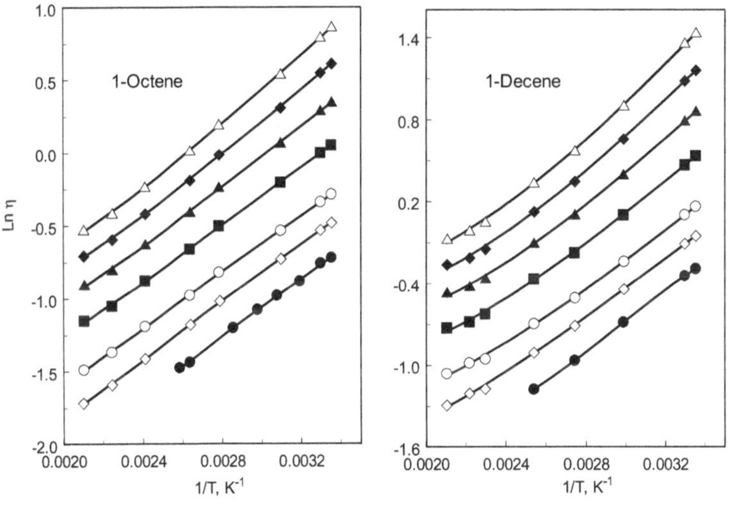

Rys. 16. Zmierzone wartości w $\ln\eta$ funkcji T^{-1} wzdłuż różnych izobarów dla 1-oktenu i 1-dekenu. •, 0,098 MPa; ◇, 24,51 MPa; ○, 49,03 MPa; ■, 98,06 MPa; ▲, 147,10 MPa; ◆, 196,13 MPa; △, 245,16 MPa. Linie ciągłe to wygładzone krzywe eksperymentalne

3.3.3. Równanie typu Tait-Type stanu dla 1-Octene i 1-Decene

Zmierzone obecnie wysokie gęstości ciśnieniowe dla 1-oktenu i 1-dekenu cieczy posłużyły do opracowania dokładnego prostego równania stanu typu Tait (równanie 40), które zastosowano wcześniej dla czystych cieczy i mieszanin [17, 80, 83, 99, 111-133]. Parametry taitu i $c(T)$ $B(T)$w równaniu (40) są tylko funkcjami temperatury i ρ_0są gęstością cieczy w ciśnieniu referencyjnym (p_0 $(p_0 = 0.098\text{MPa})$patrz równ. (44)). Poprzednio z powodzeniem używaliśmy EOS typu Tait (równy 40). (Abdulagatov i inni. [17, 89, 141-144]), aby dokładnie odwzorować pomiary gęstości dla czystych alkoholi (MEG, DEG, TEG, metanol, etanol, 1-propanol), *n-heptanu*, cieczy jonowych ([BMIM][BF4], BMIM][PF6] i [BMIM+][OcSO$_4^-$]), oraz ich mieszaniny dwuskładnikowe (etanol + [BMIM][BF4], metanol + [BMIM][BF4], metanol + [BMIM][PF6], oraz metanol + [BMIM+][OcSO$_4^-$]). EOS typu Tait był również bardzo dokładnie badany przez innych badaczy (patrz np. [99, 111-133]) i był stosowany do czystych płynów i mieszanin dwuskładnikowych oraz zalecany do dokładnego odwzorowania danych o gęstości doświadczalnej w fazie ciekłej przy wysokich ciśnieniach. W niniejszej pracy zastosowaliśmy równanie typu Tait Eq. (40) do obecnych pomiarów gęstości dla 1-oktenu i 1-dekenu w stanie ciekłym.

Ponieważ nie ma teoretycznych wytycznych dotyczących funkcjonalnej formy funkcji temperatury i $B(T)$ $c(T)$w równaniu (40), jego ocena opiera się na danych uzyskanych doświadczalnie. Wyraźna forma funkcyjna funkcji temperatury $B(T)$i $c(T)$w równaniu Tait (równanie (40)) zostały utworzone za pomocą "Eureqa" [134] (oprogramowanie regresji symbolicznej). Optymalna struktura funkcji temperaturowych i $B(T)$ $c(T)$ w kw. (40) stworzona przez "Eureqa" przy użyciu obecnych pomiarów gęstości dla 1-oktenu i 1-dekenu jest $B = b_0 + b_1/T$ $c = c_0 + c_1T$ $B(T)$ i jest $c(T)$ prostą funkcją temperatury. Wartości c zmieniają się nieznacznie wraz z temperaturą i można je uznać za stałe bez znacznej utraty dokładności okucia. W sumie EOS (równanie (40)) zawiera minimum (cztery) regulowane współczynniki. Uzyskane wartości współczynników korygujących oraz b_i c_i z obecnych zmierzonych gęstości dla 1-oktenu i 1-dekenu przedstawiono w tabeli 9. Równanie stanu (równanie (40)) może być również użyte do obliczenia niektórych innych właściwości termodynamicznych cieczy 1-okten i 1-deken i ekstrapolować rozsądnie poza zakresem obecnych danych doświadczalnych (do wyższych ciśnień i temperatur). Jak już wcześniej pokazali to Kumagai i inni. [117, 140, 141] Parametr B jest odwrotnie proporcjonalny do temperatury dla niektórych płynów $B \propto 1/T$. Zúñiga-Moreno i Galicia-Luna [123] zaproponowały liniową funkcję temperatury dla $B(T)$, choć niektórzy inni badacze [124, 125] uznali ją $B(T)$ za kwadratową funkcję temperatury. Cibulka i Ziková [122] zaproponowali funkcję temperatury sześciennej dla $B(T)$ i liniową funkcję temperatury w $c(T)$ celu przedłużenia ważności Tait EOS dla 1-propanolu do 534 K. Ostatnio Tomida i wsp. [135] opracowali EOS typu Tait dla cieczy jonowych, gdzie i $B(T)$ $c(T)$ są niezależne od temperatury (stałe). Wcześniej Kumagai i Iwasaki [117] zaobserwowali również, że parametr Tait c może być przyjmowany jako stały (niezależny od temperatury) i może mieć tę samą wartość dla serii płynów [144, 136, 137]. Kashiwagi i wsp. [138] użyli stałej wartości $c = 0.21$ toluenu i zoptymalizowali wartości w $B(T)$ funkcji temperatury. Gibson i Loeffer [137] zasugerowali, że c dla wszystkich związków aromatycznych może być uznane za 0,216. Tait EOS został przetestowany na danych o wysokiej gęstości ciśnieniowej dla partii płynów (patrz np. Tekac i in. [139]).

Obecne i zgłoszone dane dotyczące gęstości (zob. tabela 6) 1-oktenu i 1-dekenu zostały porównane z wartościami obliczonymi na podstawie Tait EOS (równanie (40)). Dane statystyczne dotyczące odchylenia między wynikami zmierzonymi a obliczonymi dla 1-oktenu i 1-dekenu są podane w tabeli 10. Jak widać, średnie odchylenia bezwzględne (AAD) pomiędzy wartościami zmierzonymi i obliczonymi na podstawie Tait EOS (równanie (40)) gęstości dla 1-oktenu i 1-dekenu wynoszą odpowiednio 0,09% i 0,23%, co jest bliskie ich niepewności doświadczalnej. Równanie to obowiązuje w całym zakresie temperatur doświadczalnych od 298 K do 475 K i przy ciśnieniach doświadczalnych do 245 MPa. Bezpośrednie porównanie naszych wyników z danymi podawanymi przez innych autorów jest nieco uciążliwe ze względu na różnice temperatur i ciśnień pomiędzy pomiarami. Rys. 17 przedstawia wykres odchyleń (procentowych odchyleń względnych w funkcji temperatury) między gęstościami aktualnymi i raportowanymi (z ref. [101-103]) oraz tymi obliczonymi za pomocą równania (40) dla 1-oktenu i 1-dekenu. AAD dla zgłoszonych danych dotyczących 1-oktenu i 1-dekenu mieści się w granicach 0,3%.

Oznacza to, że zgodność między obecnymi pomiarami a podawanymi danymi dotyczącymi gęstości dla 1-oktenu i 1-dekenu jest zadowalająca. Rozbieżność pomiędzy aktualnymi i raportowanymi danymi jest prawdopodobnie spowodowana nieprawidłową kalibracją komory pomiarowej. W poprzednich badaniach wysokiego ciśnienia autorzy wykorzystywali stare (nieprawidłowe) dane referencyjne do kalibracji (nieprawidłowe wyznaczenie stałych kalibracyjnych). Obecne pomiary gęstości dla 1-oktenu zgadzają się z danymi pochodzącymi z szybkości pomiarów dźwięku Otpushennikova i in. [97] w zakresie 0,6% przy niskich ciśnieniach i 1% przy wysokich ciśnieniach (100 MPa), nasze wyniki są systematycznie wyższe od szybkości pomiarów dźwięku.

Tabela 10

Statystyka odchyleń między aktualnymi zmierzonymi gęstościami i lepkościami a wartościami obliczonymi na podstawie Tait EOS (równanie (40)) i korelacji lepkościowych (równanie (46)) i (równanie (49)) dla 1-oktenu i 1-dekenu

Gęstość zaludnienia					
Płyny	AAD, %	Bias, %	St.dev, %	St.err, %	Max.dev, %
1-okten	0.09	0.003	0.12	0.016	0.4
1-decena	0.23	0.020	0.27	0.040	0.5
Lepkość (Np. (46))					
1-okten	1.74	-0.02	2.17	0.29	4.9
1-decena	1.78	-0.04	2.27	0.31	5.9
Lepkość (Np. (49))					
1-okten	1.68	-0.06	2.23	0.30	5.6
1-decena	1.54	-0.02	1.95	0.20	3.6

Dla 1-decenu porozumienie jest znacznie lepsze, w granicach 0,02% (niskie ciśnienia) do 0,4% (wysokie ciśnienia). Stwierdzono dobrą zgodność (AAD 0,18%, max.dev. wynosi 0,3%) pomiędzy obecnymi pomiarami gęstości a danymi podanymi przez Dymonda i wsp. [99] dla 1-oktenu. Odchylenia między obecnymi danymi dotyczącymi gęstości 1-oktenu a danymi podawanymi przez Kerimova i Apaeva [96] mieszczą się w zakresie od 0,11% do 0,70% w niskich temperaturach (poniżej 400 K) i od - 0,6% do +4% w wysokich temperaturach (zwłaszcza przy niskich ciśnieniach). Odchylenia obecnych pomiarów dla 1-decenu od wartości podanych przez Galandarowa [98] mieszczą się w granicach 0,15% (max.dev. wynosi 0,4%).

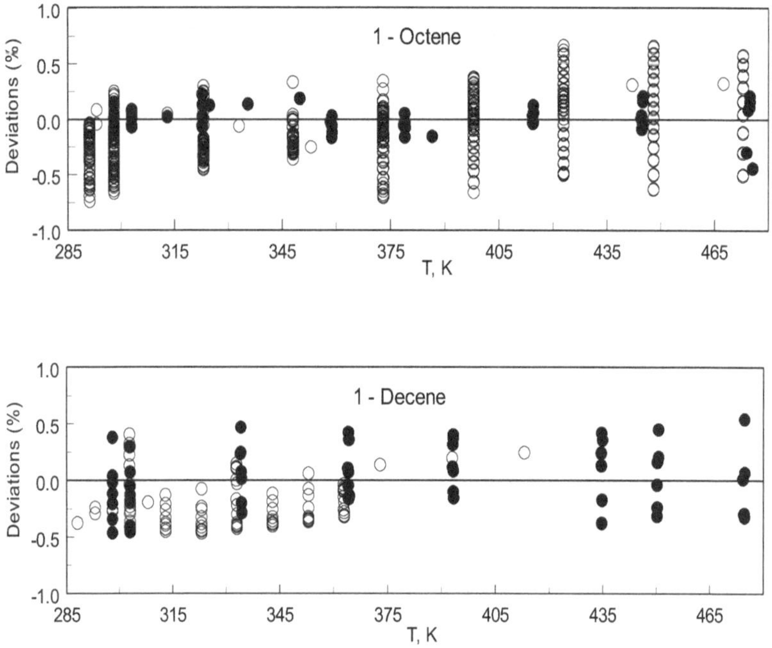

Rys. 17. Procentowe odchylenia obecnych gęstości doświadczalnych dla 1-oktenu i 1-dekenu w stosunku do wartości obliczonych na podstawie Tait-type EOS (Eq. 40). ○, zgłoszone dane z ref. 91-103]; •, niniejsza praca

3.3.4. Modele korelacji lepkościowej

Zależność lepkości od temperatury można przedstawić za pomocą znanego równania typu Arrhenius-Andrade [135, 142-144],

$$\eta(T) = b_0 \exp\left(\frac{b_1}{T}\right) \quad \text{lub} \quad \ln\eta(T) = \ln b_0 + \frac{b_1}{T}. \qquad (45)$$

gdzie b_0 jest lepkość, $\eta = \eta_\infty (T \to \infty)$ na granicy wysokiej temperatury , $b_1 = \varepsilon_a/\mathrm{R}$ i $\varepsilon_a = \Delta H$ jest to energia aktywacji przepływu (entalpia aktywacji), gdzie T jest w K i p w MPa. Równanie (45) zostało teoretycznie potwierdzone przez teorię szybkości bezwzględnej Eyringa (Glasstone i in. [142]). Równanie to z powodzeniem stosowano wcześniej do przedstawiania danych o lepkości doświadczalnej dla roztworów wodnych [145-151] i cieczy jonowych [138]. Jak widać na przykładzie (45), entalpię aktywacji $\Delta H/R$ można obliczyć bezpośrednio na podstawie danych o lepkości doświadczalnej z nachylenia linii prostej ($\ln\eta \approx T^{-1}$ patrz Rys. 16). Dla niektórych płynów i mieszanin płynów krzywa doświadczalna w stosunku do $\ln\eta$ krzywej T^{-1} nie jest linią prostą (patrz Rys. 16, zwłaszcza dla 1-dekenu) w wysokich temperaturach (patrz także np. [148-154]) i w tym przypadku zależność Arrheniusa od klasy (równanie (45)) może być nieco zmodyfikowana w celu rozszerzenia zakresu temperatur, gdzie równanie jest ważne jako

$$\eta(T) = b_0 \exp\left(\frac{b_1}{T} + \frac{b_2}{T^2}\right) \quad \text{lub} \quad \ln\eta(T) = \ln b_0 + \frac{b_1}{T} + \frac{b_2}{T^2}, \qquad (46)$$

gdzie

$$T_r = 100/T; \ln b_0 = a_0 + a_1 \cdot p + a_2 \cdot p^2; b_1 = a_3 + a_4 \cdot p; b_2 = a_5 \qquad (47)$$

są funkcjami nacisku. W naszych poprzednich publikacjach [17, 80, 83] dane dotyczące lepkości MEG, DEG, TEG oraz ich mieszanek dwuskładnikowych w wysokich temperaturach i pod wysokim ciśnieniem zostały dopasowane do równania (46). Jak widać na rys. 16, krzywe T^{-1} eksperymentalne kontra $\ln\eta$ krzywe dla 1-oktenu i 1-dekenu nieznacznie odbiegają od liniowości. W pracy tej dla zmierzonych lepkości 1-oktenu i 1-dekenu zastosowaliśmy więc taką samą zależność jak (46) przy współczynnikach zależnych od ciśnienia (47). W celu sprawdzenia dokładności opisu i możliwości zastosowania modelu wykorzystaliśmy również równanie Vogel-Tamman-Fulcher (VTF) [152-154] do analitycznego przedstawienia aktualnych danych o lepkości dla 1-oktenu i 1-dekenu. Charakterystykę temperaturową lepkości wzdłuż izobarów można również opisać za pomocą zmodyfikowanego równania Andrade'a [160],

$$\eta(T) = \eta_\infty \exp\left(\frac{DT_0}{T - T_0}\right) \quad \text{lub} \quad \ln\eta(T) = \ln\eta_\infty + \frac{DT_0}{T - T_0}. \qquad (48)$$

Równanie to różni się nieznacznie od poprzedniego modelu (równanie (45)). Zastosowaliśmy równanie (48) dla aktualnych danych dotyczących lepkości 1-oktenu i 1-dekenu (patrz również nasza poprzednia publikacja [17, 80, 83] dla czystych MEG, DEG, TEG i ich mieszanek dwuskładnikowych). Model ten był również wcześniej z powodzeniem stosowany przez kilku autorów (patrz np. [154-157]) do reprezentowania zmierzonych lepkości dla 1,*n-alkenedioli*, 2-alkiloamin i polieterów. Jak wykazano w naszych poprzednich publikacjach [17, 80, 83], zmodyfikowane równanie Andrada (równanie (48)) reprezentuje nieco lepsze dane doświadczalne, zwłaszcza w niskich temperaturach, gdzie obserwuje się gwałtowny wzrost lepkości. Równanie (46) odtwarza obecne dane dotyczące lepkości dla 1-oktenu i 1-dekenu w zakresie odpowiednio 1,74 % i 1,78 %. Wykres odchyleń dla danych pomiarowych i obliczonych wartości od równania (46) dla lepkości 1-oktenu i 1-dekenu pokazano na rys. 18. Ogólnie rzecz biorąc, porozumienie między obecnymi danymi dotyczącymi lepkości dla 1-oktenu i 1-dekenu a większością zgłoszonych danych mieści się w granicach 5-9 %. Zadowalająca zgodność w granicach 4,2% i 5,5% została stwierdzona pomiędzy obecnymi i raportowanymi danymi o lepkości, odpowiednio przez Ahosseiniego [108] dla 1-oktenu i Wrighta [93] dla 1-dekenu w ciśnieniu atmosferycznym. Dane dotyczące lepkości 1-oktenu podane przez Wrighta [93] przy 0,1 MPa odbiegają od obecnych danych o 6%, natomiast dane podane przez Shakhverdieva [107] przy 0,1 MPa i 50 MPa różnią się odpowiednio o 10% i 4,7%. Różnice pomiędzy obecnymi i Galandarowa [98] danymi o lepkości dla 1-dekenu przy 0,1 MPa mieszczą się w granicach 9%, podczas gdy przy wysokich ciśnieniach (50 MPa) odchylenia te wynoszą około 2,6%.

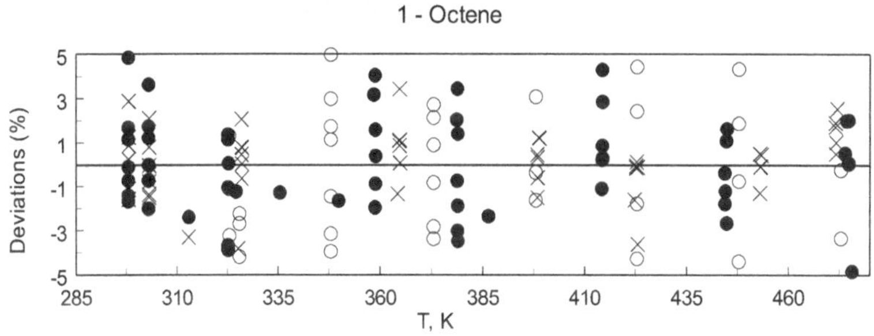

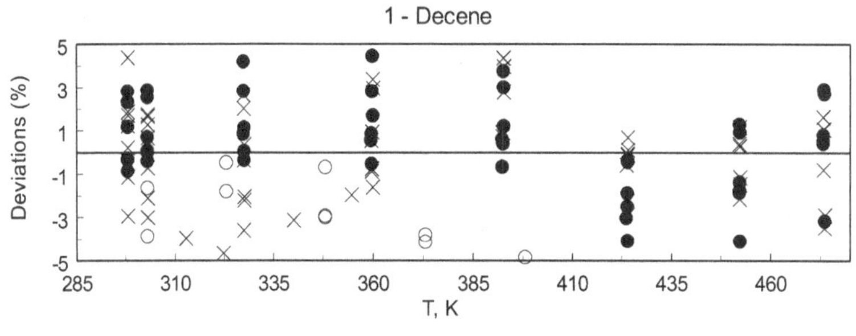

Rys. 18. Procentowe odchylenia obecnych lepkości doświadczalnych dla 1-oktenu i 1-dekenu od wartości obliczonych z korelacji (równanie 46) i (równanie 49) w zakresie temperatur od 298 K do 475 K i przy ciśnieniach do 245 MPa. •, niniejsza praca (Np. 46); ○, zgłoszone dane z Refs. [93, 98, 104-108]; ×, ta praca (kw. 49)

Nasze wyniki dla lepkości 1-oktenu odbiegają od danych Naziewa i in. [105, 106] w granicach 10%. Nasze wyniki są systematycznie wyższe od danych Naziewa i in. [105, 106], zwłaszcza przy niskich naciskach, gdzie rozbieżność między aktualnymi a danymi z [105, 106] sięga nawet 15% do 25%. Duża różnica (do 15%) jest obserwowana między obecnymi danymi o lepkości a danymi podanymi przez Galandarowa [98] dla 1-dekenu w wysokich temperaturach (450 K), podczas gdy w niskich temperaturach (poniżej 330 K) odchylenia zmniejszyły się do 5% do 10%. Prawdopodobnie jest to spowodowane nieprawidłowym określeniem stałej kalibracyjnej. Poprzednio zgłoszone dane zostały uzyskane z wykorzystaniem starych i niedokładnych danych referencyjnych do kalibracji.

Quinones-Cisneros i Deiters [158] opracowali uogólnienie teorii tarcia (FT) do modelowania lepkości. Podejście oparte na teorii tarcia odnosi lepkość płynu do jego EOS. Metoda ta zapewnia dobry opis lepkości płynów w szerokim zakresie temperatur i ciśnień. Quinones-Cisneros i Deiters [158] użyli nowego EOS (wcześniej FT był ograniczony do użycia van der Waalsa typu EOS), aby zwiększyć dokładność przewidywań lepkościowych. Zakres ważności korelacji wynosi od 300 K do 550 K, a maksymalne ciśnienie wynosi 150 MPa.

$$\eta(T,p) = \eta_0(T) + k_r \cdot p_r + k_a \cdot p_a + k_{rr} \cdot p_r^2 + k_{aa} \cdot p_a^2 \qquad (49)$$

gdzie

$$k_a = \left(a_0 + a_1 \cdot \psi_1 + a_2 \cdot \psi_2\right) \cdot \Gamma \quad (50)$$

$$k_r = \left(b_0 + b_1 \cdot \psi_1 + b_2 \cdot \psi_2\right) \cdot \Gamma \quad (51)$$

$$k_{rr} = \left(B_0 + B_1 \cdot \psi_1 + B_2 \cdot \psi_2\right) \cdot \Gamma^3 \quad (52)$$

$$k_{aa} = \left(A_0 + A_1 \cdot \psi_1 + A_2 \cdot \psi_2\right) \cdot \Gamma^3 \quad (53)$$

$p_r = T \cdot \left(\partial p / \partial T\right)_V$ to ciśnienie odpychające (ciśnienie termiczne),

$p_a = p - p_r$ to atrakcyjna presja,

$(-p_a = -\left(\partial U / \partial V\right)_T$ jest ciśnienie wewnętrzne) (54)

$\psi_1 = \exp(\Gamma) - 1$, $\psi_2 = \exp\left(\Gamma^2\right) - 1$ i (Γ=100/T 55)

Wartości ciśnienia atrakcyjnego (p_a), odpychającego (p_r) i całkowitego (p) można obliczyć za pomocą Tait EOS (równanie (40)). W pracy tej nieco uproszczono funkcje temperaturowe (np. od (50) do (53)). (zachował tylko jeden semestr). Funkcję temperatury przedstawioną $\eta_0(T)$ w równaniu (49) można przedstawić jako prostą funkcję temperatury.

$$\eta_0(T) = d_0 + d_1 \cdot \Gamma + d_2 \cdot \Gamma^2 . \quad (56)$$

Do obecnych danych dotyczących lepkości dla 1-oktenu i 1-dekenu zastosowano równanie (49). Uzyskane wartości współczynników przedstawione są w tabeli 9. Statystyki odchyleń podano w tabeli 10. Jak widać, wartości AAD dla 1-oktenu i 1-dekenu wynoszą odpowiednio 1,68% i 1,54%. Dlatego też model lepkościowy (równanie (49)) oparty na teorii tarcia [158] lepiej oddaje obecne dane. Dokładność odwzorowania zmierzonych wartości lepkości w tym modelu zależy w znacznym stopniu od jakości równania stanu używanego do obliczania wartości ciśnienia atrakcyjnego (p_a), odpychającego (p_r) i całkowitego (p).

3.4. Wnioski

Nowe dane dotyczące gęstości i lepkości cieczy 1-okten i 1-deken zostały zmierzone jednocześnie w zakresie temperatur od 298 do 475 K i przy ciśnieniach do 245 MPa z wykorzystaniem technik ważenia hydrostatycznego i opadania korpusu. Pomiary wykonano wzdłuż siedmiu izobarów (0,098, 24,51, 49,03, 98,06, 147,10, 196,13 i 245. 16) MPa w funkcji temperatury pomiędzy 298 a 473 K. Równanie typu taitowego stanu ciekłego 1-oktenu i 1-dekenu z prostą funkcją temperatury dla $B(T)$ $c(T)$ i zostało opracowane na podstawie danych pomiarowych (*p*, ρ, *T*). AAD pomiędzy obecnymi i zgłoszonymi danymi a wartościami obliczonymi przy użyciu Tait-type EOS gęstości dla 1-oktenu wynosi 0,09% (dla danych obecnych) i 0,25% (dla danych zgłoszonych), podczas gdy dla 1-dekenu wynosi 0,23% (dla danych obecnych) i 0,3% (dla danych zgłoszonych). Teoretycznie oparte na równaniach typu Arrhenius-Andrade i Vogel-Tamman-Fulcher ze współczynnikami zależnymi od ciśnienia wykorzystano do przedstawienia zależności mierzonych lepkości dla 1-oktenu i 1-dekenu cieczy od temperatury i ciśnienia. Wypracowana korelacja dla lepkości cieczy 1-okten i 1-deken reprezentuje mierzone wartości lepkości odpowiednio w granicach 1,74% i 1,78%. Dokładniejsze odwzorowanie obecnych danych dotyczących lepkości uzyskano przy użyciu modelu opartego na teorii tarcia, dla którego AAD dla 1-oktenu i 1-dekenu wynosi odpowiednio 1,68% i 1,54%. Porozumienie pomiędzy obecnymi a raportowanymi danymi dotyczącymi lepkości mieści się w granicach od 5% do 9%.

Rozdział 4. Badania doświadczalne gęstości i lepkości 1-heksenu i 1-heptynu w temperaturach od 298K do 473K i przy ciśnieniach do 245 MPa

Wprowadzenie

W ramach ciągłego badania [17, 83, 84] wpływu ciśnienia i temperatury na gęstość i lepkość węglowodorów nienasyconych wykonano pomiary gęstości i lepkości z wykorzystaniem technik ważenia hydrostatycznego i opadania nadwozia, dla 1-heksenu i 1-heptynu w wysokich temperaturach i przy wysokich ciśnieniach. W naszych poprzednich publikacjach [17, 83-90] podano szczegółowy opis budowy komory pomiarowej, procedury pomiarów oraz analizy niepewności. Metodę i aparaturę z powodzeniem zastosowano do dokładnych pomiarów gęstości i lepkości n-heptanu [83, 84], glikolu monoetylenowego (MEG), glikolu dietylenowego (DEG), glikolu trietylenowego (TEG) oraz ich dwuskładnikowych (50% MEG +50% DEG, 50% MEG + 50% TEG, 50% DEG + 50% TEG) i trójskładnikowych (33).33% MEG + 33,33% DEG + 33,34% TEG) mieszanki w temperaturach od 293K do 473K i przy ciśnieniach do 245 MPa [17, 88]. W tej pracy wykorzystano to samo urządzenie do pomiaru gęstości i lepkości czystego 1-heksenu i 1-heptenu w wysokich temperaturach od (298 do 473) K i wysokich ciśnieniach (do 245 MPa).

Dokładne dane dotyczące gęstości i lepkości płynów są kluczowe dla zrozumienia wielu procesów przemysłowych i naturalnych. W wielu zastosowaniach procesy te zachodzą w wysokich temperaturach i przy wysokich ciśnieniach. Właściwości termodynamiczne i transportowe 1-heksenu i 1-heptenu są potrzebne w wielu zastosowaniach przemysłowych, takich jak obliczenia projektowe, urządzenia do transferu ciepła i masy, przemysł chemiczny, przepływ cieczy, rozwój i wykorzystanie energii, itp. Niezawodne metody oceny właściwości termodynamicznych i transportowych w szerokim zakresie temperatur i ciśnień byłyby niezwykle cenne dla zastosowań inżynieryjnych. Jednak brak wiarygodnych danych w szerokim zakresie temperatur i ciśnień sprawia, że konieczne jest oszacowanie brakujących właściwości metodami empirycznymi i półempirycznymi. Dlatego też potrzebne są nowe dane doświadczalne dotyczące właściwości termodynamicznych i transportowych 1-heksenu i 1-heptenu w wysokich temperaturach i wysokich ciśnieniach, aby poprawić i rozszerzyć zakres ważności dostępnych metod szacowania, korelacji i przewidywania. Węglowodory nienasycone (1-heksen i 1-hepten) są głównymi produktami syntezy różnych materiałów w przemyśle chemicznym i petrochemicznym. Dla utrzymania jakościowych metod obliczeniowych w rozwoju wysoce ekonomicznych i energooszczędnych technologii niezbędne jest posiadanie wiarygodnych danych o właściwościach termodynamicznych i transportowych (gęstość i lepkość). 1-heksen i 1-hepten są przemysłowymi zastosowaniami dla liniowych olefin alfa. 1-heksen i 1-hepten są w przeważającej mierze wykorzystywane jako komonomery w produkcji polietylenu. Polietylen wysokiej gęstości (HDPE) i liniowy polietylen małej gęstości (LLDPE) wykorzystują odpowiednio około 2% do 4% i 8% do 10% komonomerów. Obecnie obecne dane doświadczalne dotyczące gęstości i lepkości są wykorzystywane przez rosyjską firmę "Nizhnekamenskneftexim" do produkcji 14 różnych typów LLDPE (PE5118Q) i HDPE. Innym znaczącym zastosowaniem liniowych alkenów alfa (1-heksen i 1-hepten) jest produkcja aldehydu liniowego poprzez syntezę okso (hydroformacja) do późniejszej produkcji krótkołańcuchowego kwasu tłuszczowego, kwasu karboksylowego, poprzez utlenianie pośredniego aldehydu, lub alkoholi liniowych do stosowania plastyfikatorów poprzez uwodornienie aldehydu. Głównym zastosowaniem 1-heksenu jest produkcja izoprenu, metyloizobutyloccetonu i wyższych alkoholi tłuszczowych itp. 1-heksen i 1-hepten znajdują również swoje podstawowe zastosowanie jako hydrofoby w rozpuszczalnych w oleju środkach powierzchniowo czynnych oraz jako same płyny smarne, stosowane w produkcji środków powierzchniowo czynnych do wodnych preparatów detergentów oraz jako katalizatory.

Dokładne pomiary gęstości (PVT) i lepkości w wysokich temperaturach i wysokich ciśnieniach są potrzebne nie tylko w zastosowaniach przemysłowych. Wysokotemperaturowe i wysokociśnieniowe pomiary właściwości termodynamicznych i transportowych płynów są przedmiotem zainteresowania naukowego, na przykład w celu opracowania dokładnych modeli teoretycznych i predykcyjnych, w celu głębszego zrozumienia fizycznej i chemicznej natury procesów zachodzących w płynach w wysokich temperaturach i wysokich ciśnieniach oraz w celu opracowania mikroskopowej teorii fizycznej stanu ciekłego.

4.1. Krótki przegląd zgłoszonych danych dotyczących gęstości i lepkości dla 1-heksenu i 1-heptenu

Ankieta literaturowa wykazała, że liczba pomiarów jest podawana dla gęstości i lepkości 1-heksenu i 1-heptynu pod ciśnieniem i w wysokiej temperaturze. Istniejące dane obejmują jedynie ograniczony zakres temperatur i ciśnień oraz zawierają duże niepewności i niespójności. W tabelach 11 i 12 podsumowano, zgodnie z naszą wiedzą, eksperymentalne pomiary gęstości [91-93, 95, 96, 102, 107, 162-175] i lepkości [104, 176-179] 1-heksenu i 1-heptynu ciekłego podawane w literaturze.

Poszukiwanie literatury opierało się na archiwum TRC/NIST [109]. Tabele te zawierają również pewne brakujące źródła danych z lokalnych publikacji rosyjskich i prac doktorskich, które nie są łatwo dostępne dla większości czytelników. W tabelach znajduje się ponad 26 zestawów do pomiaru gęstości i 15 zestawów do pomiaru lepkości, reprezentujących około 806 pomiarów gęstości i 302 pomiarów lepkości w fazie ciekłej. Jednak te same dane doświadczalne [102, 96, 167, 172, 98, 107, 104, 106, 178] zostały opublikowane dwukrotnie dla gęstości i lepkości. Istnieją tylko dwa źródła danych o lepkości [98, 106] dla 1-heptenu w fazie ciekłej. Tylko jedno źródło na temat lepkości 1-heptynu gazowego zostało opublikowane przez Lusternik [179]. Istnieją źródła, w których autorzy podali gęstości i inne właściwości termodynamiczne cieczy 1-heksenu i 1-heptenu pochodzące z prędkości pomiaru dźwięku przy wysokich ciśnieniach [174, 175]. Wszystkie te dane dotyczące gęstości i lepkości zostały wykorzystane do porównania z obecnymi wynikami. Większość tych danych o gęstości mierzono metodą VTD (densymetr wibracyjny) [168, 169] przy ciśnieniu atmosferycznym (niepewność mieści się w zakresie od 0,002% do 0,04%), metodą piknometryczną [93, 165] (zasadniczo przy ciśnieniu atmosferycznym, niepewność od 0,05% do 0,10%) lub techniką ważenia hydrostatycznego [96, 167, 94] przy wysokich ciśnieniach (typowa niepewność mieści się w zakresie od 0,1% do 0,3%). Raportowane dane dotyczące gęstości obejmują zakres temperatur od 146K do 533K i ciśnień do 70 MPa, natomiast raportowane dane dotyczące lepkości obejmują zakres temperatur od 156K do 473K i ciśnień do 50 MPa. Tylko w kilku źródłach wykonano pomiary gęstości [166, 98, 94] i lepkości [98, 176, 106, 178] pod ciśnieniem (odpowiednio do 70 i 50 MPa). Dla lepkości większość zgłoszonych danych została zmierzona techniką opadania korpusu (przy wysokich ciśnieniach, do 50 MPa). Niepewność większości zgłaszanych danych dotyczących gęstości mieści się w granicach 0,05% (przy niskich temperaturach i niskich ciśnieniach, zasadniczo przy ciśnieniu atmosferycznym) i 0,1% do 0,3% przy wysokich temperaturach i wysokich ciśnieniach, natomiast niepewność zgłaszanych danych dotyczących lepkości mieści się w granicach 2% do 3%.

Tabela 11

Pomiary gęstości 1-heksenu i 1-heptenu

Najpierw Autor, Referencje	Rok	Me- thoda	Niepewność, %	Tempe- ratura zasięg, K	Pres- pewny zakres, MPa
1	2	3	4	5	6
1- heksen					
Landolt, [91]	1892	NIE DOT YCZ Y	NIE DOTYCZY	287–293	0.101
Forziati, [92]	1950	DB	1×10-4 g·cm-3	293–303	0.101
Camin [163]	1956	DB	5×10-5 g·cm-3	293–303	0.101
Wright, [93]	1961	PYC	NIE DOTYCZY	293–313	0.101
Abas-zade, [94]	1970	HW	0.1%	283–533	do 71
Apaev [102]	1971	HW	0.1 %	283-533	do 70
Badalyan [173]	1971	SS	0.2 %	303-333	do 120
Kerimov, [96]	1972	HW	0.1%	283–533	do 70
Kireev [164]	1974	SS	NIE DOTYCZY	TS	*pS*
Letcher [165]	1974	PYC	NIE DOTYCZY	308, 323	0.101
Burkat [166]	1975	REF	NIE DOTYCZY	293, 298	do 10

Guseinov [67]	1982	HW	0.3 %	146-293	do 50

Koniec tabeli 11

1	2	3	4	5	6
Galandarov, [98]	1985	HW	0.3%	146-293	do 50
Fomina [162]	1986	HW	1.17%	298–473	do 245
Tojo [168]	1995	VTD	1×10-4 g·cm-3	298	0.101
Treszczanowicz [103]	2010	HW	0.3%	290–539	do 59
Hasan [169]	2011	VTD	1×10-4 g·cm-3	298	0.101
Ta praca	2013	HW	0.15–0.30%	298–475	0.098–245
1- hepten					
Halford [170]	1950	Nie dotyczy	NIE DOTYCZY	293-303	0.101
Galandarow [98]	1985	HW	0.3 %	167-293	do 50
Kireev [164]	1974	SS	NIE DOTYCZY	TS	*pS*
Guseinov [171]	1981	HW	0.1 %	293-523	do 50
Shakhverdiev [107]	1981	HW	0.1 %	293-523	do 50
Domańska [172]	1997	VTD	2×10-4 g·cm-3	298, 308	0.101
Treszczanowicz, [103]	2010	VTD	2×10-4 g·cm-3	288	0.101
Ta praca	2013	HW	0.15–0.30%	298–475	0.098–

					245

[a] N/A - Not Accessible; VTD - vibrating tube densimeter; PYC - piknometr; HW - hydrostatic weighing; REF - from refractometry measurements; DB - density balance; SS - from speed of sound measurements

Tabela 12

Pomiary lepkości 1-heksenu i 1-heptynu

Najpierw Autor, Referencje	Rok	Me-thoda	Niepewność, %	Tempe-ratura zasięg, K	Pres-pewny zakres, MPa
1	2	3	4	5	6
1- heksen					
Wright [93]	1961	CT	Nie dotyczy	293–313	0.1
Naziev [175]	1972	FRB	3.0	291–373	do 47
Guseinov [104]	1972	FRB	3.1	298–473	do 50
Guseinov [176]	1977	FRB	3.1	298–473	do 49
Naziev [105]	1976	FRB	3.1	303–473	do 49
Naziev [106]	1977	FRB	3.1	298–473	do 50
Shakhverdiev [107]	1981	FRB	2.3	298–473	do 50
Guseinov [177]	1984	FRB	3.1	158–293	do 50
Galandarow [98]	1985	FRB	3.1	158–293	do 50

Koniec tabeli 12

1	2	3	4	5	6
Fomina [162]	1986	FRB	1.16b	298–473	do 245
1- hepten					
Lusternik [178]	1973	CT	1 do 2	353–576	0.101
Naziev [106]	1977	FRB	3.1	303–473	do 50
Shakhverdiev [107]	1981	FRB	2.3	298–473	do 50
Galandarow [98]	1985	FRB	3.1	173–293	do 50

Fomina [162]	1986	FRB	1.16b	298–473	do 245
Ta praca	2013	FRB	1.5–2.0	298–475	0.098–245

[a] N/A - Not Accessible; FRB - falling or rolling body; CT - capillary tube

[b] Niepewność została nieprawidłowo oszacowana

Większość danych dotyczących gęstości (patrz tabela 11) została wykonana w bardzo ograniczonym zakresie temperatur, od 293K do 323K, oraz przy ciśnieniu atmosferycznym [91-93, 165-171, 173]. W pracach tych wykonano pomiary gęstości wysokotemperaturowej, od 293K do 533K, oraz wysokociśnieniowej (do 70 MPa) [167, 94, 98]. Lepkość 1-heptynu w cieczy [93] mierzono metodą kapilarną pod ciśnieniem atmosferycznym i w temperaturze od 293K do 313K. Pomiary w zakładach [104, 177] wykonywano w temperaturach od 298K do 473K, natomiast Guseinov [98, 178] zanotował niskotemperaturowe pomiary lepkości (od mp do 293 K) i przy ciśnieniach do 50 MPa. Dla 1-heptenu dostępne są w literaturze dane o bardzo ograniczonej lepkości. W literaturze dostępne są tylko dwa źródła danych o lepkości [98, 106] dla 1-heptynu ciekłego (te same dane zostały również opublikowane w pracy [107]). Jedna z nich jest wykonywana w niskich temperaturach (od mp do 293 K) i przy ciśnieniach do 50 MPa, a druga od 303K do 473K i przy ciśnieniach do 50 MPa.

Jak wynika z tabel 11 i 12, poprzednio gęstość i lepkość 1-heksenu i 1-heptynu były mierzone przez jednego z autorów niniejszej pracy (Fomina [162]) w tych samych zakresach temperatury i ciśnienia. Pomiary wykonano przy użyciu dwóch oddzielnych aparatów do pomiaru gęstości (ważenie hydrostatyczne) i lepkości (opadanie korpusu). Wartości gęstości, ρ, p, T wymagane do obliczeń lepkości (patrz poniżej równanie robocze. (11) dla lepkości) zostały pobrane z oddzielnego doświadczenia gęstości.

Dane o zmierzonej gęstości i lepkości w pracy doktorskiej [162] nie były wcześniej publikowane w recenzowanych czasopismach naukowych. W niniejszej pracy te dane dotyczące gęstości i lepkości zostały poddane krytycznej i bardzo dokładnej analizie (szczegóły procedury kalibracji, konstrukcja komórek pomiaru gęstości i lepkości, ocena niepewności, itp.) Po wszechstronnej analizie danych dotyczących gęstości i lepkości stwierdzono pewne problemy z dokładnością i wiarygodnością. Na przykład, zależności temperatury danych gęstości i lepkości wzdłuż wybranych izobarów podane w pracy doktorskiej [162] wykazują bardzo wątpliwe zachowanie (kształt "zygzakowatości") i duże rozproszenie mierzonych danych (powtarzalność pomiarów była bardzo mała). Takie samo zachowanie stwierdzono dla zachowania gęstości i lepkości w zależności od ciśnienia wzdłuż różnych izotermii. Wynika to z niespójności termodynamicznych mierzonych gęstości i lepkości. W niniejszej pracy poprawiono jakość i wiarygodność poprzednich pomiarów gęstości i lepkości Fominy [162]. Szczegóły udoskonalenia opisaliśmy w naszej poprzedniej publikacji [17]. Początkowo oba aparaty do pomiaru gęstości i lepkości były połączone w jeden (patrz szczegóły w ref. [17, 80, 83]). Wprowadzono następujące ulepszenia: dokładność pomiarów (ocena niepewności); wiarygodność procedury kalibracji; zależności temperatury i ciśnienia w różnych częściach komórek pomiarowych (geometryczny rozmiar wiskozymetru i elementów zasilających densymetr: opadający korpus i rurka pomiarowa, druty, tuleje, objętości pływaka, rdzeń i boja, itp.); przebudowa niektórych części aparatury; udoskonalony elektroniczny system monitorowania i czujnik w celu dokładnego określenia położenia rdzenia; poprawiono teorię metod i równań roboczych. Do sprawdzenia dokładności i wiarygodności poprzednich pomiarów [162] dla 1-heksenu i 1-heptynu użyto połączonego i ulepszonego aparatu do pomiaru gęstości i lepkości. Wyniki nowych pomiarów i ich szczegółowe porównanie liczbowe z poprzednimi oryginalnymi pomiarami [162] zostały przedstawione w następnych rozdziałach (patrz rozdziały 4.3.3 i 4.3.4). Jak zostanie wykazane, około 45% danych w pracy doktorskiej Fomina [162] było nieprawidłowych (69% dla 1-heptenu i 29% dla 1-heksenu).

Głównym celem niniejszych badań była zatem kompleksowa analiza wcześniejszych pierwotnych danych dotyczących gęstości i lepkości doświadczenia Fominy [162] oraz poprawa ich dokładności i wiarygodności poprzez dodatkowe pomiary wybranych podejrzanych punktów danych doświadczalnych przy użyciu nowej, ulepszonej aparatury doświadczalnej. Dane te znacznie rozszerzają istniejącą bazę danych gęstości i lepkości (patrz tabele 11 i 12) dla 1-heksenu i 1-heptynu do wyższych temperatur, od 298K do 475K, i ciśnień do 245 MPa. Ponadto opracowano EOS typu Tait oraz teoretycznie oparte modele korelacji dla lepkości 1-heksenu i 1-heptenu.

4.2. Równania modeli stanu i korelacji dla lepkości 1-heksen i 1-hepten

Niestety, nie opracowano wcześniej referencyjnych EOS i modeli korelacji dla lepkości 1-heksenu i 1-heptenu. Galandarow [98] opracował EOS i model korelacji dla lepkości cieczy 1-heksenu i 1-heptenu jako

$$p = \rho^2 \cdot \sum_{i=0}^{5} a_i \left(\frac{T}{T_{\mathrm{b.p.}}} \right)^i + \rho^8 \cdot \sum_{i=0}^{5} a_i \left(\frac{T}{T_{\mathrm{b.p.}}} \right)^i . \qquad (57)$$

Ten EOS odtwarza eksperymentalne ciśnienia autora w granicach 0,11%. Model korelacji dla lepkości 1-heksenu i 1-heptenu opracowany przez Galandarowa [98] jest następujący

$$\eta = A(T) + B(T) \cdot N_C + \frac{1}{5} \cdot \left(\frac{p}{p_C} \right) \cdot \left[a(T) + b(T) \cdot N_C \right], \quad (58)$$

gdzie *A*(*T*), *B*(*T*), *a*(*T*) i *b*(*T*) są wielomianowymi funkcjami temperatury; N_C jest liczbą atomów węgla w węglowodorze; p_C jest ciśnieniem krytycznym. Ten model lepkościowy (np. (58)) odtworzył dane doświadczalne autora w granicach 3,6%. Badalyan i Otpushennikov [173, 174] użyli kwadratowego równania do obliczenia gęstości 1-heksenu i 1-heptenu w cieczy pod wysokim ciśnieniem.

$$\rho = A(T) + B(T) \cdot (p - p_0) + D(T) \cdot (T) \cdot (p - p_0)^2, \quad (59)$$

gdzie $A(T), B(T)$ i gdzie $D(T)$ są funkcje temperatury, $p_0 = 1\,\text{atm}$. Równanie to obowiązuje w zakresie temperatur od 303K do 353K (dla 1-heptynu) i od 303K do 333K (dla 1-heptynu) przy ciśnieniach do 120 MPa.

4.3. Wyniki i dyskusja

4.3.1. Gęstość zaludnienia

Zmierzone gęstości w temperaturach od 298K do 475K i przy ciśnieniach do 245 MPa podano w tabeli 13 i przedstawiono na rys.19-22 prognozach ρ -T i ρ-p wraz z podanymi danymi.

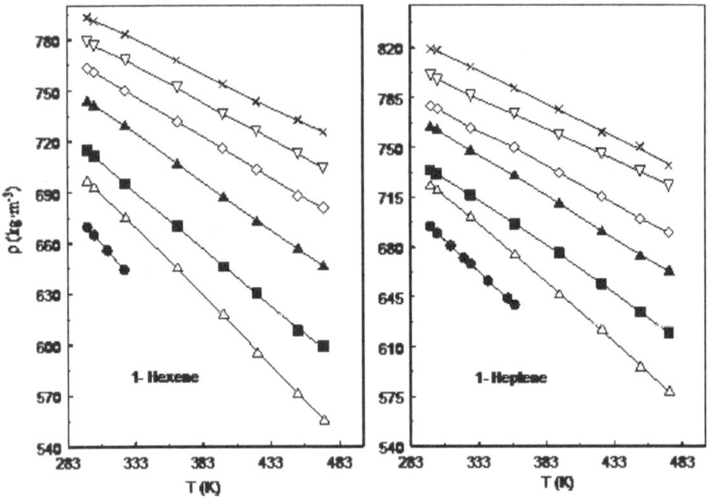

Rys. 19. Mierzone gęstości 1-heksenu i 1-heptenu w funkcji temperatury wzdłuż różnych izobarów. Linie pełne są wartościami wygładzonymi. ●, 0,098 MPa; , △24,51 MPa; ■, 49,03 MPa; ▲, 98,06 MPa; ◇, 147,10 MPa; ▽, 196,13 MPa; , ×245,16 MPa

Tabela 13 zawiera również oryginalne dane z pracy doktorskiej Fomina [162] oraz aktualne dane pomiarowe i poprawione.

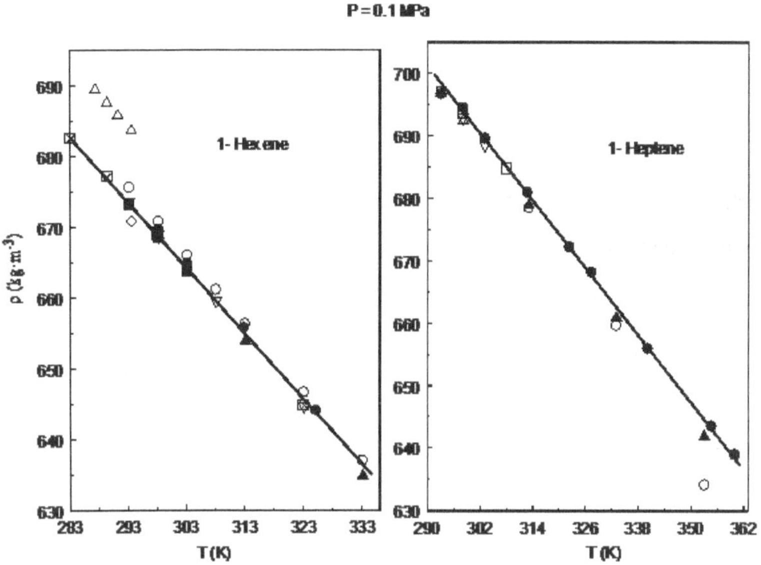

Rys. 20. Mierzone gęstości 1-heksenu i 1-heptynu w funkcji temperatury w ciśnieniu atmosferycznym wraz z podanymi danymi. **Po lewej**: •, ta praca; ○, Wright [93]; ▲, Kireev [164] (gęstość cieczy nasyconej); △, Landolt i Jahn [91]; □, Kerimov i Apaev [96]; ■, Forziati i inni [92]; ▽, Letcher i Marsicano [165]; ◇, Guseinov i inni [167]; ▼, Burkat i Richard [166]; ×, Abas-zade i inni [94]; ◆, Camin [163]. **Racja**: •, ta praca; △, Treszczanowicz i in. [103]; □, Domańska [172]; ○, Guseinov i in. [171]; ▲, Kireev [164] (gęstość cieczy nasyconej); ▽, Halford [170]. Linie stałe są obliczane z równania 60.

Niniejsze dane dla 1-heksenu i 1-heptenu rozszerzają zakres pomiarów ciśnienia innych autorów (patrz tabele 11 i 12), dostarczają zestaw gęstości w szerokim zakresie warunków doświadczalnych i mogą być wykorzystane do opracowania dokładnych referencyjnych EOS. Na rysunkach 19-23 pokazano zadowalającą zgodność zależności temperatury i ciśnienia gęstości 1-heksenu i 1-heptynu mierzonych w niniejszej pracy oraz podano dane [91- 94, 96, 98, 107, 162, 164 - 166, 170 - 174] z wyjątkiem starych danych podanych w 1892 r. przez Landolta i Jahna [91]. Różne izobary dla gęstości 1-heksenu i 1-heptenu są wykreślone w zależności od temperatury na rys. 19. Jak widać wszystkie mierzone izobary są niemal liniowymi funkcjami temperatury.

Rys. 20 przedstawia zależność obecnych danych dotyczących gęstości 1-heksenu i 1-heptynu w ciśnieniu atmosferycznym od temperatury wraz ze wszystkimi danymi z literatury (patrz tabela 11).

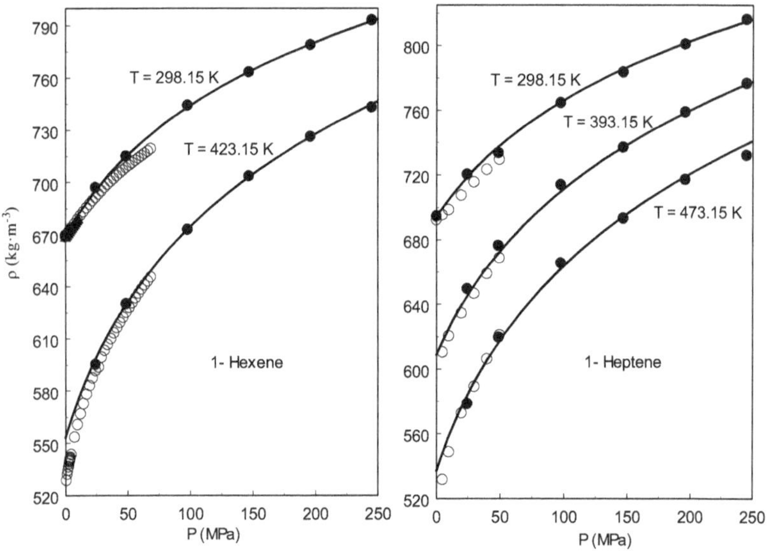

Rys. 21. Mierzone gęstości cieczy 1-heksenu i 1-heptynu w funkcji ciśnienia wzdłuż wybranych izotermów wraz z podanymi danymi. **Po lewej:** •, ta praca; ○, Kerimov i Apaev [96]; ▲, Burkat i Richard [166]; Po **prawej:** •, ta praca; ○, Guseinov i in. [171]; Linie stałe są obliczane z EOS (np. 61)

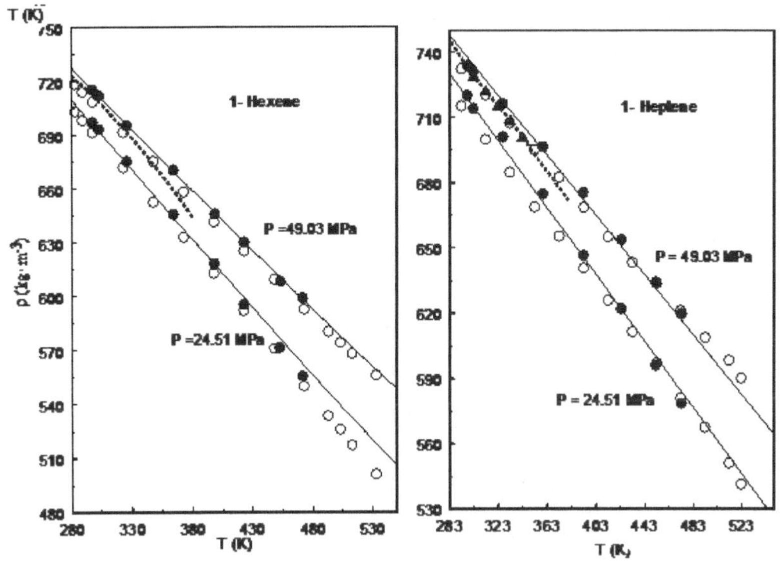

Rys. 22. Mierzone gęstości 1-heksenu i 1-heptynu w funkcji temperatury wzdłuż dwóch wybranych izobarów wraz z podanymi danymi. **Po lewej:** •, ta praca; ○, Kerimov i Apaev [96]; Po **prawej:** •, niniejsza praca; ○, Guseinov i in. [171]; ▲, Badalyan i Otpushennikov [174] (z prędkości pomiaru dźwięku); linie stałe są obliczane z EOS (np. 61); linia przerywana jest obliczana z korelacji (np. 59) przez Badalyan i Otpushennikov [174] (z prędkości pomiaru dźwięku).

W celu dokładnego odwzorowania zmierzonych gęstości 1-heksenu i 1-heptynu pod ciśnieniem atmosferycznym, zastosowano prostą funkcję liniową

$$\rho_0(T) = a_0 + a_1 \cdot T^2 \qquad (60)$$

gdzie znajdują się a_i parametry montażowe (patrz tabela 14). Równanie (60) odtwarza aktualne dane dotyczące gęstości dla 1-heksenu i 1-heptynu przy ciśnieniu atmosferycznym w dowolnej temperaturze pomiędzy 260K a

371K w zakresie 0,03%. Zmierzone gęstości dla 1-heksenu i 1-heptynu wraz z podanymi danymi w wysokich temperaturach i przy wysokich ciśnieniach przedstawione są na rysunkach 19 do 23.

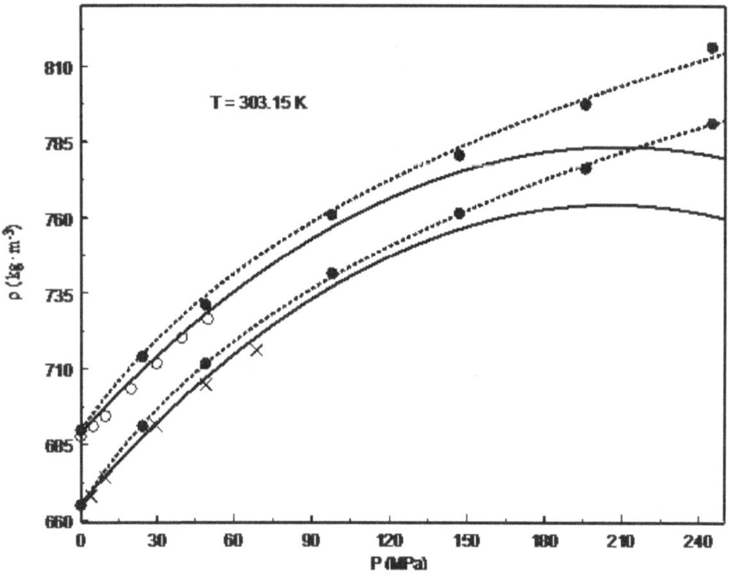

Rys. 23. Zmierzone gęstości 1-heksenu i 1-heptynu w funkcji ciśnienia wzdłuż wybranej izotermy 303,15 K wraz z podanymi i obliczonymi na podstawie prędkości danych dźwiękowych. •, ta praca; ○, Guseinov et al. [171]; ×, Abas-zade et al. [94]. Linie ciągłe są obliczane na podstawie korelacji (np. 59) za pomocą pomiaru prędkości dźwięku Badalyana i Otpushennikova [174]. Linie przerywane są obliczane na podstawie Tait EOS (równanie 61).

Gęstości izotermiczne w zakresie ciśnień obecnych pomiarów przedstawiono na rys. 19. Jak można zauważyć, izotermy eksperymentalne znacznie odbiegają od liniowości, zwłaszcza w wysokich temperaturach i przy niskich ciśnieniach (do 100 MPa) (funkcja zbliżona do kwadratowej). Jak pokazano na rys. 22, zachowanie się temperatury (ρ-T) przy wysokich ciśnieniach jest bardzo zbliżone do zależności liniowej. Obecne pomiary gęstości dla 1-heksenu i 1-heptenu przy wysokich ciśnieniach porównano z danymi podanymi przez innych autorów (ryc. 20-23). Rys. 23 przedstawia porównanie obecnych i podawanych danych dotyczących gęstości 1-heksenu z wartościami obliczonymi na podstawie korelacji (np. (59)) z pomiarów prędkości obrotowej dźwięku [173, 174]. Poniżej przedstawiono wykresy odchylenia dla obecnych zmierzonych gęstości i uprzednio zgłoszonych danych dotyczących gęstości [102-107] oraz wartości obliczone na podstawie Tait EOS (szczegółowe omówienie porozumienia między obecnymi wynikami a różnymi zgłoszonymi źródłami danych podano poniżej).

4.3.2. Lepkość

Wyniki badań nad lepkością 1-heksenu i 1-heptynu przedstawiono również w tabeli 13 oraz na rysunkach 24-27 w prognozach η-p, η-T i η-ρ wraz z danymi z ref. [104-106, 175-177]. Pomiary lepkości wykonywano przy stałym ciśnieniu w zakresie od 0,098 MPa do 245MPa w funkcji temperatury od 298K do 473K.

Wszystkie dane o mierzonej lepkości w funkcji temperatury i gęstości wzdłuż różnych izobarów przedstawiono na rysunkach 24 i 25. Jak widać, mierzone lepkości monotonicznie zmniejszają się wraz ze wzrostem temperatury i gwałtownie rosną przy dużych gęstościach (powyżej 675 kg-m-3).

Obecne wyniki lepkości dla 1-heksenu i 1-heptynu wraz z podanymi danymi w funkcji ciśnienia wzdłuż różnych izoterm przedstawiono na rys. 26.

Tabela 13

Dane o gęstości doświadczalnej (kg·m-3) i lepkości (mPa·s), ciśnieniach (MPa) i temperaturach (K) 1-heksenu i 1-heptynu. [a]

T	*ρ*	*η*	*T*	*ρ*	*η*
1	2	3	4	5	6
1-heksen					
p=0,098 MPa			*p=24*,51 MPa		
298.15	669.71	0.271	298.15	696.93	0.337
303.15	664.87	0.256	303.15	690.93	0.321
312.92	655.77	0.232	326.00	675.10	0.274
325.17	644.12	0.210	364.73	645.55	0.214
–	–	–	398.43	618.11	0.170
–	–	–	423.18	598.39	0.146
–	–	–	452.77	575.45	0.124
–	–	–	471.92	560.56	0.115
p=49,03 MPa			*p=98*,06 MPa		
298.15	714.95	0.415	298.15	744.22	0.550
303.15	711.55	0.395	303.15	741.40	0.525
326.02	694.93	0.328	325.99	729.28	0.442
364.69	670.17	0.254	364.75	706.69	0.346
398.87	645.80	0.211	398.78	687.13	0.287
423.10	630.04	0.184	422.90	672.81	0.252
453.14	608.12	0.160	453.19	656.91	0.218
471.73	598.79	0.150	471.78	646.27	0.204

Kontynuacja tabeli 13

1	2	3	4	5	6
p=147,10 MPa			*p=196*,13 MPa		
298.15	763.36	0.705	298.15	778.91	0.876
303.15	761.37	0.670	303.15	776.19	0.840
326.05	750.05	0.561	326.12	767.98	0.694
364.83	731.74	0.437	364.63	751.74	0.540
398.25	715.97	0.363	398.37	736.05	0.444
422.74	703.54	0.319	422.71	726.21	0.389
453.28	687.84	0.277	453.14	712.63	0.338
472.02	680.82	0.260	471.55	704.21	0.315
p=245,16 MPa					
298.15	793.17	1.093	–	–	–
303.15	791.19	1.034	–	–	–
326.15	783.20	0.836	–	–	–
364.25	767.68	0.628	–	–	–
398.35	753.74	0.516	–	–	–
422.37	743.17	0.456	–	–	–
453.52	732.58	0.397	–	–	–
471.64	725.42	0.371	–	–	–
1-hepten					
p=0,098 MPa			*p=24*,51 MPa		
298.15	694.51	0.362	298.15	718.23	0.451
303.15	689.57	0.346	303.15	715.00	0.431
312.83	680.92	0.314	327.47	697.97	0.351
322.39	672.17	0.288	360.06	672.86	0.278

Kontynuacja tabeli 13

1	2	3	4	5	6
327.49	668.07	0.278	392.79	646.48	0.226
340.21	655.95	0.251	424.11	619.97	0.182
354.73	643.50	0.224	452.35	595.84	0.160
360.03	638.93	0.215	473.70	578.48	0.148
p=*49*,03 MPa			p=*98*,06 MPa		
298.15	734.69	0.544	298.15	761.58	0.739
364.83	731.74	0.437	364.63	751.74	0.540
303.15	731.08	0.520	303.15	758.82	0.706
327.49	716.36	0.429	327.48	745.71	0.575
359.96	696.34	0.340	359.87	728.37	0.457
392.68	675.31	0.277	392.74	708.89	0.377
424.17	653.79	0.226	424.17	691.03	0.311
452.34	633.91	0.198	452.25	673.86	0.280
473.56	619.54	0.183	473.47	663.45	0.262
p=*147*,10 MPa			p=*196*,13 MPa		
298.15	783.57	0.942	298.15	800.85	1.226
303.15	780.46	0.903	303.15	797.46	1.162
327.63	767.87	0.741	327.63	786.42	0.925
359.74	750.76	0.587	359.75	773.85	0.726
392.61	734.09	0.480	392.46	758.90	0.591
424.04	717.45	0.400	423.82	745.35	0.489
452.28	702.95	0.355	452.22	733.49	0.434
473.33	692.30	0.333	473.28	723.12	0.407
p=*245*,16 MPa					
298.15	816.19	1.499	–	–	–

Koniec tabeli 13

1	2	3	4	5	6
303.15	816.30	1.429	–	–	–
327.67	806.58	1.136	–	–	–
359.63	791.61	0.883	–	–	–
392.40	776.73	0.709	–	–	–
424.07	760.78	0.574	–	–	–
452.27	750.38	0.503	–	–	–
473.35	737.15	0.470	–	–	–

[a] Standardowe niepewności u wynoszą: $u(T)$ =0,02 K; $u(P)$=0,05 %; $u(\rho)$=0,15 % (przy niskich ciśnieniach, $p<100$ MPa) do 0,30 % (przy wysokich ciśnieniach, p>100 MPa); = 1,5 $u(\eta)$% (przy niskich ciśnieniach, p<100 MPa) do 2,0 % (przy wysokich ciśnieniach, p>100 MPa)

Rys. 27 zawiera niniejsze wyniki oraz wszystkie inne podane dane dotyczące lepkości dla 1-heksenu i 1-heptenu pod różnymi ciśnieniami w funkcji temperatury. Współczynnik temperaturowy lepkości, $\eta^{-1}(\partial\eta/\partial T)_p$ silnie zależy od temperatury i ciśnienia. Wartości współczynnika temperaturowego lepkości rosną wraz ze wzrostem ciśnienia (patrz rys. 24). Przy wysokich temperaturach wartości $\eta^{-1}(\partial\eta/\partial T)_p$ wykazują bardzo małe zmiany wraz z temperaturą. Zależność mierzonych lepkości od ciśnienia jest zbliżona do liniowej w wysokich temperaturach (patrz rys. 26), podczas gdy w niskich temperaturach szybkość zależności od ciśnienia (współczynnik ciśnienia), $\eta^{-1}(\partial\eta/\partial T)_p$ znacznie wzrasta, szczególnie przy wysokich ciśnieniach. Porównanie obecnych wyników dla lepkości 1-heksenu i 1-heptynu z danymi podawanymi przy wybranych izotermach i izobarach przedstawiono na rys. 26 i 27.

Obecne pomiary lepkości dla 1-heksenu i 1-heptenu porównano z dostępnymi danymi podanymi przez innych autorów oraz wartościami obliczonymi na podstawie modeli korelacji. Poniżej przedstawiono wykresy odchylenia między danymi aktualnymi a zgłoszonymi z modeli korelacji.

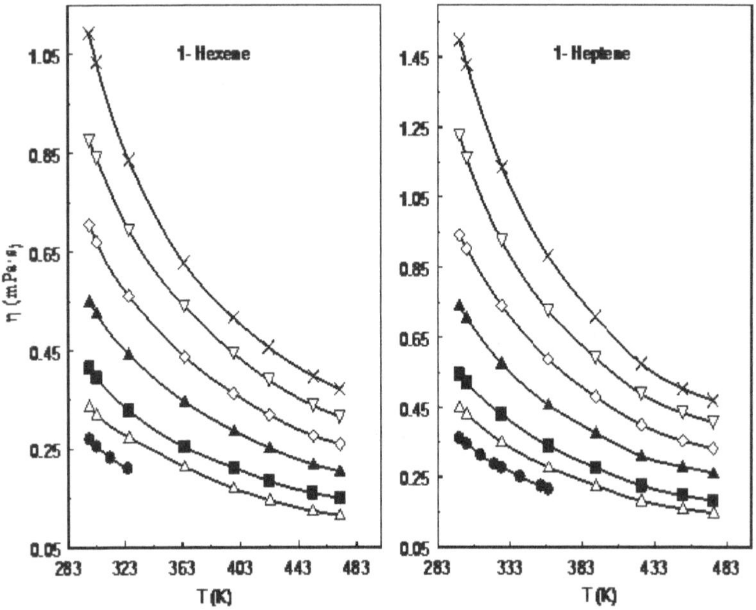

Rys. 24. Zmierzone lepkości 1-heksenu i 1-heptenu w funkcji temperatury wzdłuż różnych izobarów. Linie pełne są wartościami wygładzonymi. ●, 0,098 MPa K; △, 24,51 MPa; ■, 49,03 MPa; ▲, 98,06 MPa; ◇, 147,10 MPa; ▽, 196,13 MPa; , ×245,16 MPa

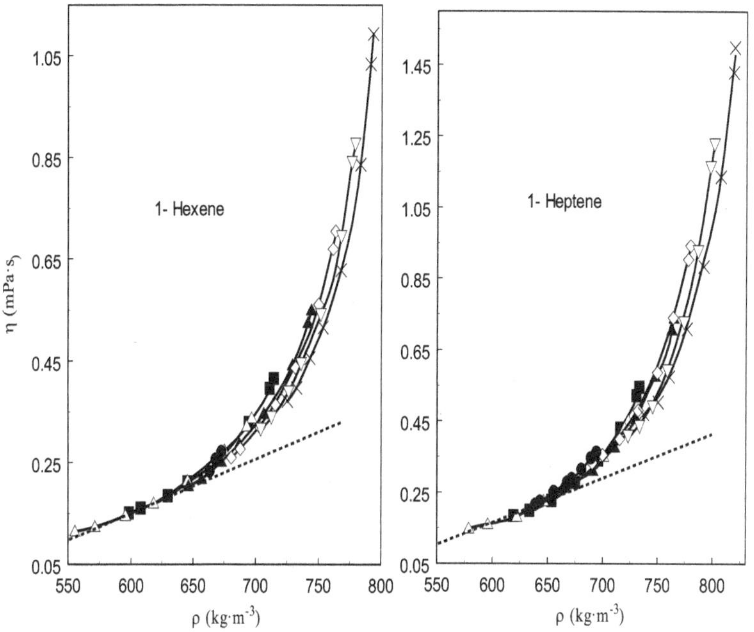

Rys. 25. Zmierzone lepkości 1-heksenu i 1-heptenu w funkcji gęstości wzdłuż różnych izobarów. •, 0,098 MPa K; △, 24,51 MPa; ■, 49,03 MPa; ▲, 98,06 MPa; ◇, 147,10 MPa; ▽, 196,13 MPa; , ×245,16 MPa. Linie przerywane są liniową częścią krzywych zależności $\eta - \rho$

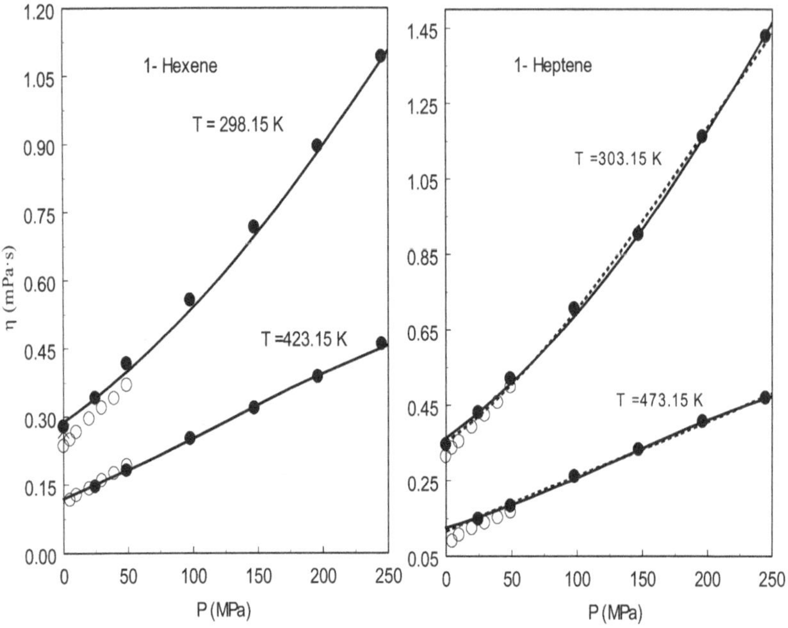

Rys. 26. Zmierzone lepkości 1-heksenu i 1-heptynu w funkcji ciśnienia wraz z podanymi danymi na wybranych izotermach. Linie stałe są obliczane na podstawie równania (62). Linie przerywane są obliczane na podstawie równania (66). **1-Hexen: •**, ta praca; ○, Naziev et al. [105]; **1-Heptene: •**, ta praca; ○, Naziev et al. [106]

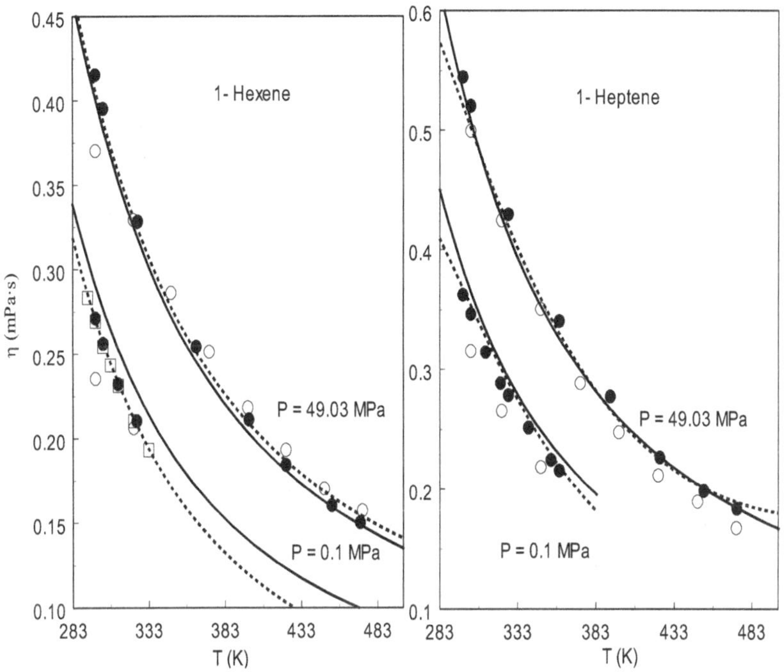

Rys. 27. Zmierzone lepkości dla 1-heksenu i 1-heptenu w funkcji temperatury wraz z danymi raportowanymi wzdłuż wybranych izobarów. Linia ciągła jest obliczana na podstawie modelu korelacji (równanie 62). **Po lewej:** •, ta praca; ○, Naziev et al. [175]; □, Wright [93]; Po **prawej:** •, ta praca; ○, Naziev et al. [106]. Linie przerywane są obliczane z równania (66).

4.3.3. Równanie typu taitowego stanu dla 1-heksenu i 1-heptenu

Tait EOS zapewnia doskonałą korelację gęstości wysokich ciśnień w funkcji temperatury w fazie ciekłej. Aktualnie zmierzone gęstości dla 1-heksenu i 1-heptynu w stanie ciekłym posłużyły do opracowania dokładnego prostego równania stanu typu Tait, które zastosowano wcześniej dla czystych cieczy i mieszanin [17, 80, 111-133].

$$\frac{\rho - \rho_0}{\rho_0} = c \cdot \lg\left(\frac{B + p}{B + p_0}\right), \qquad (61)$$

gdzie Tait regulowane parametry i $c(T)\, B(T)$są tylko funkcjami temperatury i mogą być obliczone z najlepszego dopasowania izotermy, i $\rho_0$jest gęstością cieczy przy ciśnieniu referencyjnym (p_0 p_0 = 0,098 MPa) (patrz np. (60)). Wcześniej (Abdulagatov i in. [17, 80, 130-132]) a Tait-type EOS (np. (61)) z powodzeniem wykorzystano do dokładnego odwzorowania pomiarów gęstości dla czystych alkoholi (metanol, etanol, 1-propanol), (MEG, DEG, TEG), n-heptanu, cieczy jonowych [BMIM][BF4] (1-butylo-3-metyloimidazolowy tetrafluoroboran), BMIM][PF6] (1-n-butylo-3-metyloimidazolowy heksafluorofosforan), [BMIM+][OcSO4-]1-butylo-3-metyloimidazolowy oktylosiarczan, oraz ich mieszanki dwuskładnikowe (etanol + [BMIM][BF4], metanol + [BMIM][BF4], metanol + [BMIM][PF6], oraz metanol + [BMIM 403+][OcSO4-]). EOS typu Tait był również badany przez wielu innych badaczy (patrz np. ref. [111-130]). Ten EOS był z powodzeniem stosowany do czystych płynów i mieszanin dwuskładnikowych i zalecany do stosowania w celu dokładnego odwzorowania eksperymentalnych danych o wysokiej gęstości ciśnieniowej w fazie ciekłej. The Tait eq. (61)

zastosowano do obecnych pomiarów gęstości dla 1-heksenu i 1-heptynu w stanie ciekłym. Wyraźna forma funkcyjna funkcji temperatury i $B(T)\,c(T)$w równaniu Tait (np. (61)) została stworzona za pomocą "Eureqa" [134] (oprogramowanie regresji symbolicznej). Optymalna struktura funkcji temperaturowych i $B(T)$np. $c(T)$(61) dla naszych pomiarów gęstości 1-heksenu i 1-heptenu jest $B = b_0 + b_1 \cdot T$ $c = c_0 + c_1 \cdot T$ i jest, to znaczy obie $B(T)\,c(T)$są prostymi liniowymi funkcjami temperatury. Uzyskane wartości współczynników korygujących oraz b_i c_i z obecnych zmierzonych gęstości dla 1-heksenu i 1-heptenu podano w tabeli 14. Zúñiga-Moreno i L.A Galicia-Luna [123] znalazły również liniową funkcję temperatury $B(T)$, choć niektórzy inni badacze [124, 125] uznali $B(T)$ją za kwadratową funkcję temperatury. Cibulka i Ziková [122] użyli sześciennej funkcji temperatury dla *B(T)* oraz liniowej funkcji temperatury w $c(T)$celu przedłużenia ważności Tait EOS dla 1-propanolu do 534 K. Tomida i wsp. [135] opracowali Tait EOS dla cieczy jonowych, gdzie i $B(T)\,c(T)$są niezależne od temperatury (stałe). Obecne i zgłoszone dane dotyczące gęstości (zob. tabela 11) 1-heksenu i 1-heptenu zostały porównane z wartościami obliczonymi na podstawie Tait EOS (zob. pkt 61). Dane statystyczne dotyczące odchylenia między wynikami zmierzonymi a obliczonymi dla 1-heksenu i 1-heptynu są podane w tabeli 15. Średnie odchylenia bezwzględne (AAD) pomiędzy zmierzonymi wartościami gęstości a wartościami obliczonymi na podstawie Tait EOS (np. (61)) dla 1-heksenu i 1-heptenu wynoszą odpowiednio 0,10% i 0,29%, co jest bliskie ich niepewności doświadczalnej. Na rys. 28 przedstawiono wykresy odchyleń pomiędzy aktualnymi i raportowanymi danymi dotyczącymi gęstości z ref. [91-94, 96, 98, 102-104, 107, 162-174] a tymi obliczonymi na podstawie np. (61) dla 1-heksenu i 1-heptenu.

Tabela 14

Współczynniki Tait EOS (równanie 61) oraz modele korelacji (równanie 62) i (równanie 66) dla lepkości uzyskanej na podstawie niniejszych danych doświadczalnych

Tait EOS (Eq. 61)						
Fluid	b_0	b_1	c_0	c_1	a_0	a_1
1-heksen	93.68	-0.120	-5.55·10-2	5.59·10-4	945.54	-0.926
1-hepten	97.96	-0.111	-4.37·10-2	5.19·10-4	961.49	-0.896
Lepkość (kw. 62)						
1-heksen	-4.14	0.0124	-3.0·10-5	865.81	-1.682	-7.3·10-3
1-hepten	-3.98	0.0110	-2.5·10-5	900.38	-1.231	5.81·10-3
Lepkość (kw. 66)						
Fluid	d_0	d_1	d_2	a_1	b_1	A_1
1-heksen	0.31	-2.72	9.049	3.28·10-2	2.62·10-2	-4.6·10-4
1-hepten	0.99	-8.96	21.38	1.28·10-2	2.41·10-2	-5.9·10-4

AAD dla zgłaszanych danych 1-heksenu i 1-heptenu [102-107] mieści się odpowiednio w zakresie 0,5% do 0,6%. Nasze wyniki są w zasadzie systematycznie wyższe od podawanych danych [96, 102, 164, 167, 170]. Prawdopodobnie wynika to z nieprawidłowej kalibracji komory pomiarowej w poprzednich publikacjach. W poprzednich publikacjach [96, 102, 164, 167, 170] autorzy wykorzystywali bardzo stare i niedokładne dane do kalibracji płynów. Obecne pomiary gęstości dla 1-heksenu i 1-heptenu są w zadowalającym stopniu zgodne z danymi pochodzącymi z szybkości pomiarów dźwięku Badalyana i Otpushennikova [173, 174]. Odchylenie mieści się w granicach 0,35% do 0,50% (nasze wyniki są systematycznie wyższe). Obecne zmierzone i skorygowane dane dotyczące gęstości 1-heksenu i 1-heptenu (łącznie 71 punktów danych, 69% pierwotnych danych doświadczalnych z pracy doktorskiej Fomina [162]) zostały szczegółowo porównane z pierwotnymi danymi przedstawionymi w pracy doktorskiej Fomina [162]. Wyniki przedstawione są na wykresie odchylenia (patrz Rys. 29).

Tabela 15

Statystyka odchyleń między aktualnymi zmierzonymi gęstościami i lepkościami a wartościami obliczonymi na podstawie Tait EOS (równanie (61)) oraz korelacji lepkościowych (równanie (62)) i (równanie (66)) dla 1-heksenu i 1-heptenu

Gęstość zaludnienia					
Płyny	AAD, %	Bias, %	St.dev, %	St.err, %	Max.dev, %
1-heksen	0.10	0.01	0.14	0.02	0.3
1-hepten	0.29	0.02	0.37	0.05	0.9
Lepkość (kw. 62)					
1-heksen	2.38	-0.25	3.26	0.45	8.9
1-hepten	2.20	-0.40	2.85	0.38	6.0
Lepkość (kw. 66)					
1-heksen	1.37	-0.18	2.10	0.29	7.8
1-hepten	1.74	-0.04	2.15	0.29	4.6

AAD, średnie odchylenie absolutne; SD, odchylenie standardowe; SE, błąd standardowy; max. odchylenie, maksymalne odchylenie

Jak widać na rys. 29, istnieją duże różnice pomiędzy obecnymi danymi dotyczącymi gęstości Fominy [162], mianowicie maksymalne odchylenia gęstości osiągnęły 0,77% dla 1-heksenu i 1,06% dla 1-heptenu, które są znacznie większe niż ich niepewność doświadczalna. Standardowe odchylenia dla 1-heksenu i 1-heptynu wynoszą odpowiednio 0,42% i 0,55%.

4.3.4. Korelacja lepkościowa

Najlepszym teoretycznie modelem zależności lepkości od temperatury jest dobrze znane równanie typu Arrhenius-Andrade [135, 142-144],

$$\eta(T) = b_0 \exp\left(\frac{b_1}{T}\right) \quad \text{lub} \quad \ln\eta(T) = \ln b_0 + \frac{b_1}{T}. \qquad (62)$$

$$\ln b_0 = a_0 + a_1 \cdot p + a_2 \cdot p^2 \quad \text{oraz} \quad b_1 = a_3 + a_4 \cdot p + a_5 \cdot p^2 \qquad (63)$$

gdzie b_0 jest lepkość, $\eta = \eta_\infty (T \to \infty)$ na granicy wysokiej temperatury , $b_1 = \varepsilon_a / \mathrm{R}$ i $\varepsilon_a = \Delta H$ jest to energia aktywacji przepływu (entalpia aktywacji), gdzie T jest w K i p w MPa. Równanie (62) zostało teoretycznie potwierdzone przez teorię szybkości bezwzględnej Eyringa (Glasstone i in. [142]). Równanie to z powodzeniem stosowano wcześniej do przedstawiania danych o lepkości doświadczalnej dla roztworów wodnych [145-148] i cieczy jonowych [135]. W przypadku niektórych płynów i mieszanin płynów krzywa doświadczalna w stosunku do $\ln\eta$ krzywej T^{-1} nie jest linią prostą w wysokich temperaturach (patrz na przykład [145-148]) i w tym przypadku zależność Arrheniusa-Andrade'a (równanie (62)) może być nieznacznie zmodyfikowana w celu rozszerzenia zakresu temperatur, gdzie równanie jest ważne jako

$$\eta(T) = b_0 \exp\left(\frac{b_1}{T} + \frac{b_2}{T^2}\right) \quad \text{lub} \quad \ln\eta(T) = \ln b_0 + \frac{b_1}{T} + \frac{b_2}{T^2}. \qquad (64)$$

W naszych poprzednich publikacjach [17, 80] dane dotyczące lepkości MEG, DEG, TEG i ich mieszanek dwuskładnikowych w wysokich temperaturach i pod wysokim ciśnieniem zostały z powodzeniem dopasowane do np. (64). W niniejszym opracowaniu do pomiarów lepkości 1-heksenu i 1-heptynu zastosowano oryginalne równanie Arrheniusa-Andrade'a (np. (62)). Jak można zauważyć na rys. 27, krzywe T^{-1} eksperymentalne w stosunku do $\ln\eta$ krzywych dla 1-heksenu i 1-heptynu są prawie liniowe. Zbadano również przydatność i dokładność modelu Vogel-Tamman-Fulcher (VTF) [152-154] do odwzorowania obecnych pomiarów lepkości dla 1-heksenu i 1-heptenu. Zachowanie się lepkości w temperaturze wzdłuż różnych izobarów można opisać za pomocą zmodyfikowanego równania Andrada [155].

$$\eta(T) = \eta_\infty \exp\left(\frac{DT_0}{T - T_0}\right) \quad \text{lub} \quad \ln\eta(T) = \ln\eta_\infty + \frac{DT_0}{T - T_0}. \qquad (65)$$

Równanie to różni się nieco od poprzedniego modelu (równanie (62)). Eq. (65) dla aktualnego pomiaru lepkości zastosowano dane dotyczące 1-heksenu i 1-heptynu. Model ten był wcześniej z powodzeniem stosowany także przez innych autorów (patrz np. ref. [154-157]) do reprezentowania mierzonych lepkości dla 1-n-alkenedioli, 2-alkiloamin i polieterów. Jak pokazano w naszych wcześniejszych publikacjach [17, 80, 83], zmodyfikowane równanie Andrada (np. (65)) reprezentuje nieco lepiej niż oryginalny model (65). Równanie 62 odtwarza obecne dane dotyczące lepkości dla 1-heksenu i 1-heptynu w zakresie odpowiednio 2,38% i 2,20%. Wykres odchylenia dla danych mierzonych i wartości obliczonych na podstawie np. (62) dla lepkości 1-heksenu i 1-heptynu przedstawiono na rys. 30.

Ogólnie rzecz biorąc, zgodność pomiędzy obecnymi danymi dotyczącymi lepkości dla 1-heksenu i 1-heptenu a większością zgłoszonych danych jest bliska niepewności doświadczalnej (w granicach 2,5%).

Stwierdzono dobrą zgodność w granicach od 0,43% do 0,78% pomiędzy obecnymi a podawanymi przez Wrighta [93] danymi dotyczącymi lepkości 1-heksenu w ciśnieniu atmosferycznym. Duże różnice (do 10%) obserwuje się pomiędzy obecnymi danymi o lepkości, a tymi podawanymi przez Naziewa i in. [106]. W przypadku 1-heptena obecne dane dotyczące lepkości zgadzają się z danymi podanymi przez Naziewa i in. [106] w granicach (4-9) %, nasze wyniki są systematycznie wyższe od danych podawanych.

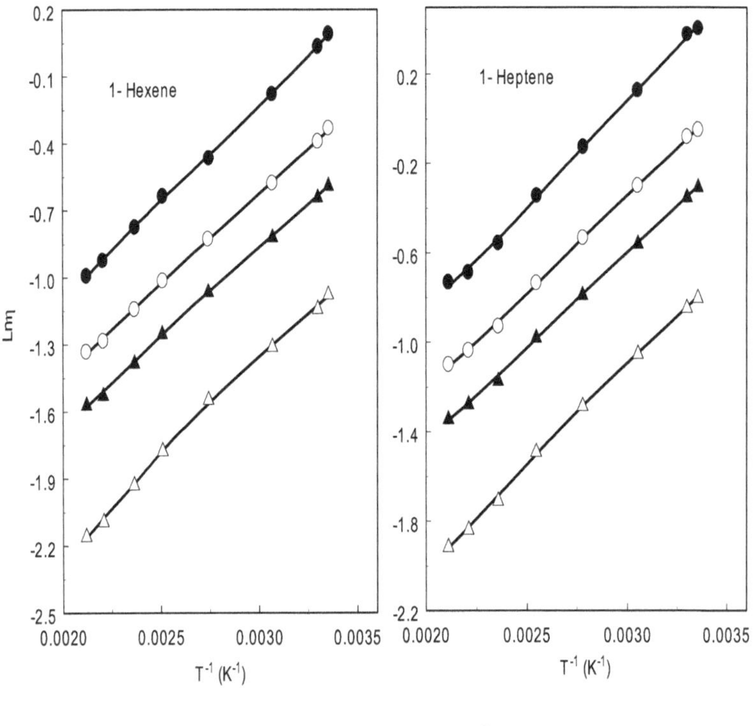

Rys. 27. Zmierzone wartości w $\ln\eta$ funkcji T^{-1} wzdłuż różnych izobarów dla 1-heksenu i 1-heptenu.△ , 49,03 MPa; ▲, 98,06 MPa; ○, 147,10 MPa; ●, 245,16 MPa. Linie ciągłe są obliczane z modelu korelacji (równanie 66)

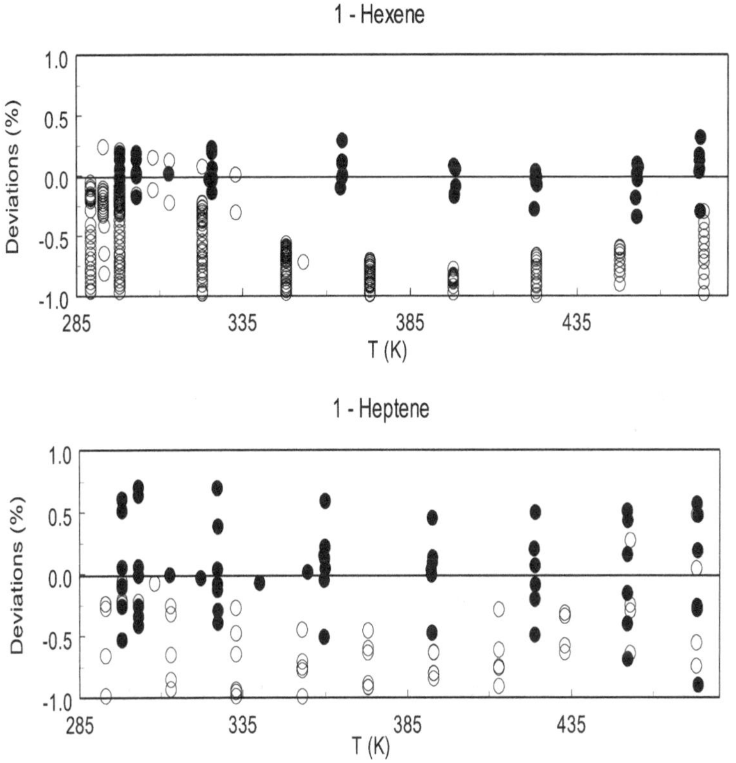

Rys. 28. Procentowe odchylenia obecnych gęstości doświadczalnych dla 1-heksenu i 1-heptenu w stosunku do wartości obliczonych na podstawie Tait-type EOS (równanie 61). ○, dane zgłoszone przez Refs. [91-93, 96, 102, 103, 164-172]; ● ta praca

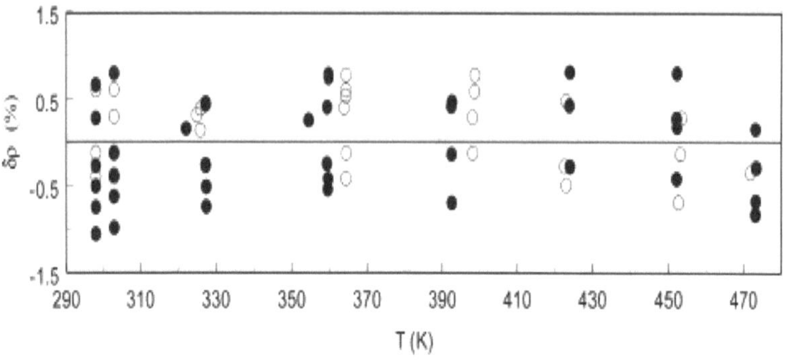

Rys. 29. Procentowe odchylenia obecnych gęstości doświadczalnych dla 1-heksenu (•) i 1-heptenu (○) od danych podanych w punkcie 25 jako funkcja temperatury dla różnych ciśnień od 0,1 MPa do 245 MPa.

Stwierdzono dopuszczalną zgodność od (2 do 5)% między danymi podanymi przez Guseinova i wsp. [176] a obecnymi danymi dotyczącymi lepkości 1-heksenu w wysokich ciśnieniach i temperaturach. Obecne zmierzone i skorygowane dane o lepkości (40 punktów danych, 36% danych z pierwotnej pracy doktorskiej Fomina [162]) zostały szczegółowo porównane z danymi przedstawionymi wcześniej w pracy doktorskiej Fomina [162].

Wyniki są przedstawione na wykresie odchylenia (patrz Rys. 31). Rozbieżności (odchylenia standardowe) między obecnymi danymi a wcześniejszymi zgłoszonymi w pracy doktorskiej [162] dla 1-heksenu i 1-heptenu mieszczą się odpowiednio w granicach 1,58% i 1,65%, podczas gdy maksymalne odchylenia wynoszą odpowiednio 4,12% i 3,17%.

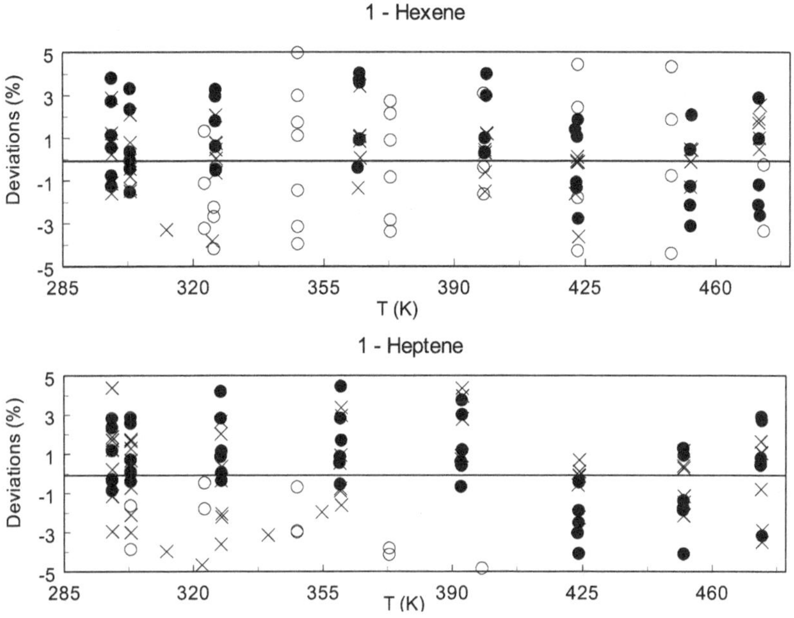

Rys. 30. Procentowe odchylenia obecnych lepkości doświadczalnych dla 1-heksenu i 1-heptenu od wartości obliczonych z korelacji (równanie 62) i (równanie 65) w zakresie temperatur od 298 K do 473 K i przy ciśnieniach do 245 MPa. • niniejsza praca (np. 62); ○, zgłoszone dane z Refs. [175]; ×, ta praca (kw. 66)

Quinones-Cisneros i Deiters [158] opracowali uogólnienie teorii tarcia (FT) do modelowania lepkości. Podejście oparte na teorii tarcia odnosi lepkość płynu do jego EOS. Metoda ta zapewnia dobry opis lepkości płynów w szerokim zakresie temperatur i ciśnień. Quinones-Cisneros i Deiters [158] użyli nowego EOS (poprzednio FT był ograniczony do użycia van-der-Waals typu EOS), aby zwiększyć dokładność prognoz lepkości.

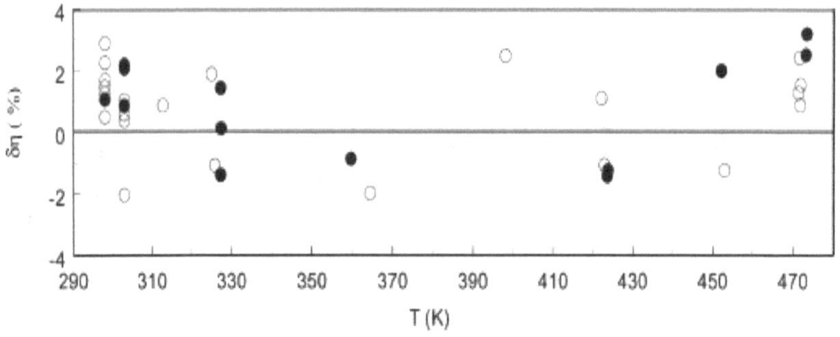

Rys. 31. Procentowe odchylenia, od $\delta\eta = 100 \cdot \left(\frac{\eta^{\mathrm{cal}(25)} - \eta^{\exp}}{\eta^{\exp}} \right)$ obecnych lepkości doświadczalnych dla 1-heksenu (•) i 1-heptenu (○) od danych podanych w ref. 25 w funkcji temperatury dla różnych ciśnień od 0,1 do 245 MPa.

Zakres ważności korelacji wynosi od 300K do 550K, a maksymalne ciśnienie do 150 MPa.

$$\eta(T,p) = \eta_0(T) + k_r \cdot p_r + k_a \cdot p_a + k_{rr} \cdot p_r^2 + k_{aa} \cdot p_a^2 \qquad (66)$$

gdzie

$$k_a = (a_0 + a_1 \cdot \psi_1 + a_2 \cdot \psi_2) \cdot \Gamma \qquad (67)$$

$$k_r = (b_0 + b_1 \cdot \psi_1 + b_2 \cdot \psi_2) \cdot \Gamma \qquad (68)$$

$$k_{rr} = (B_0 + B_1 \cdot \psi_1 + B_2 \cdot \psi_2) \cdot \Gamma^3 \qquad (69)$$

$$k_{aa} = (A_0 + A_1 \cdot \psi_1 + A_2 \cdot \psi_2) \cdot \Gamma^3 \qquad (70)$$

Ciśnienie odpychające (ciśnienie termiczne):

$$p_r = T \cdot (\partial p/\partial T)_V . \qquad (71)$$

Ciśnienie przyciągające (ciśnienie wewnętrzne):

$$p_a = p - p_r \left(-p_a = -(\partial U/\partial V)_T \right) \qquad (72)$$

$$\psi_1 = \exp(\Gamma) - 1 \text{ i } \quad \psi_2 = \exp(\Gamma^2) - 1 \; \Gamma = 100/T \ldots \qquad (73)$$

Wartości ciśnienia atrakcyjnego (p_a), odpychającego (p_r) i całkowitego (p) można obliczyć za pomocą Tait EOS (równanie (61)). W tej pracy funkcje temperaturowe (67) do (70) zostały nieco uproszczone (zachowano tylko jedno określenie). Funkcja temperatury $\eta_0(T)$ w par. (66) może być przedstawiona jako prosta funkcja

$$\eta_0(T) = d_0 + d_1 \cdot \Gamma + d_2 \cdot \Gamma^2. \quad (74)$$

Do obecnych danych dotyczących lepkości dla 1-heksenu i 1-heptenu zastosowano równanie (66). Uzyskane wartości współczynników przedstawione są w tabeli 14. Statystyki odchylenia podano w tabeli 15. Jak widać, wartości AAD dla 1-heksenu i 1-heptenu wynoszą odpowiednio 1,74 % i 1,37 %. Dlatego też model lepkościowy (np. (66)) bazujący na teorii tarcia [158] znacznie lepiej reprezentuje obecne dane.

4.4. Wnioski

Nowe dane dotyczące gęstości i lepkości cieczy 1-heksenu i 1-heptynu zostały zmierzone jednocześnie w zakresie temperatur od 298K do 473K i przy ciśnieniach do 245 MPa z wykorzystaniem technik ważenia hydrostatycznego i opadania korpusu. Pomiary wykonano wzdłuż siedmiu izobarów (0,098, 24,51, 49,03, 98,06, 147,10, 196,13 i 245. 16) MPa w funkcji temperatury od 298K do 473K. Równanie typu taitowego stanu ciekłego 1-heksenu i 1-heptenu z liniową funkcją temperatury dla $B(T)$ $c(T)$ i zostało opracowane na podstawie danych (p, ρ, T) pomiarowych. AAD pomiędzy obecnymi i zgłoszonymi danymi a wartościami obliczonymi przy pomocy Tait-type EOS gęstości dla 1-heksenu wynosi 0,10% (dla danych obecnych) i 0,5% (dla danych zgłoszonych), podczas gdy dla 1-heptenu 0,2% (dla danych obecnych) i 0,6% (dla danych zgłoszonych). Do opisu zależności mierzonych lepkości dla 1-heksenu i 1-heptynu ciekłego zastosowano teoretyczne równania typu Arrhenius-Andrade i Vogel-Tamman-Fulcher ze współczynnikami zależnymi od ciśnienia. Wypracowana korelacja dla lepkości cieczy 1-heksen i 1-hepten reprezentuje mierzone wartości lepkości odpowiednio w granicach 2,38% i 2,20%. Dokładniejsze odwzorowanie obecnych danych o lepkości uzyskano dzięki modelowi opartemu na teorii tarcia, dla którego AAD dla 1-heksenu i 1-heptenu wynosi odpowiednio 1,74% i 1,37%.

Rozdział 5. Równoczesne pomiary gęstości i lepkości mieszanin 1-heksenu + 1-dekenu w wysokich temperaturach i przy wysokich ciśnieniach

Wprowadzenie

W pracy tej wykorzystano opracowaną niedawno nową aparaturę doświadczalną [17] do jednoczesnych pomiarów gęstości i lepkości cieczy i mieszanin cieczy w wysokich temperaturach (od temperatury pokojowej do 500 K) i przy wysokich ciśnieniach (do 250 MPa). Metoda ta oparta jest na technikach ważenia hydrostatycznego i opadania ciała. Obie techniki zostały połączone w tej samej celi pomiarowej. W naszej ostatniej publikacji [17] szczegółowo opisaliśmy budowę komory pomiarowej, procedurę pomiarów oraz analizę niepewności. W pracach [11, 12, 17, 80, 83] zastosowano z powodzeniem metodę i aparaturę do dokładnych, jednoczesnych pomiarów gęstości i lepkości n-heptanu, glikolu monoetylenowego (MEG), glikolu dietylenowego (DEG), glikolu trietylenowego (TEG) oraz ich dwuskładnikowych (50% MEG + 50% DEG, 50% MEG + 50% TEG, 50% DEG + 50% TEG) i trójskładnikowych (33.33% MEG + 33,33% DEG + 33,34% TEG) mieszanki w temperaturach od 293 do 473 K i przy ciśnieniach do 245 MPa. W pracy tej wykorzystaliśmy tę samą aparaturę do pomiaru gęstości i lepkości dwuskładnikowych mieszanek 1-heksenu + 1-dekenu w wysokich temperaturach od 298 do 470 K i przy wysokich ciśnieniach (do 196 MPa).

Z przeglądu literatury wynika, że nie prowadzi się pomiarów gęstości i lepkości mieszanin binarnych 1-heksenu + 1-dekenu. Poszukiwanie literatury opierało się na archiwum TRC/NIST [109].

Dlatego też głównym celem niniejszej pracy jest dostarczenie nowych zestawów dokładnych danych doświadczalnych dotyczących gęstości i lepkości dla dwuskładnikowych mieszanek 1-heksenu + 1-dekenu w odpowiednio szerokim zakresie temperatur od 298 do 470 K i wysokich ciśnień do 196 MPa w całym zakresie składu, przy użyciu połączonych technik ważenia hydrostatycznego i opadania korpusu. Kolejnym celem niniejszych badań jest opracowanie równania typu Tait-type of state (EOS) oraz zmodyfikowanych modeli korelacji Vogel-Tamman-Fulcher (VTF) dla lepkości dwuskładnikowej mieszaniny 1-heksenu + 1-dekenu. Praca ta jest częścią ciągłego programu dotyczącego właściwości termodynamicznych i transportowych nienasyconych węglowodorów w wysokich temperaturach i wysokich ciśnieniach.

5.1. Wyniki i dyskusja

5.1.1. Gęstość zaludnienia

Pomiary gęstości mieszanin 1-heksenu + 1-dekenu w funkcji temperatury, ciśnienia i stężenia wykonano dla trzech stężeń (0,25, 0,50 i 0,75 frakcji masowej 1-dekenu) dla temperatur od 298 do 470 K. Ciśnienie mieściło się w zakresie od 0,098 do 196 MPa. Gęstości i lepkości składnika czystego (1-heksen i 1-deken) zostały podane w naszych poprzednich publikacjach [11, 12] przy użyciu tej samej techniki. Wyniki badań przedstawiono w tabeli 16. Niektóre wybrane wyniki eksperymentów dla mieszanek pokazano na rysunkach 32-35 jako rzuty w płaszczyźnie $\rho - p$ $\rho - T$, , i płaszczyznach. Jak pokazano $\rho - w$ na rysunkach 32 (po lewej), 33, 34 i 35, zależności $\rho - w$ temperatury $\rho - T$ i stężenia mierzonych gęstości są prawie liniowe w mierzonych zakresach temperatury i ciśnienia.

Nie jest to zaskakujące, ponieważ oba składniki mieszanki są termodynamicznie (kształt i wielkość cząsteczek, charakter chemiczny cząsteczek) bardzo podobne.

Tabela 16

Gęstości doświadczalne (kg-m-3), lepkości (mPa-s), ciśnienia (MPa) i temperatury (K) mieszaniny dwuskładnikowej 1-heksen + 1-deken. [a]

T	*ρ*	*η*	*T*	*ρ*	*η*
1	2	3	4	5	6
25% 1-heksen + 75% 1-deken					
p=0,098 MPa			*p* =24,51 MPa		
298.15	723.40	0.556	298.15	741.81	0.742
303.03	719.61	0.547	322.54	730.47	0.522
313.64	711.18	0.459	355.06	708.08	0.392
321.99	704.06	0.423	389.95	681.10	0.299
–	–	–	432.08	647.86	0.234
–	–	–	469.21	616.62	0.199
p=49,03 MPa			*p=98*,06 MPa		
298.15	758.89	0.888	298.15	780.24	1.204
322.53	748.08	0.634	322.55	772.39	0.883
355.07	727.34	0.477	354.92	757.69	0.657
389.87	704.56	0.370	389.82	739.00	0.508
432.10	676.99	0.291	431.93	713.44	0.405
469.21	651.33	0.252	469.13	693.85	0.349
p=196,13 MPa					
298.15	814.09	2.162	–	–	–
323.06	810.50	1.493	–	–	–
355.10	800.56	1.073	–	–	–
389.90	784.86	0.817	–	–	–
431.61	764.29	0.639	–	–	–

Kontynuacja tabeli 16

1	2	3	4	5	6
468.92	748.29	0.548	–	–	–
50% 1-heksen + 50% 1-deken					
p=0,098 MPa			*p=24*,51 MPa		
298.15	707.79	0.416	298.15	726.58	0.519
303.37	702.67	0.389	323.17	710.45	0.416
313.01	694.40	0.352	356.04	688.21	0.327
323.26	686.58	0.323	392.05	659.58	0.250
–	–	–	431.62	632.48	0.199
–	–	–	470.52	604.09	0.172
p=49,03 MPa			*p=98*,06 MPa		
298.15	741.45	0.626	298.15	768.34	0.874
323.14	730.18	0.504	323.16	755.92	0.692
355.94	708.29	0.400	355.84	740.42	0.543
392.04	686.08	0.305	392.00	717.72	0.416
431.31	657.51	0.251	431.11	694.19	0.344
470.66	633.99	0.219	470.10	675.60	0.305
p =196,13 MPa					
298.15	802.76	1.501	–	–	–
323.04	793.08	1.145	–	–	–
356.60	777.18	0.856	–	–	–
391.69	762.23	0.661	–	–	–
430.69	746.85	0.542	–	–	–

Kontynuacja tabeli 16

1	2	3	4	5	6
469.86	729.71	0.476	–	–	–
75% 1-heksen + 25% 1-deken					
p=0,098 MPa			*p=24*,51 MPa		
298.15	691.54	0.343	298.15	711.87	0.427
302.98	686.96	0.341	323.20	697.06	0.352
312.70	678.44	0.312	354.68	673.59	0.283
323.27	669.25	0.279	391.45	647.49	0.228
–	–	–	434.05	610.43	0.182
–	–	–	469.35	584.59	0.158
p=49,03 MPa			*p=98*,06 MPa		
298.15	728.22	0.518	298.15	755.59	0.698
323.13	715.67	0.423	323.15	746.16	0.575
354.60	696.27	0.344	354.63	730.45	0.465
391.37	672.88	0.281	391.20	711.76	0.382
434.06	642.68	0.229	433.71	686.23	0.315
469.33	620.74	0.204	469.30	668.29	0.282
p=196,13 MPa					
298.15	791.05	1.154	–	–	–
323.08	785.21	0.922	–	–	–
354.54	768.93	0.729	–	–	–
390.96	753.26	0.602	–	–	–

Koniec tabeli 16

1	2	3	4	5	6
433.74	735.63	0.489	–	–	–
469.29	720.28	0.435	–	–	–

[a] Standardowe niepewności u wynoszą: $u(T)$ =0,02 K; $u(P)$=0,05 %; $u(\rho)$=0,15 % (przy niskich ciśnieniach, $P<100$ MPa) do 0,30 % (przy wysokich ciśnieniach, P>100 MPa); = 1,5 $u(\eta)$% (przy niskich ciśnieniach, P<100 MPa) do 2,0 % (przy wysokich ciśnieniach, P>100 MPa)

W przypadku mieszanin ze składnikami termodynamicznymi, takimi jak 1-heksen + 1-deken, bardzo trudno jest dokładnie określić nadmiar właściwości (nadmiar objętości molowych, patrz np. Abdulagatov i Azizov [148] oraz Abdulagatov i in. [179]). Jak można zauważyć na Rys. 32 (po prawej), zależność ciśnieniowa zmierzonych gęstości dla mieszanki znacznie odbiega od liniowości i zachowuje się jak czyste składniki. Niestety, nie ma żadnych danych dotyczących gęstości doświadczalnej tej mieszaniny, które można by porównać z obecnymi wynikami. Jednakże w celu potwierdzenia wiarygodności metody, dokładności pomiarów i prawidłowego działania urządzenia dostarczyliśmy (zob. nasze ostatnie publikacje [11, 12]) szczegółowe porównanie zmierzonych gęstości dla czystych składników (1-heksen i 1-deken) przy użyciu tej samej metody i urządzenia z dostępnymi danymi zgłoszonymi. Jak wykazano w [11, 12], nasze wyniki dla czystego 1-heksenu i 1-dekenu zgadzają się z najbardziej wiarygodnymi podawanymi danymi, odpowiednio w zakresie 0,5% i 0,14 do 0,25%. Dobre uzgodnienie obecnych i raportowanych danych dla czystych składników potwierdza wiarygodność i wysoką dokładność pomiarów dla mieszanek dwuskładnikowych 1-heksen + 1-decen i daje nam pewność, że nasz instrument działa prawidłowo.

5.1.1.1. Nadmiar objętości molowych

Obecne pomiary gęstości mieszanin 1-heksenu + 1-dekenu wraz z wartościami dla czystych składników podanymi wcześniej w [11, 12] zostały wykorzystane do obliczenia nadmiaru objętości molowych z następującą zależnością

$$V_{\mathrm{m}}^{\mathrm{E}}(p,T,x)=V_{\mathrm{m}}(p,T,x)-x\cdot V_{\mathrm{m}}(p,T,1)-(1-x)\cdot V_{\mathrm{m}}(p,T,0), \quad (75)$$

gdzie x jest frakcja molowa 1-dekenu, $V_{\mathrm{m}}(p,T,x)$ jest to aktualnie określona doświadczalnie objętość molowa mieszaniny o stężeniu w x temperaturze T i ciśnieniu p; oraz $V_1=V_m(p,T,1)$ $V_2=V_m(p,T,0)$ są to $V_2=V_m(p,T,0)$ objętości molowe czystych składników (1-heksen i 1-deken), odpowiednio, przy tych samych ciśnieniach p i temperaturach T. Nadmiar objętości molowych stanowi o nieidealności mieszaniny i odzwierciedla charakter oddziaływań między składnikami mieszaniny i jej cząsteczkami.

Znak i wielkość nadmiaru objętości molowej silnie zależą od charakteru oddziaływań między cząsteczkami składowymi mieszaniny oraz ich rozmiarów i kształtów. Uzyskane wartości V_m^E dla wybranych temperatur i ciśnień przedstawiono na rys. 36 w funkcji frakcji molowej 1-decenu, x w wybranych temperaturach i ciśnieniach. Jak widać na rys. 36, uzyskane wartości dla V_m^E mieszanin 1-heksen + 1-deken są dodatnie dla wszystkich zmierzonych temperatur i ciśnień w całym zakresie składu. $V_m^E - x$ krzywe są prawie symetryczne z maksimum przy frakcji 0,5 molowej. Dodatnie wartości nadmiaru objętości molowych, V_m^E przyczyniające się do ekspansji objętości molowej rzeczywistych mieszanin 1-heksenu + 1-dekenu, są dominujące w porównaniu z mieszaniną idealną, tj. $V_{\mathrm{m}}(p,T,x)>x\cdot V_{\mathrm{m}}\cdot(p,T,1)+(1-x)\cdot V_{\mathrm{m}}(p,T,0)$ Tak więc, dodanie cząsteczek 1-dekenu do 1-heksenu przy stałej temperaturze i ciśnieniu powoduje wzrost objętości molowej mieszaniny, $V_m(p,T,x)$.

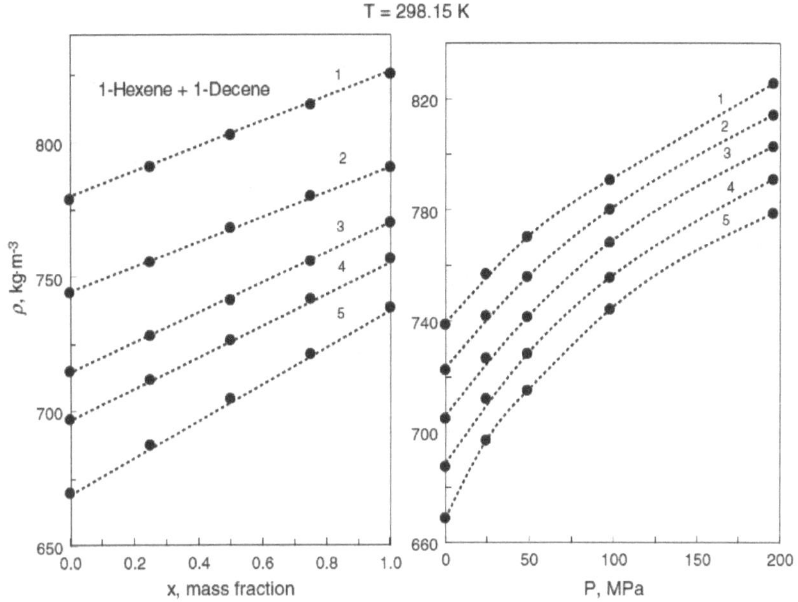

Rys. 32. Zmierzone gęstości mieszanin 1-heksen + 1-deken w funkcji stężenia (po lewej) i ciśnienia (po prawej) wzdłuż wybranej izotermy 298,15 K dla różnych izobarów (po lewej) i stałych stężeń (po prawej). **Po lewej**: 1 - 0,098MPa; 2 - 24,51 MPa; 3 - 49,03MPa; 4 - 98,06MPa; 5 - 196,13MPa; Po **prawej**: 1 - 1,00 (czysty 1-heksen [12]); 2 - 0,75; 3 - 0,50; 4 - 0,25; oraz 5 - 0,00 (czysty 1-heksen [11]).

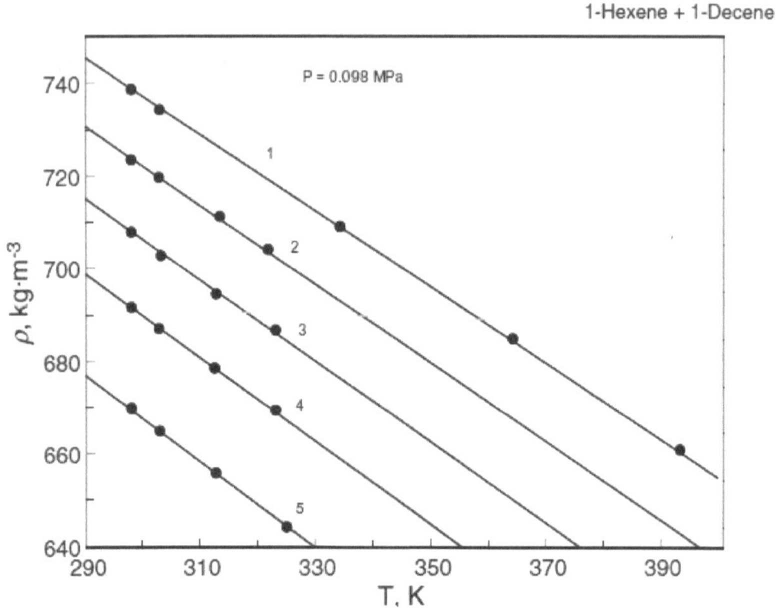

Rys. 33. Mierzone gęstości mieszanin 1-heksenu + 1-dekenu w funkcji temperatury przy ciśnieniu atmosferycznym dla różnych stałych stężeń. 1 - 1,00 (czysty 1-deken [12]); 2 - 0,75; 3 - 0,50; 4 - 0,25; oraz 5 - 0,00 (czysty 1-heksen [11]). Linie ciągłe są obliczane na podstawie korelacji Np. (76)

Zmierzone gęstości mieszanki przy ciśnieniu atmosferycznym zostały dopasowane do prostego równania

$$\rho_{0m}(T, w, p = 0.1) = w \cdot \rho_{20} + (1 - w) \cdot \rho_{10} + w \cdot (1 - w) \cdot [D_1 - D_2 \cdot w], \quad (76)$$

gdzie jest w ρ_{20} ułamek masowy 1-dekenu oraz ρ_{10} gęstości czystych składników 1-heksenu i 1-dekenu, odpowiednio, przy ciśnieniu atmosferycznym w $(p = 0.1\text{MPa})$ funkcji temperatury [11, 12].

$$\begin{aligned}\rho_{10}(T)/(kg\cdot m^{-3}) &= 945.54111 - 0.92629(T/K)\\ \rho_{20}(T)/(kg\cdot m^{-3}) &= 984.70552 - 0.82467(T/K)\end{aligned}, \qquad (77)$$

i $D_1 = 29.7263386 \mathrm{kg}\cdot\mathrm{m}^{-3}$ $D_2 = 25.0043548 \mathrm{kg}\cdot\mathrm{m}^{-3}$ są dopasowane do parametrów. Np. (76) odtwarza obecne zmierzone gęstości dla mieszanin 1-heksenu + 1-dekenu pod ciśnieniem atmosferycznym i w dowolnej temperaturze pomiędzy 298 a 325 K oraz w całym zakresie stężeń w ramach AAD = 0,08 %.

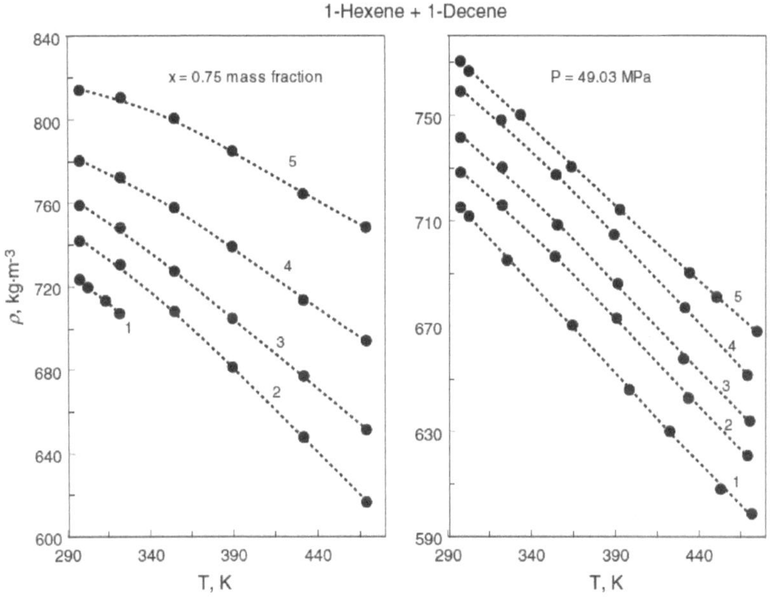

Rys. 34. Mierzone gęstości mieszanin 1-heksen+1-deken w funkcji temperatury wzdłuż różnych izobarów i wybranych stałych stężeń (po lewej) oraz wzdłuż wybranych izobarów i różnych stężeń (po prawej). **Lewa:** 1 - 0,098MPa; 2 - 24,51MPa; 3 - 49,03MPa; 4 - 98,06 MPa; 5 - 196,13 MPa; **Prawa:** 1 - 0,0 (czysty 1-heksen [11]); 2 - 0,25; 3 - 0,50; 4 - 0,75; oraz 5 - 1,00 (czysty 1-deken [12]).

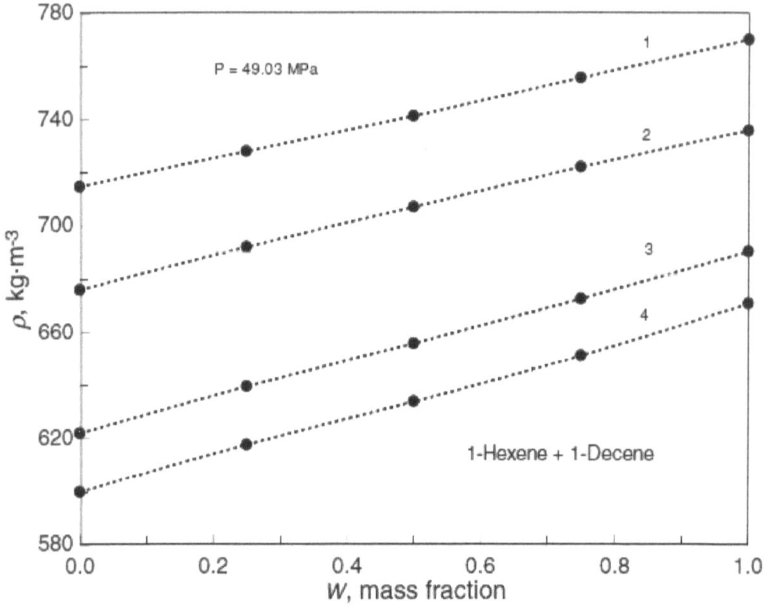

Rys. 35. Mierzone gęstości mieszanin 1-heksenu + 1-dekenu w funkcji stężenia wzdłuż wybranego izobaru dla różnych izoterm.
1 - 298,15 K; 2 - 355,15 K; 3 - 434,15 K; 4 - 469,15 K

Zgodność pomiędzy danymi dotyczącymi gęstości czystych składników, 1-heksenu i 1-dekenu oraz wartościami literatury przy 0,1 MPa mieści się odpowiednio w zakresie 0,03% i 0,14%. Jak wynika z równania (76) (ostatnie określenie), odchylenie zmierzonych gęstości dla mieszaniny od idealnych wartości ciśnienia atmosferycznego jest niezależne od temperatury. Oznacza to, że parametry armatury i D_1 D_2 mogą być uznane za stałe (niezależne od temperatury) bez znaczącej utraty dokładności odwzorowania zmierzonych gęstości. Zazwyczaj takie samo zachowanie się właściwości mieszaniny obserwuje się w przypadku mieszanin o składnikach termodynamicznych, tj. wielkość, kształt, struktura oraz charakter chemiczny i fizyczny czystych cząsteczek składowych są bardzo zbliżone. Aktualnie zmierzone gęstości dla mieszanin 1-heksen + 1-deken wraz z wartościami obliczonymi z równania (76) przy 0,1 MPa przedstawiono na rys. 33.

5.1.1.2. Równanie typu taitowego stanu dla mieszaniny 1-heksenu + 1-dekenu

Aktualnie zmierzone gęstości dla mieszanin 1-heksen + 1-deken zostały wykorzystane do opracowania równania stanu Tait (EOS), które zostało z powodzeniem zastosowane wcześniej przez wielu autorów dla czystych płynów i mieszanin [99, 111-116, 118-133].

$$\frac{\rho-\rho_{0\mathrm{m}}}{\rho_{0\mathrm{m}}}=c_{\mathrm{m}}\cdot\ln\left(\frac{B_{\mathrm{m}}+p}{B_{\mathrm{m}}+p_0}\right) \quad (78)$$

c_{m} gdzie jest parametr Tait, funkcja stężenia i prawie niezależna od temperatury lub słaba funkcja temperatury; jest B_{m} parametrem Tait, funkcja temperatury i stężenia; $\rho_{0\mathrm{m}}$ jest gęstością mieszaniny pod ciśnieniem (p_0 zwykle p_0 = 0,1 MPa) (zob. równanie. (76)). Parametry Tait (c_{m} i B_{m}) dla mieszaniny zostały zdefiniowane jako

$$B_{\mathrm{m}}=w\cdot B_{02}+(1-w)\cdot B_{01}+w\cdot(1-w)\cdot(A_1+A_2\cdot T), \quad (79)$$

$$c_{\mathrm{m}}=w\cdot c_{02}+(1-w)\cdot c_{01}+w\cdot(1-w)\cdot(A_3+A_4\cdot T), \quad (80)$$

gdzie i c_{01} c_{02} są bezwymiarowymi parametrami naprężeń dla czystych składników i są prostymi liniowymi funkcjami temperatury [11, 12]; T w K; oraz B_{01} B_{02} są parametrami naprężeń dla czystych składników (w MPa) i są prostymi liniowymi funkcjami temperatury

$$c_{01} = -0.0556 + 0.00056 \cdot (T/\mathrm{K}), c_{02} = 0.0363 + 0.00025 \cdot (T/\mathrm{K}), \tag{81}$$

$$\begin{aligned} B_{01} / (\mathrm{MPa}) &= 93.6898 - 0.1205(T/\mathrm{K}), \\ B_{02} / (\mathrm{MPa}) &= -57.3911 + 46937.76(T/\mathrm{K}) \end{aligned} . \tag{82}$$

W niniejszej pracy zastosowano Tait EOS (równanie (78)) na zmierzone gęstości mieszaniny 1-heksenu + 1-dekenu. Ponieważ nie ma teoretycznych wytycznych dotyczących funkcjonalnej postaci zależności parametrów Tait od temperatury i stężenia, a $B_{\mathrm{m}}(T, w)$ $c_{\mathrm{m}}(T, w)$ jego ocena opiera się na obecnych danych doświadczalnych dotyczących gęstości mieszaniny 1-heksenu + 1-dekenu. Wyraźne formy funkcyjne funkcji temperatury i stężenia oraz $B_{\mathrm{m}}(T, w)$ $c_{\mathrm{m}}(T, w)$ w Tait EOS (Eq. (78)) zostały utworzone za pomocą "Eureqa" [134] (oprogramowanie regresji symbolicznej). Optymalna struktura funkcji temperatury i $B_{\mathrm{m}}(T, w)$ $c_{\mathrm{m}}(T, w)$ stworzona przez "Eureqa" przy użyciu obecnych pomiarów gęstości dla mieszaniny 1-heksenu + 1-dekenu jest liniową funkcją temperatury (patrz Eqs. (79) i (80)), tzn. obie $B_{\mathrm{m}}(T, w)$ są $c_{\mathrm{m}}(T, w)$ prostymi funkcjami temperatury i stężenia. Wartości parametru Tait $c_{\mathrm{m}}(T, w)$ zmieniają się bardzo nieznacznie wraz z temperaturą i można je traktować jako liniową interpolację wartości czystych składników c_{01} i nie c_{02} tracąc przy tym znacznie dokładności okucia, jak w przypadku idealnej mieszanki $c_{\mathrm{m}} = w \cdot c_{02} + (1 - w) \cdot c_{01}, i.e., A_3 = A_4 = 0$. Można to wyjaśnić, jak wspomniano powyżej, ponieważ 1-heksen i 1-deken są cieczami termodynamicznymi o bardzo zbliżonej strukturze (wielkości i kształcie cząsteczek) oraz fizycznym i chemicznym charakterze. Tak więc, w sumie Tait EOS (równy 78)) dla dwuskładnikowej mieszaniny 1-heksenu + 1-

heptenu zawiera minimum (dwa) regulowane współczynniki, $A_1 = -10.8134 \mathrm{MPa}$ and $A_2 = 0.0413 \mathrm{MPa} \cdot \mathrm{K}^{-1}$. Ten EOS został z powodzeniem wykorzystany w naszych poprzednich pracach (Abdulagatov i in. [130-133]) do dokładnego odwzorowania pomiarów gęstości dla dwuskładnikowych mieszanin (ciecz jonowa + alkohol): etanol + [BMIM][BF4], metanol + [BMIM] [BF4], metanol + [BMIM][PF6], oraz metanol + [BMIM+][OcSO4-]. EOS typu Tait był również bardzo uważnie badany przez innych badaczy (patrz np. [99, 111-133]) i był stosowany do czystych cieczy i mieszanin oraz zalecany do przedstawiania danych o gęstości doświadczalnej w fazie ciekłej. Hofman i wsp. [121] użyli Tait-type EOS do przedstawienia gęstości doświadczalnych dla mieszaniny metanolu + [C2MIM] [EtSO4]. Gu i Brennecke [111] z powodzeniem wykorzystali również model typu Tait, aby reprezentować pomiary wysokiej gęstości ciśnienia dla ILs z dokładnością (0,08 do 0,30)%. Jak już wcześniej pokazali Kumagai i inni [116, 117, 140,141] parametr Tait $B(T)$jest odwrotnie proporcjonalny do temperatury dla niektórych czystych płynów, $B \propto 1/T$. Zúñiga-Moreno i Galicia-Luna [123] zaproponowały liniową funkcję temperatury dla$B(T)$, choć niektórzy inni badacze [124, 125] uznali ją za$B(T)$ kwadratową funkcję temperatury. Cibulka i Ziková [122] zaproponowali funkcję temperatury sześciennej dla $B(T)$i liniową funkcję temperatury w$c(T)$ celu przedłużenia ważności Tait EOS dla 1-propanolu do 534 K. Ostatnio Tomida i wsp. [135] opracowali EOS typu Tait dla cieczy jonowych, gdzie i $B(T)$ $c(T)$są one niezależne od temperatury (stałe). Wcześniej Kumagai i Iwasaki [140] zaobserwowali również, że parametr Tait może $c(T)$być przyjmowany jako stały (niezależny od temperatury) i może mieć tę samą wartość dla serii płynów [117, 136, 137]. Kashiwagi i wsp. [138] użyli stałej wartości $c = 0.21$ toluenu i zoptymalizowali wartości w $B(T)$ funkcji temperatury. Gibson i Loeffer [137] zasugerowali, że c dla wszystkich związków aromatycznych może być uznane za 0,216. Tait EOS został również przetestowany na danych o wysokiej gęstości ciśnieniowej dla partii płynów (patrz np. Tekac i in. [139]). Opracowany Tait EOS (równy (79)) odtworzył obecne zmierzone wartości gęstości dla mieszaniny 1-heksenu + 1-dekenu w AAD = 0,25%. Maksymalne odchylenie wynosi 1% przy kilku punktach danych, Bias = 0,02%, St. dev = 0,34%, a St. error =0,03%. Odchylenia dla czystych komponentów są: AAD = 0,10% dla 1-heksenu i AAD = 0,23% dla 1-dekenu. Rys. 37 (góra) przedstawia wykres odchylenia (procent odchyleń względnych) pomiędzy aktualnymi zmierzonymi gęstościami a tymi obliczonymi na podstawie równania Tait EOS (78) dla mieszaniny 1-heksenu + 1-dekenu.

5.1.2. Lepkość

Wyniki badań lepkości mieszanin 1-heksen + 1-deken przedstawiono w tabeli 16 wraz z danymi dotyczącymi gęstości w tych samych $T\ p$ warunkach i na rysunkach 38-40 jako rzuty w płaszczyźnie $\eta - p$, $\eta - T$ $\eta - w$ i rzuty wraz z wartościami dla czystych składników z poprzednich prac [11, 12]. Pomiary lepkości wykonywano przy stałych ciśnieniach w zakresie od 0,098 do 196MPa w funkcji temperatury od 298 do 470 K dla trzech kompozycji o frakcji masowej 0,25, 0,50 i 0,75 1-decenu. Na rys. 38 przedstawiono zależność stężenia od lepkości dwuskładnikowej mieszaniny 1-heksenu + 1-dekenu wraz z wartościami czystych składników od [11, 12] przy wybranej izotermie 298,15 K (po lewej) i wybranym izobarze 49,03 MPa (po prawej). Jak widać na rys. 38 (po lewej) przy niskich ciśnieniach $\eta - w$ krzywe są zbliżone do zachowania liniowego, natomiast przy wysokich ciśnieniach zaobserwowano gwałtowne zmiany η w zakresie wysokich stężeń. Również w wysokich temperaturach zaobserwowano η zachowanie zbliżone do liniowego stężenia, natomiast w niskich temperaturach obserwuje się szybkie zwiększanie się η obszaru wysokiego stężenia. Obecne dane dotyczące lepkości dla 1-heksenu + 1-dekenu wraz z danymi dotyczącymi czystych składników w funkcji ciśnienia wzdłuż różnych stałych stężeń dla izotermy 298,15 K są przedstawione na rys. 39 (po lewej). Jak możemy zauważyć, przy niskich stężeniach 1-decenu zależność lepkości mieszaniny od ciśnienia jest prawie liniowa, natomiast przy wysokich stężeniach wykazuje duże odchylenie od liniowości. Jak widać na rysunkach 39 (po prawej) i 40, lepkość mieszanek spada monotonicznie wraz z temperaturą, jak w przypadku czystych składników. Tempo spadku lepkości gwałtownie wzrasta w obszarze niskich temperatur.

5.1.2.1. Różnica lepkościowa

Większość dostępnych modeli empirycznych dla lepkości mieszaniny zawiera dużą liczbę empirycznych parametrów dopasowania, które nadal nie są zadowalająco przybliżone do rzeczywistej lepkości mieszanki. Większość modeli opiera się na różnych zasadach mieszania (arytmetycznych, geometrycznych, harmonicznych itp.), które są związane z lepkością czystych składników (ze średnią ważoną stężeniami). Jedna z bardzo prostych arytmetycznych zasad mieszania, $\eta_{\text{ref}} = w \cdot \eta_1 + (1 - w) \cdot \eta_2$ jest bardzo wygodna w praktycznym użyciu i zapewnia automatyczne spełnienie do punktu końcowego warunków dla czystych składników (dla stężeń i $w = 0$ $w = 1$). Wartości η_{ref}, które są określone wyłącznie na podstawie lepkości czystych składników, mogą być uznane za lepkość mieszaniny odniesienia (lub określony stan odniesienia). Teraz odchylenie lepkości można przedstawić jako różnicę między zmierzoną lepkością rzeczywistej mieszaniny, $\Delta\eta_{\mathrm{m}}(p,T,w)$ $\Delta\eta_{\mathrm{m}}(p,T,w)$ a mieszaniną odniesienia, η_{ref} jak określono powyżej. Dlatego różnica w lepkości jest bardzo przydatna do dokładnego odwzorowania danych o lepkości doświadczalnej dla mieszaniny dwuskładnikowej. Do obliczenia różnicy lepkości wykorzystano aktualne dane dotyczące lepkości mieszaniny wraz z wartościami czystych składników z naszych wcześniejszych prac [11, 12].

$$\Delta\eta_{\mathrm{m}}(p,T,w)=\eta_{\mathrm{m}}(p,T,w)-w\cdot\eta_{\mathrm{m}}(p,T,1)-(1-w)\cdot\eta_{\mathrm{m}}(p,T,0),\qquad(83)$$

gdzie $\eta_1=\Delta\eta_{\mathrm{m}}(p,T,1)$ i jest $\eta_2=\Delta\eta_{\mathrm{m}}(p,T,0)$ lepkość czystych składników [11, 12] 1-heksen i 1-deken, odpowiednio; jest to $\Delta\eta_{\mathrm{m}}(p,T,w)$ różnica lepkości między mieszaniną rzeczywistą a mieszaniną odniesienia, η_{ref}.

Wartości $\Delta\eta_{\mathrm{m}}(p,T,w)$ uzyskane na podstawie aktualnych danych o lepkości mieszaniny oraz wcześniej podanych danych o lepkości czystych składników [11, 12] w funkcji stężenia dla wybranych izoterm i izobarów przedstawiono na rysunkach 41 i 42. Jak pokazano na rys. 41, uzyskane wartości dla $\Delta\eta_{\mathrm{m}}$ mieszanin 1-heksen + 1-deken są stosunkowo małe (maksymalna wartość wynosi ok. -0,65 mPa-s) i ujemne dla wszystkich mierzonych temperatur i ciśnień w całym zakresie składu. $\Delta\eta_{\mathrm{m}}-w$ krzywe są symetryczne z maksimum przy frakcji wagowej 0,5. Niewielkie wartości i symetryczne zachowanie $\Delta\eta_{\mathrm{m}}$ jest wynikiem bliskości rzeczywistej mieszaniny z mieszaniną odniesienia, tzn. różnica między rzeczywistą lepkością mieszanki η_{m} i mieszaniną odniesienia jest η_{ref} niewielka. Ujemne wartości różnicy lepkości oznaczają $\Delta\eta_{\mathrm{m}}$, że lepkość składowa rzeczywistych mieszanin 1-heksenu + 1-dekenu jest mniejsza niż mieszaniny $\eta_{\mathrm{ref}}(p,T,w)$

odniesienia, $\Delta\eta_{\mathrm{m}}(p,T,w)$

$\Delta\eta_{\mathrm{m}}(p,T,w) < w\cdot\eta_{\mathrm{m}}(p,T,1)+(1-w)\cdot\eta_{\mathrm{m}}(p,T,0)$ tj.

Zależność ciśnieniowa różnicy lepkości $\eta_{\mathrm{m}}(p,T,w)$ dla wybranej izotermy 298,15 K dla różnych stężeń 1-decenu pokazana jest na rys. 42. Jak widać na Rys. 42, różnica lepkości staje się bardziej ujemna wraz ze wzrostem ciśnienia. Przy niskich ciśnieniach rzeczywiste wartości lepkości mieszaniny zbliżają się do wartości lepkości mieszaniny odniesienia, tj. $\Delta\eta_{\mathrm{m}}(p,T,w)\rightarrow 0$.

Ogólnie rzecz biorąc, forma funkcjonalna $\Delta\eta_{\mathrm{m}}(p,T,w)$ powinna spełniać do końca warunki $(w=0 \text{ and } w=1)$ końcowych punktów koncentracji. W związku z tym, struktura funkcjonalna zależności od stężenia powinna $\Delta\eta_{\mathrm{m}}(p,T,w)$ być wybrana jako:

$$\Delta\eta_{\mathrm{m}}(p,T,w)=w\cdot(1-w)\cdot \left[F_0(p,T)+F_1(p,T)\cdot(1-2w)+F_2(p,T)\cdot(1-2w)^2+\ldots\right], \quad (84)$$

gdzie są $F_i(p,T)$ $(i=1,N)$ tylko funkcje temperatury i ciśnienia. Funkcje te są odpowiedzialne za zmianę kształtu zależności koncentracji z $\Delta\eta_{\mathrm{m}}(p,T,w)$ T i (p patrz rys. 41 i 42). Np. (84) jest ogólną formą ekspansji typu Redlich-Kister dla nadmiaru właściwości termodynamicznych mieszanki dwuskładnikowej.

5.1.2.2. Modele korelacji lepkościowej

Ponieważ teoria dotycząca lepkości mieszanin ciekłych jest niedostępna, jej ocena jest empiryczna i opiera się wyłącznie na danych doświadczalnych. Zależność lepkości od temperatury można przedstawić za pomocą dobrze znanego teoretycznego równania typu Arrhenius-Andrade [135, 142-144].

$$\eta(T) = b_0 \exp\left(\frac{b_1}{T}\right) \quad \text{lub} \quad \ln\eta(T) = \ln b_0 + \frac{b_1}{T}, \qquad (85)$$

gdzie b_0 jest lepkość, $\eta = \eta_\infty (T \to \infty)$ na granicy wysokiej temperatury , $b_1 = \varepsilon_a / \mathrm{R}$ i $\varepsilon_a = \Delta H$ jest to energia aktywacji przepływu (entalpia aktywacji), gdzie T jest w K i p w MPa. Równanie (85) zostało teoretycznie potwierdzone przez teorię szybkości bezwzględnej Eyringa (Glasstone i in. [142]). Równanie to z powodzeniem stosowano wcześniej do przedstawiania danych o lepkości doświadczalnej dla roztworów wodnych [145-148] i cieczy jonowych [135]. Jak widać z równania (85), entalpię aktywacji $\Delta H / R$ można obliczyć bezpośrednio na podstawie danych o lepkości doświadczalnej z nachylenia linii prostej ($\ln\eta \approx T^{-1}$ patrz Rys. 43). W przypadku niektórych płynów i mieszanin płynów krzywa doświadczalna w stosunku do $\ln\eta$ krzywej T^{-1} nie jest linią prostą (patrz na przykład [11], zwłaszcza dla 1-dekenu) w wysokich temperaturach (patrz również na przykład [145-151]) i w tym przypadku zależność Arrheniusa-Andrada (równanie (85)) może być nieznacznie zmodyfikowana w celu rozszerzenia zakresu temperatur, gdzie równanie jest ważne jako

$$\eta(T) = b_0 \exp\left(\frac{b_1}{T} + \frac{b_2}{T^2}\right) \quad \text{lub} \quad \ln\eta(T) = \ln b_0 + \frac{b_1}{T} + \frac{b_2}{T^2}, \qquad (86)$$

gdzie $T_r = T/100$ jest obniżona temperatura. W naszych poprzednich publikacjach [17, 80, 83] dane dotyczące lepkości MEG, DEG, TEG i ich mieszanek dwuskładnikowych w wysokich temperaturach i pod wysokim ciśnieniem zostały dopasowane do równania (86). Jak widać na Rys. 43, krzywe T^{-1} eksperymentalne kontra $\ln\eta$ krzywe dla mieszaniny 1-heksenu + 1-dekenu są niemal liniowe (nieznacznie odbiegają od liniowości), jak przewidywana teoria szybkości bezwzględnej Eyringa (równanie (85)).

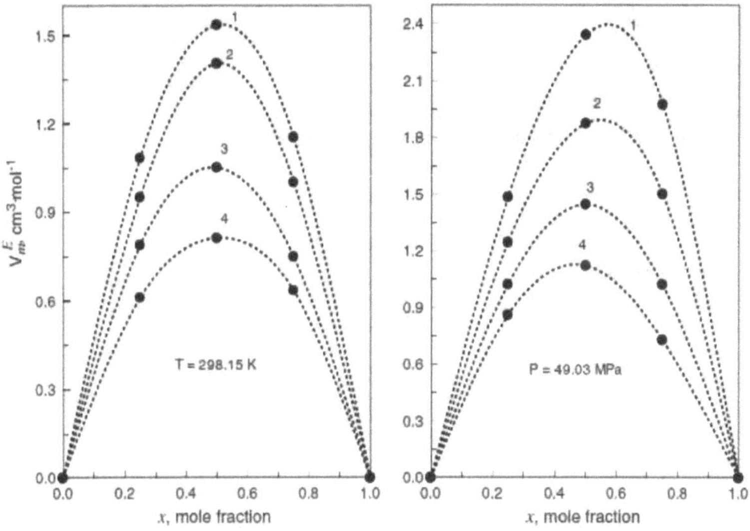

Rys. 36. Nadobjętościowe mieszaniny 1-heksenu + 1-dekenu w funkcji stężenia wzdłuż różnych izobarów przy wybranych izotermach (po lewej) i różnych izoterm przy wybranych izobarach (po prawej). **Lewo:** 1 -0,098 MPa; 2-24,51 MPa; 3-98,06 MPa; 4-196,13 MPa; **Prawo:** 1 -469,15K; 2 - 434,15 K; 3 - 355,15 K; 4 - 298,15 K

Lepkości dwuskładnikowych mieszanin 1-heksenu + 1-dekenu pod ciśnieniem atmosferycznym $(p_0 = 0.098\ \mathrm{MPa})$ w kw. (85) można przedstawić jako prostą funkcję temperatury i stężenia jako

$$\eta_{\mathrm{m0}}(T,w) = w \cdot \eta_{02}(T) + (1-w) \cdot \eta_{01}(T) - w \cdot (1-w) \cdot (E_1 + E_2 \cdot w), \quad (87)$$

gdzie zależność lepkości od temperatury dla czystych składników może być opisana zgodnie z teorią szybkości bezwzględnej Eyringa (równanie (85))

$$\eta_{01}(T) = 0.01259 \exp(9.1373/T_r)\text{, for pure 1-hexene,} \quad (88)$$

oraz

$$\eta_{02}(T) = 0.01894 \exp(10.9659/T_r)\text{, for pure 1-decene,} \quad (89)$$

gdzie T w K, $\Delta\eta_{\mathrm{m0}}(T,w)$, $\eta_{01}(T)$, i $\eta_{02}(T)$ w mPa-s, $E_1 = -0.0381\ \mathrm{mPa \cdot s}$ i $E_2 = -0.5041\ \mathrm{mPa \cdot s}$.

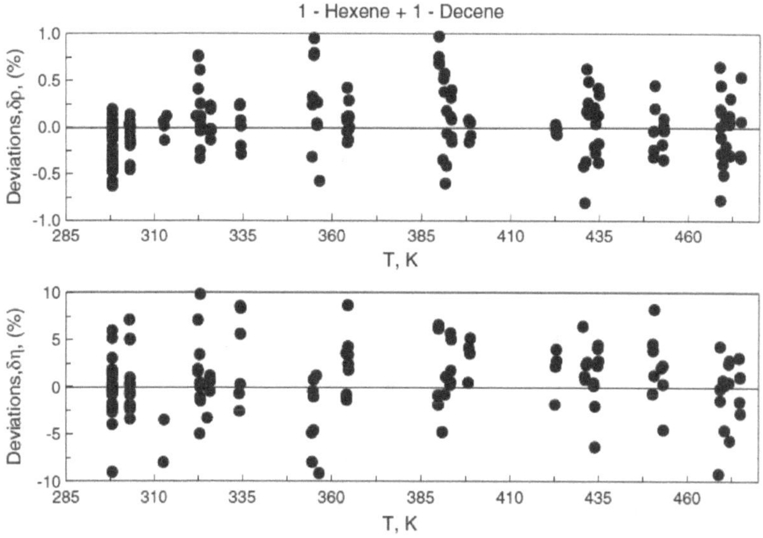

Rys. 37. $\delta\eta = 100\left(\frac{\eta^{cal} - \eta^{exp}}{\eta^{exp}}\right)$ Odchylenia procentowe oraz $\delta\rho = 100\left(\frac{\rho^{cal} - \rho^{exp}}{\rho^{exp}}\right)$ obecne gęstości i lepkości doświadczalne dla mieszanin 1-heksenu + 1-dekenu w cieczy od wartości obliczonych na podstawie Tait-type EOS (równanie 78) i modelu korelacji lepkości (równanie 90).

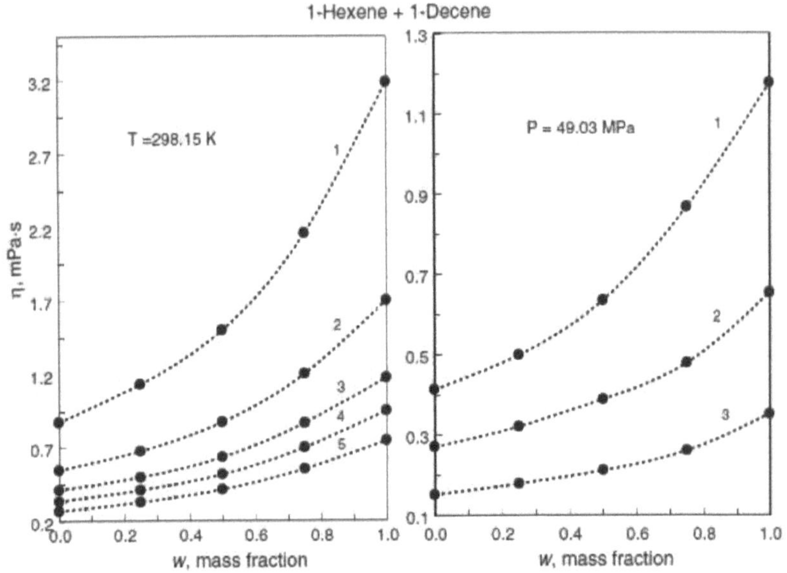

Rys. 38. Zmierzone lepkości mieszanin 1-heksenu + 1-dekenu w funkcji stężenia wzdłuż różnych izobarów przy wybranym izotermie (po lewej) i różnych izotermach przy wybranym izobarze (po prawej). **Lewo:** 1 - 196,13 MPa; 2 - 98,06 MPa; 3 - 49,03 MPa; 4 - 24,51 MPa; 5 - 0,098 MPa; **Prawo:** 1 - 298,15 K; 2 - 355,15 K; 3 - 469,15 K

Zależności (88) i (89) odtwarzają nasze wcześniej opublikowane [11, 12] dane o lepkości czystego składnika (1-heksen i 1-deken) przy ciśnieniu atmosferycznym w ramach AAD = 0,42% (dla 1-heksenu) i AAD = 0,46% (dla 1-dekenu). Zależność (87) odwzorowuje obecne dane dotyczące lepkości mieszanin 1-heksen + 1-deken w całym zakresie stężeń i w temperaturach od 298 do 393 K w AAD = 1,63% (Max. Dev = 5% dla pojedynczego punktu danych). Równania typu taitowego były również z powodzeniem stosowane wcześniej w celu dopasowania doświadczalnych właściwości transportowych (lepkość i przewodnictwo cieplne, patrz np. Ganiev i in. [180]) czystych cieczy i mieszanin cieczy.

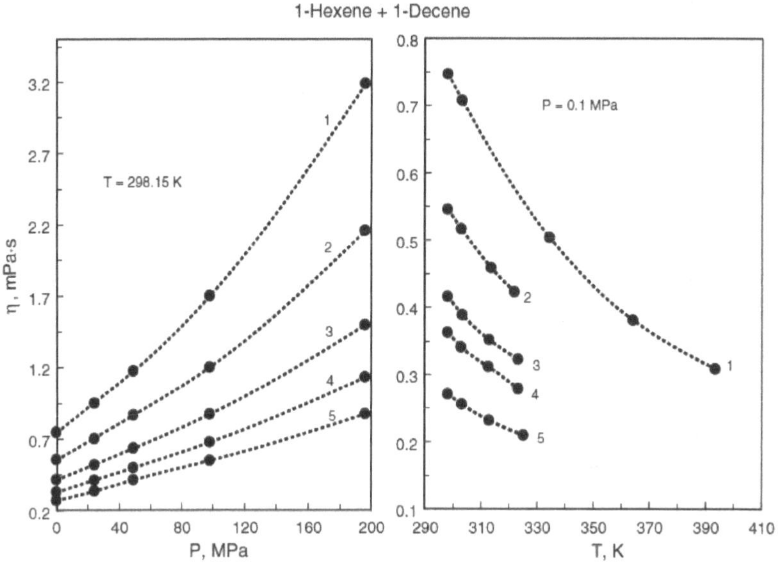

Rys. 39. Zmierzone lepkości mieszanin 1-heksenu + 1-dekenu w funkcji ciśnienia wzdłuż wybranej izotermy (po lewej) i temperatury wzdłuż wybranej izobary (po prawej) dla różnych stężeń. 1 - 1,00 (czysty 1-deken [12]); 2 - 0,75; 3 - 0,50; 4 - 0,25; 5 - 0,00 (czysty 1-heksen [11])

W pracy tej zastosowaliśmy równanie typu Tait dla aktualnych danych dotyczących lepkości dla mieszaniny 1-heksenu + 1-dekenu

$$\eta(p,T,w)=\frac{\eta_{\mathrm{m}0}(T,w)}{1+c_{\mathrm{m}}\cdot\ln\left(\dfrac{B_{\mathrm{m}}+p}{B_{\mathrm{m}}+p_0}\right)}, \tag{90}$$

gdzie $c_m = w \cdot c_{02} + (1-w) \cdot c_{01}$, i $c_{01} = 0.284108$ są $c_{02} = 0.338082$ parametry lepkościowe Tait dla czystego 1-heksenu i czystego 1-dekenu, odpowiednio.

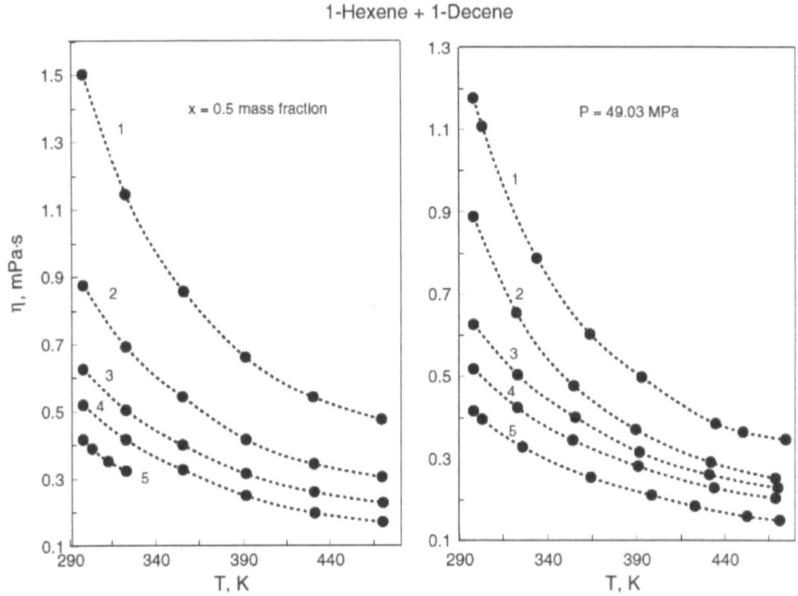

Rys. 40. Zmierzone lepkości mieszanki 1-heksenu + 1-dekenu w funkcji temperatury wzdłuż różnych izobarów przy wybranym stężeniu (po lewej) i przy wybranym izobarze dla różnych stałych stężeń (po prawej). **Lewo:** 1 - 196,13 MPa; 2 - 98,06 MPa; 3 - 49,03 MPa; 4 - 24,51 MPa; 5 - 0,098 MPa; **Prawo:** 1 - 1,00 (czysty 1-heksen [12]); 2 - 0,75; 3 - 0,50; 4 - 0,25; 5 - 0,00 (czysty 1-heksen [11])

Drugi parametr lepkościowy Tait B_m dla mieszaniny może być przedstawiony jako

$$B_m = w \cdot B_{02} + (1-w) \cdot B_{01} + w \cdot (1-w) \cdot (71.997868 - 22.37998 \cdot T_r), \quad (91)$$

$$B_{01}(T) = 23.724545 - 1.701619 \cdot T_r \text{ , viscosity Tait-parameter for pure 1-hexene} \quad (92)$$

$$B_{02}(T) = 15.495174 + 2.472098 \cdot T_r \text{ , viscosity Tait-parameter for pure 1-decene} \quad (93)$$

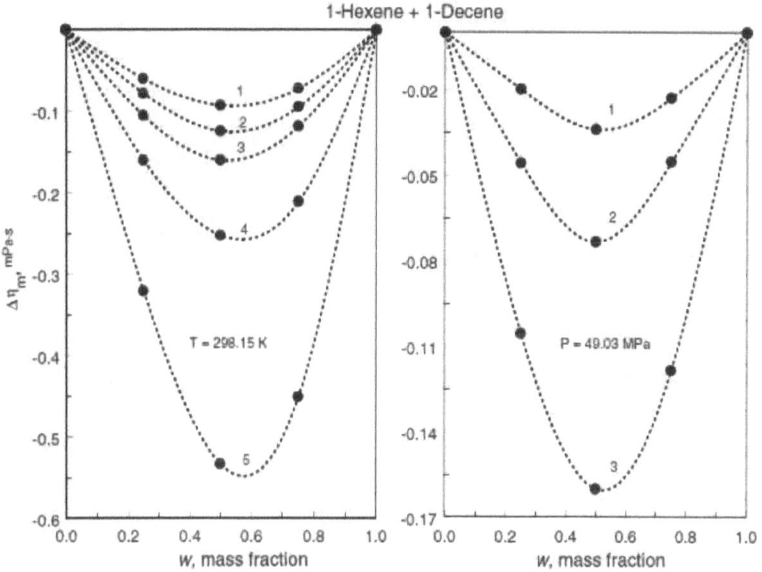

Rys. 41. Zmierzone różnice lepkości mieszanin 1-heksenu + 1-dekenu w funkcji stężenia wzdłuż różnych izobarów przy wybranych izotermach (po lewej) i różnych izoterm przy wybranych izobarach (po prawej). **Lewo:** 1 - 0,098 MPa; 2 - 24,51 MPa; 3 - 49,03 MPa; 4 - 98,06 MPa; 5 - 196,13 MPa; **Prawo:** 1 - 469,15 K; 2 - 355,15 K; 3 - 298,15 K

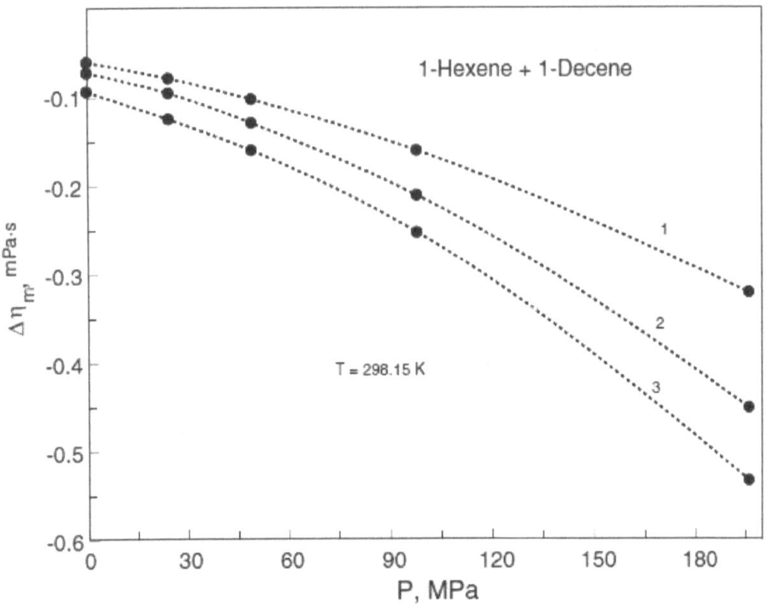

Rys. 42. Zmierzone różnice lepkości mieszanin 1-heksenu + 1-dekenu w funkcji ciśnienia wzdłuż wybranej izotermy dla różnych stężeń. 1 - 0,25; 2 - 0,75; 3 - 0,50 ułamek masowy

gdzie lepkość Parametry wytrzymałościowe dla mieszaniny B_m i czystych składników i B_{01} B_{02} w MPa oraz w T K. Eq. (90) zastosowano do obecnych danych dotyczących lepkości dla 1-heksenu + 1-dekenu mieszaniny dwuskładnikowej i ich czystych składników. Statystyka odchylenia wynosi AAD = 5,9%, Bias 3,9%, St. Dev = 8,7%, a St. err = 0,68. Np. (90) odtworzyć zmierzone lepkości dla czystych składników w ramach AAD = 2,17% (dla 1-heksenu) i AAD = 3,2% (dla 1-dekenu). Wykres odchylenia przedstawiony jest na Rys. 37 (dół).

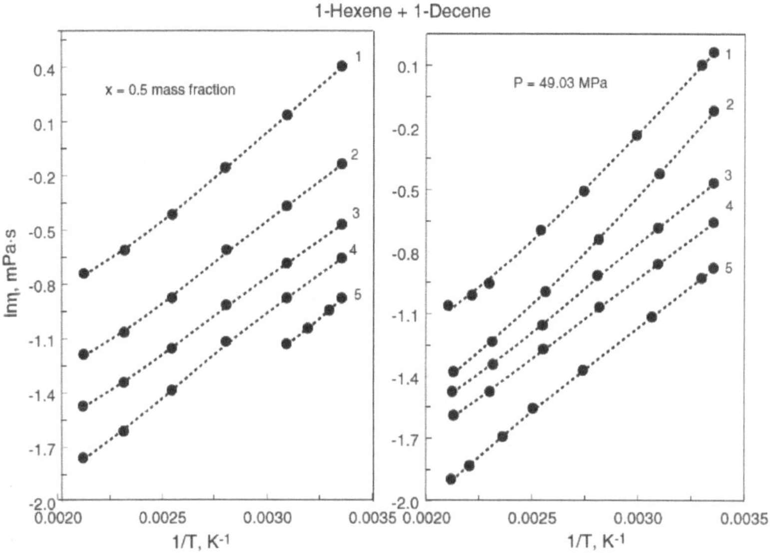

Rys. 43. Zmierzone wartości w $\ln\eta$ funkcji mieszanin T^{-1} 1-heksen + 1-deken wzdłuż różnych izobarów przy wybranym stałym stężeniu (po lewej) oraz wzdłuż wybranego izobaru dla różnych stałych stężeń. **Lewo:** 5 - 0,098 MPa; 4 - 24,51 MPa; 3 - 49,03 MPa; 2 - 98,06 MPa; 1 - 196,13 MPa; **Prawo:** 1 - 1,00 (czysty 1-heksen [12]); 2 - 0,75; 3 - 0,50; 4 - 0,25; 5 - 0,00 (czysty 1-heksen [11])

5.2. Wnioski

Dane dotyczące gęstości i lepkości mieszanin dwuskładnikowych 1-heksen + 1-deken zostały zmierzone jednocześnie w zakresie temperatur od 298 do 470 K i przy ciśnieniach do 196 MPa z wykorzystaniem technik ważenia hydrostatycznego i opadania korpusu. Pomiary wykonano wzdłuż pięciu izobarów (0,098, 24,51, 49,03, 98,06 i 196,13) MPa w funkcji temperatury od 298 do 470 K dla trzech kompozycji (0,25, 0,50 i 0,75) frakcji masowej 1-dekenu. Wykazano, że uzyskane wartości nadmiaru objętości molowej dla mieszanin 1-heksen + 1-deken są dodatnie, natomiast różnice lepkości są ujemne we wszystkich mierzonych temperaturach i ciśnieniach w całym zakresie stężeń. Równanie typu taitowego stanu dla modelu korelacji gęstości i lepkości mieszaniny ciekłego 1-heksenu + 1-dekenu z prostymi funkcjami temperatury i stężenia (tylko dwa regulowane parametry dla mieszaniny) dla gęstości i lepkości Parametry taitowe i c_m B_m zostało opracowane. AAD pomiędzy zmierzoną i obliczoną wartością gęstości i lepkości mieszanki wynosi 0,25% dla gęstości i 5,9% dla lepkości. Teoretycznie przyjęte równania typu Arrhenius-Andrade zostały wykorzystane do przedstawienia zależności zmierzonych lepkości od temperatury dla czystych składników i mieszanek dwuskładnikowych pod ciśnieniem atmosferycznym. Opracowany model korelacji typu Tait dla lepkości czystego 1-heksenu i 1-dekenu reprezentuje mierzone wartości lepkości w granicach odpowiednio 2,17% i 3,2%. Ze względu na ograniczoną liczbę mierzonych mieszanin (tylko trzy kompozycje) dokładność opracowanego EOS i modelu korelacji dla lepkości mieszanki jest nieco wyższa niż niepewność doświadczalna.

Rozdział 6. Pomiary gęstości i lepkości mieszanin 1-heksenu + 1-oktenu w wysokich temperaturach i przy wysokich ciśnieniach

Wprowadzenie

Do dokładnego pomiaru gęstości i lepkości dwuskładnikowych mieszanin 1-heksenu + 1-oktenu zastosowano nowy, ulepszony aparat doświadczalny [17] do jednoczesnego pomiaru gęstości i lepkości cieczy i mieszanin ciekłych w wysokich temperaturach (od temperatury pokojowej do 500 K) i przy wysokich ciśnieniach (do 250 MPa). Metoda ta oparta jest na technikach ważenia hydrostatycznego i opadania ciała. Obie techniki zostały połączone w tej samej komórce pomiarowej, procedura pomiarów i analiza niepewności zostały szczegółowo opisane w naszej poprzedniej publikacji [17]. W innych publikacjach [11-13, 80, 83] metodę i aparaturę z powodzeniem zastosowano do dokładnych pomiarów gęstości i lepkości n-heptanu, glikolu monoetylenowego (MEG), glikolu dietylenowego (DEG), glikolu trietylenowego (TEG) oraz ich dwuskładnikowych (50% MEG + 50% DEG, 50% MEG + 50% TEG, 50% DEG + 50% TEG), a także mieszanin 1-heksen + 1-deken w temperaturach od 293K do 473K i przy ciśnieniach do 245 MPa. W pracy tej wykorzystaliśmy ten sam aparat do pomiaru gęstości i lepkości dwuskładnikowych mieszanek 1-heksenu + 1-oktenu w wysokich temperaturach od 298K do 470K i przy wysokich ciśnieniach (do 196 MPa).

Z przeglądu literatury wynika, że nie prowadzi się pomiarów gęstości i lepkości mieszanin binarnych 1-heksenu + 1-dekenu. Poszukiwanie literatury opierało się na archiwum TRC/NIST [109]. Dlatego głównym celem niniejszej pracy jest dostarczenie nowych zestawów dokładnych danych doświadczalnych dotyczących gęstości i lepkości dla dwuskładnikowych mieszanin 1-heksenu + 1-oktenu w szerokim zakresie temperatur i wysokiego ciśnienia dla mieszanin 1-heksen + 1-okten. Dane dotyczące czystego składnika (1-heksen i 1-okten) mieszaniny zostały wcześniej przedstawione w naszych ostatnich publikacjach [11, 12]. Innym celem niniejszych badań jest opracowanie równania stanu Taita (EOS) i modelu korelacji lepkości dla dwuskładnikowej mieszaniny 1-heksenu i 1-oktenu. Praca ta jest częścią ciągłego programu dotyczącego właściwości termodynamicznych i transportowych nienasyconych węglowodorów w wysokich temperaturach i wysokich ciśnieniach.

6.1. Wyniki i dyskusja

6.1.1. Gęstość zaludnienia

Pomiary gęstości mieszanin 1-heksenu + 1-oktenu w funkcji temperatury, ciśnienia i stężenia przeprowadzono przy trzech stężeniach (0,200, 0,429 i 0,692 frakcji molowej 1-oktenu) dla temperatur od 298K do 470K. Zakres ciśnienia wynosi od 0,098 do 196 MPa. Gęstości i lepkości składnika czystego (1-heksen i 1-okten) zostały podane w naszych poprzednich publikacjach [11, 12] przy użyciu tej samej techniki. Wyniki badań przedstawiono w tabeli 17. Niektóre wybrane dane doświadczalne dla mieszanin przedstawione są na rysunkach 44-47 $\rho - p$ jako rzuty w płaszczyźnie i $\rho - T$ $\rho - x$ płaszczyznach wraz z wartościami dla czystych składników z [11, 12] oraz wartościami obliczonymi na podstawie Tait-type EOS (patrz poniżej, Eq. (98)). Jak pokazano na Rys. 44 (po lewej), zależność $\rho - p$ ciśnieniowa zmierzonych gęstości znacznie odbiega od liniowości wzdłuż stałej izotermy 298,15 K dla różnych stężeń 1-oktenu.

Na tym samym rysunku (po prawej) przedstawiono zmierzone gęstości w funkcji frakcji molowej 1-oktenu dla różnych izobarów (patrz też Rys. 47). Jak można zauważyć, zmierzone gęstości pozytywnie odbiegają od liniowości (od idealnych wartości mieszanki). Zależności temperaturowe ρ- T zmierzonych gęstości wzdłuż różnych wybranych izobarów-izotopów przedstawiono na rysunkach 45 i 46 wraz z wartościami składowych czystych z naszych wcześniejszych publikacji [11, 12]. Zmierzona gęstość liniowo zmniejsza się wraz ze wzrostem temperatury.

Tabela 17

Gęstości doświadczalne (kg-m-3), lepkości (mPa-s), ciśnienia (MPa), temperatury (K) i stężenia (x, frakcja molowa 1-oktenu) mieszaniny dwuskładnikowej 1-heksen + 1-oktenea

T	ρ	η	T	ρ	η
1	2	3	4	5	6
x = 0.2000 frakcja kretów 1-oktenu					
P=0,098 MPa			P=24,51 MPa		
298.15	685.08	0.317	298.15	709.99	0.395
305.25	679.54	0.304	323.23	692.21	0.323
313.65	672.69	0.283	355.02	671.58	0.259
323.28	664.43	0.256	395.52	641.62	0.205
–	–	–	433.62	614.08	0.169
–	–	–	468.18	589.18	0.148
P=49,03 MPa			P=98,06 MPa		

298.15	727.77	0.473	298.15	754.11	0.644
323.24	714.09	0.388	323.14	743.21	0.525
355.04	694.07	0.317	354.84	727.23	0.428
395.33	668.64	0.253	395.31	706.62	0.345

Kontynuacja tabeli 17

1	2	3	4	5	6
433.58	642.37	0.213	433.51	682.68	0.289
468.07	620.58	0.190	468.04	661.09	0.262
P=196,13 MPa					
298.15	792.06	1.053	–	–	–
322.95	781.57	0.842	–	–	–
354.41	767.99	0.675	–	–	–
395.05	750.63	0.535	–	–	–
432.98	733.67	0.451	–	–	–
467.87	715.63	0.403	–	–	–
x = 0.4823 frakcja kretów 1-oktenu					
P=0,098 MPa			*P=24*,51 MPa		
298.15	696.22	0.360	298.15	720.99	0.444
303.67	692.48	0.347	323.73	705.99	0.358
313.35	685.54	0.319	354.61	683.97	0.291
323.86	678.22	0.285	390.73	661.95	0.233
–	–	–	435.49	631.36	0.184

–	–	–	467.96	610.74	0.162
P=49,03 MPa			*P=98*,06 MPa		
298.15	736.94	0.537	298.15	765.67	0.737
323.72	723.85	0.434	323.71	753.36	0.589

Kontynuacja tabeli 17

1	2	3	4	5	6
354.59	705.39	0.354	354.58	737.84	0.478
390.76	683.17	0.286	390.61	718.30	0.392
435.70	656.28	0.232	435.61	693.82	0.318
467.95	636.15	0.207	468.06	675.80	0.285
P=196,13 MPa					
298.15	801.39	1.225	–	–	–
323.53	791.05	0.962	–	–	–
354.53	778.99	0.757	–	–	–
390.42	763.00	0.614	–	–	–
435.46	741.63	0.489	–	–	–
467.82	725.29	0.447	–	–	–
x = 0.6923 frakcja kretów 1-oktenu					
P=0,098 MPa			*P=24*,51 MPa		
298.15	705.60	0.411	298.15	729.50	0.511
302.90	703.00	0.396	322.74	712.73	0.410
312.90	696.34	0.360	355.44	691.53	0.327

322.86	688.08	0.325	390.66	668.32	0.258
–	–	–	433.38	641.38	0.204
–	–	–	470.16	618.99	0.176
P=49,03 MPa			*P=98*,06 MPa		

Koniec tabeli 17

1	2	3	4	5	6
298.15	745.31	0.618	298.15	771.37	0.859
322.70	730.47	0.497	322.63	759.23	0.688
355.27	713.02	0.398	355.16	741.82	0.544
390.89	690.60	0.319	390.68	722.16	0.433
433.33	664.02	0.255	433.20	698.66	0.349
470.05	641.64	0.224	469.83	677.90	0.311
P=196,13 MPa					
298.15	806.92	1.470	–	–	–
322.39	796.19	1.133	–	–	–
355.35	782.46	0.876	–	–	–
390.60	764.29	0.684	–	–	–
433.17	744.10	0.549	–	–	–
469.84	725.11	0.482	–	–	–

[a] Standardowe niepewności *u* wynoszą: $u(T)$ =0,02 K; $u(P)$=0,05 %; $u(\rho)$=0,15 % (przy niskich ciśnieniach, *P*<*100* MPa) do 0,30 % (przy wysokich ciśnieniach,

P>100 MPa); = 1,5 $u(\eta)$% (przy niskich ciśnieniach, P<100 MPa) do 2,0 % (przy wysokich ciśnieniach, P>100 MPa)

Niestety, nie ma żadnych danych dotyczących gęstości doświadczalnej tej mieszaniny, które można by porównać z obecnymi wynikami.

Jednakże w celu potwierdzenia wiarygodności metody, dokładności pomiarów i prawidłowego działania urządzenia, w naszych poprzednich publikacjach [11, 12] przedstawiono szczegółowe porównanie zmierzonych gęstości dla czystych składników (1-heksen i 1-okten przy użyciu tej samej metody i urządzenia) z dostępnymi danymi sprawozdawczymi. Jak pokazano w [11, 12], nasze wyniki dla czystego 1-heksenu i 1-oktenu zgadzają się z najbardziej wiarygodnymi danymi podanymi odpowiednio w granicach 0,5% i (0,14-0,25%)%. Dobre uzgodnienie obecnych i raportowanych danych dla czystych składników potwierdza wiarygodność i dokładność pomiarów dla mieszanek dwuskładnikowych i daje nam pewność, że nasze urządzenie działa prawidłowo.

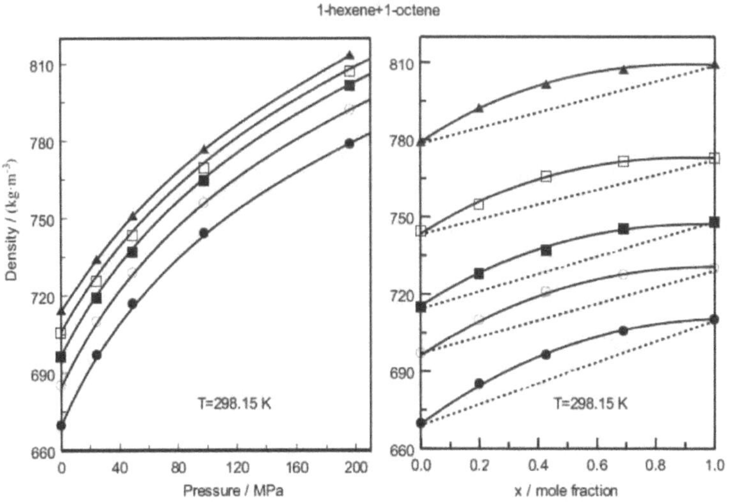

Rys. 44. Mierzone gęstości mieszanin 1-heksenu i 1-oktenu w funkcji stężenia (po prawej) i ciśnienia (po lewej) wzdłuż wybranej izotermy 298,15 K dla różnych izobarów (po prawej) i stałego stężenia (po lewej). **Racja:** •, 0,098 MPa; ○, 24,51 MPa; ■, 49,03 MPa; □, 98,06 MPa; △, 196,13 MPa; **Lewa:** ▲, 1.00 (czysty 1-okten [11]); □, 0.692; ■, 0.429; ○, 0.200; oraz •, 0.00 (czysty 1-heksen [12]). Linie ciągłe są obliczane na podstawie Tait EOS (98)

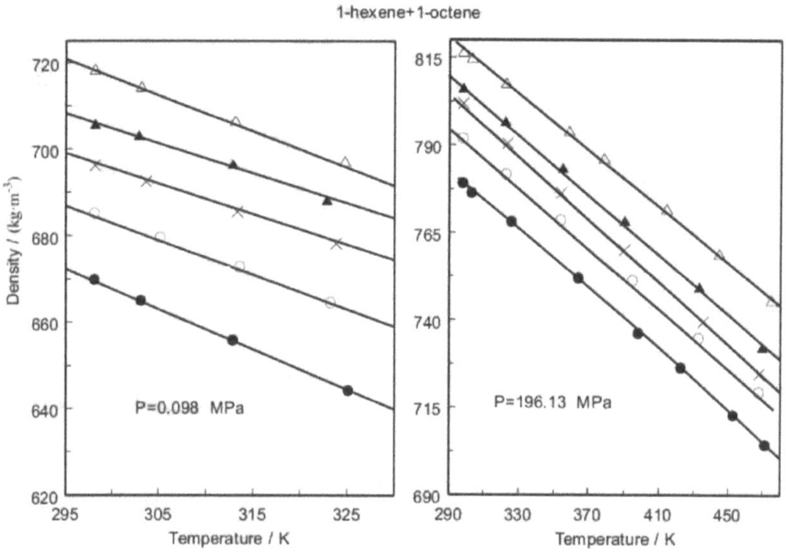

Rys. 45. Mierzone gęstości mieszanin 1-heksenu i 1-oktenu w funkcji temperatury przy ciśnieniu atmosferycznym (po lewej) i ciśnieniu 196,13 MPa (po prawej) dla różnych stałych stężeń. •, 0,00 (czysty 1-heksen [12]); ○, 0,200; ×, 0,429; ▲, 0,692 frakcja molowa; △, 1,00 (czysty 1-okten [11]). Linie ciągłe są obliczane z korelacji Eq.(98)

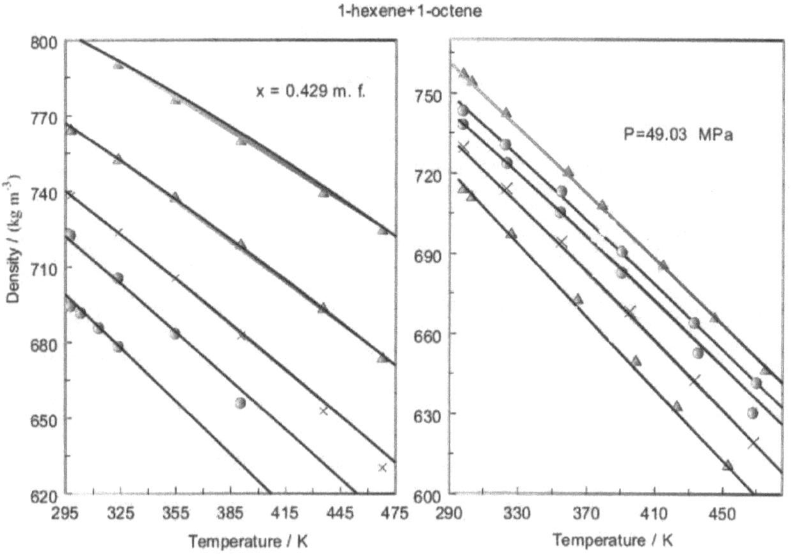

Rys. 46. Mierzone gęstości mieszanin 1-heksenu + 1-oktenu w funkcji temperatury wzdłuż wybranej izoplety (po lewej) i izobarów (po prawej). **Po lewej:** •, 0,098 MPa; ○, 24,51 MPa; , ×49,03 MPa; △, 98,06 MPa; ▲, 196,13 MPa; Po **prawej:** ▲, 1.00 (czysty 1-okten [11]); •, 0.692; ○, 0.429; ×, 0.200; oraz △, 0.00 (czysty 1-heksen [12])

6.1.1.1. Nadmiar objętości molowych

Zmierzone gęstości dla dwuskładnikowej mieszaniny 1-heksenu + 1-oktenu wraz z wartościami dla czystych składników podanymi wcześniej w [11, 12] zostały wykorzystane do obliczenia nadmiaru objętości molowych.

$$V_{\mathrm{m}}^{\mathrm{E}}(p,T,x)=V_{\mathrm{m}}(p,T,x)-x\cdot V_{\mathrm{m}}(p,T,1)-(1-x)\cdot V_{\mathrm{m}}(p,T,0), \quad (94)$$

gdzie x jest frakcja molowa 1-oktenu, $V_{\mathrm{m}}(p,T,x)$ jest to aktualnie określona doświadczalnie objętość molowa mieszaniny o stężeniu x w danej temperaturze T i ciśnieniu p; oraz $V_1=V_m(p,T,1)$ $V_2=V_m(p,T,0)$ są to odpowiednio objętości molowe czystych składników (1-heksen + 1-okten) przy tych samych ciśnieniach p i temperaturach T. Nadmiar objętości molowych stanowi o nieidealności mieszaniny i odzwierciedla charakter oddziaływań między składnikami mieszaniny i jej cząsteczkami. Znak i wielkość nadmiaru objętości molowej zależy w dużym stopniu od fizykochemicznego charakteru oddziaływań pomiędzy składnikami mieszaniny oraz ich rozmiarów i kształtów. Uzyskane wartości V_m^E dla wybranych temperatur i ciśnień przedstawiono na rys. 48 w funkcji ułamka molowego 1-oktenu, x. Jak widać na rys. 48, uzyskane wartości V_m^E dla mieszanin 1-heksen + 1-okten są ujemne dla wszystkich zmierzonych temperatur i ciśnień w całym zakresie składu. Zależność stężenia uzyskanych wartości nadmiaru objętości molowej, V_m^E - x, jest nieznacznie asymetryczna z minimalną zawartością pomiędzy frakcjami 0,4 i 0,5 molowymi. Ujemne wartości nadmiaru objętości molowych, V_m^E oznaczają, że udział objętości molowej idealnej mieszaniny $V_m^{id}(p,T,x)=x\cdot V_{\mathrm{m}}\cdot(p,T,1)+(1-x)\cdot V_{\mathrm{m}}(p,T,0)$ jest dominujący w porównaniu z objętością molową rzeczywistych mieszanin 1-heksenu + 1-

oktenu, $V_m(p,T,\text{and}\,x)$tj. $V_m^{id}(p,T,x) > V_{\text{m}}(p,T,x)$. Tak więc, dodatek cząsteczek 1-oktenu do 1-heksenu przy stałej temperaturze i ciśnieniu zmniejsza objętość molową mieszanki, w $V_{\text{m}}(p,T,x)$porównaniu z mieszanką idealną. Rys. 49 przedstawia zależność stężenia uzyskanych nadmiarowych objętości molowych w funkcji stężenia przy wybranym stałym ciśnieniu 49,03 MPa dla różnych izotermów. Jak można zauważyć, izobaryczne zachowanie V_m^E $x$zależności jest silnie asymetryczne, zwłaszcza w wysokich temperaturach. Jak ilustruje ten rysunek, w tym przypadku minimum V_m^E $x$krzywych przesuwa się do zakresu niskich stężeń (od 0,4 do 0,3 frakcji molowej) przy wzroście temperatury. Wraz ze wzrostem temperatury kształt V_m^E $x$krzywych staje się bardziej asymetryczny.

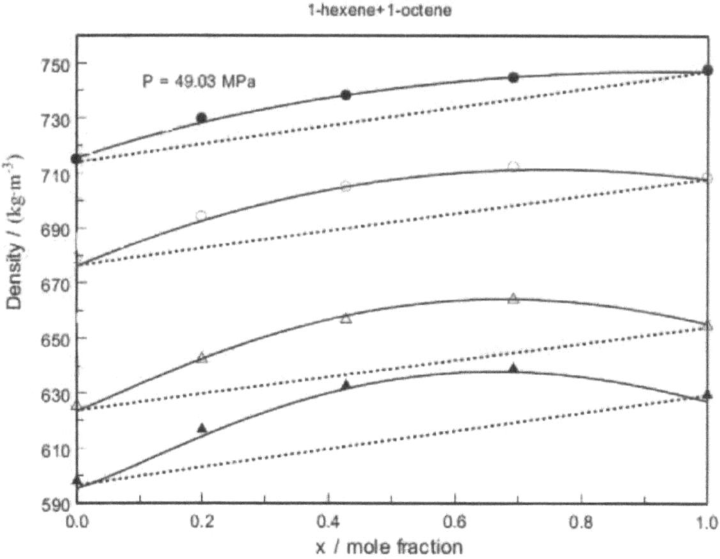

Rys. 47. Mierzone gęstości mieszanin 1-heksenu + 1-oktenu w funkcji stężenia wzdłuż wybranego izobaru dla różnych izoterm. •, 298,15 K; ○,

355,27 K; △, 433,33 K; ▲, 470,05 K; linie przerywane obliczane są na podstawie Tait EOS (równanie 98).

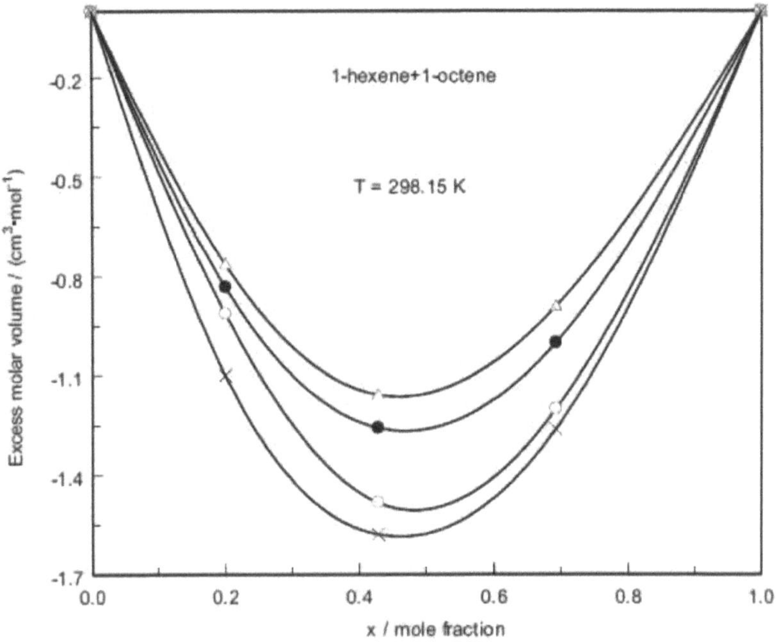

Rys. 48. Nadmiar objętości molowych mieszanin 1-heksenu + 1-oktenu w funkcji stężenia wzdłuż wybranej izotermy 298,15 K dla różnych ciśnień, ,× 0,098 MPa; ○ , 24,51 MPa; ● , 49,03 MPa; ,△ 196,13 MPa

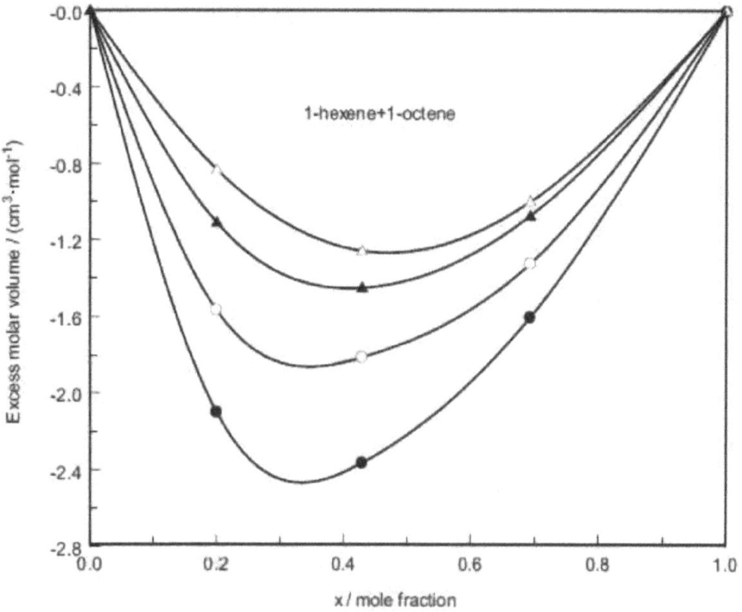

Rys. 49. Nadmiar objętości molowych mieszanin 1-heksenu + 1-oktenu w funkcji stężenia wzdłuż wybranej izobary 49,03MPa dla różnych temperatur, △, 298,15 K; ▲ , 355,27 K; ○ , 433,27 K; ● , 470,05 K

6.1.1.2. Równanie typu taitowego stanu dla mieszaniny 1-heksenu + 1-oktenu

Zmierzone gęstości mieszanki przy ciśnieniu atmosferycznym zostały dopasowane do prostego równania

$$\begin{aligned}\rho_{0m}(T,x,p=0.1) &= x\cdot\rho_{20}+(1-x)\cdot\rho_{10}+\\ &+x\cdot(1-x)\cdot(D_1+D_2\cdot T)\cdot(D_3+D_4\cdot x)\end{aligned}, \qquad (96)$$

gdzie x jest frakcja molowa 1-oktenu; oraz ρ_{10} ρ_{20} są to gęstości czystych składników 1-heksenu i 1-oktenu, odpowiednio, przy ciśnieniu atmosferycznym (p =0,098 MPa) w funkcji temperatury

$$\begin{aligned} \rho_{10}(T) &= 951{,}44896 - 0.945083 \cdot T \\ \rho_{20}(T) &= 944.6595 - 0.78582 \cdot T \end{aligned}, \tag{97}$$

i $D_1 = -50.201661$ kg·m^{-3} $D_2 = 0.207711$ kg·m^{-3}·K^{-1}; ; ; i $D_3 = 3.586339$ kg·m^{-3} $D_4 = -0.432573$ kg·m^{-3} są dopasowane do parametrów. W Eq. (97) i ρ_{10} w ρ_{20} kg·m^{-3}, w T K. Eq. (96) odtwarza obecne zmierzone gęstości dla mieszanin 1-heksenu + 1-oktenu pod ciśnieniem atmosferycznym w dowolnej temperaturze pomiędzy 298K a 350K oraz w całym zakresie stężeń, w granicach AAD=0,05% (odchylenie standardowe wynosi 0,07%, $\alpha = 0.95$). Zgodność pomiędzy danymi dotyczącymi gęstości czystych składników, 1-heksenu i 1-oktenu, a wartościami literatury przy 0,098 MPa mieści się odpowiednio w zakresie 0,03% i 0,14% [11, 12]. Jak wynika z równania (96) (ostatnie określenie), odchylenie zmierzonych gęstości dla mieszaniny, $\rho_{0m}(T, x, p = 0.1)$ od wartości idealnych mieszaniny, $\rho_{0m}^{id}(T, x, p = 0.1) = x \cdot \rho_{20} + (1 - x) \cdot \rho_{10}$ przy ciśnieniu atmosferycznym jest prostą funkcją i x T automatycznie spełnianą do warunków punktu końcowego ($x = 0$ i $x = 1$) dla właściwości czystego składnika. Aktualnie zmierzone gęstości dla mieszanin 1-heksenu i 1-oktenu wraz z wartościami obliczonymi z równania (96) przy 0,098 MPa przedstawiono na rys. 45 (po lewej).

Zmierzone gęstości dla mieszanin 1-heksenu + 1-oktenu pod wysokim ciśnieniem wykorzystano do opracowania równania stanu Taita (EOS).

$$\frac{\rho - \rho_{0\mathrm{m}}}{\rho_{0\mathrm{m}}} = c_{\mathrm{m}} \cdot \ln\left(\frac{B_{\mathrm{m}} + p}{B_{\mathrm{m}} + p_0}\right) \tag{98}$$

c_{m} gdzie jest parametr Tait, funkcja stężenia i prawie niezależna od temperatury lub słaba funkcja temperatury; B_{m} jest parametrem Tait, funkcją temperatury i stężenia; $\rho_{0\mathrm{m}}$ jest gęstością mieszaniny pod ciśnieniem (p_0 zwykle p_0 = 0,1 MPa) (zob. równanie. (96)). Tait-parametry (c_{m} i B_{m}) dla mieszaniny zostały zdefiniowane jako

$$\begin{aligned} B_{\mathrm{m}} &= x \cdot B_{02} + (1-x) \cdot B_{01} + \\ &+ x \cdot (1-x) \cdot (A_1 + A_2 \cdot x + A_3 \cdot T + A_4 \cdot x \cdot T), \end{aligned} \tag{99}$$

$$c_{\mathrm{m}} = x \cdot c_{02} + (1-x) \cdot c_{01}, \tag{100}$$

gdzie c_{01} i czy są to c_{02} bezwymiarowe parametry naprężenia dla czystych elementów; oraz B_{01} B_{02} czy są to parametry naprężenia dla czystych elementów (w MPa) i proste liniowe funkcje temperatury

$$c_{01} = -0.061477 + 0.000567 \cdot T; \quad c_{02} = 0.044326 + 0.000263 \cdot T, \tag{101}$$

$$\begin{aligned} B_{01} &= 90.467849 - 0.11961 \cdot T; \\ B_{02} &= 146.925573 + 0.180082 \cdot T, \end{aligned} \tag{102}$$

gdzie T w K; i B_{01} B_{02} w MPa.

Tait-type EOS (Eq. (98)) był wcześniej szeroko i z powodzeniem stosowany przez wielu autorów do czystych płynów i mieszanek dwuskładnikowych [99, 111-133]. W niniejszej pracy zastosowano Tait EOS (równanie (98)) do pomiaru gęstości mieszaniny 1-heksenu + 1-oktenu. Niestety, teoria nie może przewidzieć jednoznacznej matematycznej formy parametrów Tait dla czystych płynów i mieszanek dwuskładnikowych. Ponieważ nie istnieją teoretyczne quidelines dla funkcjonalnej postaci zależności temperatury i stężenia parametrów Tait, a $B_{\mathrm{m}}(T,x)$ $c_{\mathrm{m}}(T,x)$jego ocena opiera się na obecnych danych doświadczalnych dotyczących gęstości mieszaniny 1-heksenu + 1-oktenu. Wyraźne formy funkcyjne funkcji temperatury i stężenia oraz $B_{\mathrm{m}}(T,x)$ $c_{\mathrm{m}}(T,x)$w Tait EOS (równanie (98)) zostały utworzone przy użyciu oprogramowania regresji symbolicznej "Eureqa" [194], tj. opcjonalnych struktur funkcji temperatury i $B_{\mathrm{m}}(T,x)$ $c_{\mathrm{m}}(T,x)$zostały utworzone przez "Eureqa" przy użyciu obecnych pomiarów gęstości dla mieszaniny 1-heksenu + 1-oktenu. Oczywiście, dla innych mieszanek struktura i $B_{\mathrm{m}}(T,x)$ $c_{\mathrm{m}}(T,x)$funkcja może być różna, w zależności od dopasowania danych eksperymentalnych. Jak można zauważyć na podstawie równań (99) i (100), wyprowadzona optymalna forma funkcjonalna obu parametrów Tait i $B_{\mathrm{m}}(T,x)$ $c_{\mathrm{m}}(T,x)$są to proste funkcje temperatury i stężenia. Co więcej, wartości parametru Tait $c_{\mathrm{m}}(T,x)$zmieniają się bardzo nieznacznie wraz z temperaturą i można je uznać za liniową interpolację wartości czystych składników i c_{01} c_{02}bez znacznej utraty dokładności dopasowania, jak w przypadku idealnej mieszanki (równanie (100)). Zależność parametru $c_{\mathrm{m}}(T,x)$Tait od temperatury mieszaniny wynika tylko z wartości czystych składników c_{01} c_{02}i (równanie (101)). Można to wyjaśnić, jak wspomniano powyżej, ponieważ 1-heksen i 1-okten są cieczami termodynamicznie podobnymi do płynów o bardzo ścisłej strukturze (wielkości i kształcie cząsteczek) i fizykochemicznej naturze. Inne parametry Tait $B_{\mathrm{m}}(T,x)$również mają bardzo prostą strukturę. Odchylenie mieszaniny $B_{m}(T,x)$ - parametr od średniej frakcji molowej B-parametrów czystych składników, $B_{m}^{0}=x\cdot B_{02}+(1-x)\cdot B_{01}$ jest prostą funkcją liniową T i (x patrz równanie. (99)). Tak więc, w sumie, Tait EOS (równanie (98)) dla dwuskładnikowej mieszaniny 1-heksenu + 1-oktenu zawiera minimum (cztery) regulowane parametry mieszania, $A_{1}=-145.289350$ MPa ; $A_{2}=-6.058828$ MPa ; oraz $A_{3}=0.474159$ $\mathrm{MPa}\cdot\mathrm{K}^{-1}$ $A_{4}=0.048395$ $\mathrm{MPa}\cdot\mathrm{K}^{-1}$. Opracowany Tait EOS (równanie (98)) odtworzył obecne zmierzone wartości gęstości dla mieszaniny 1-heksenu + 1-oktenu w całym zakresie stężeń od 0 do 1-molowej frakcji 1-oktenu oraz w całym zakresie temperatur i ciśnień doświadczalnych w ramach AAD=0,08%. Maksymalne odchylenie wynosi 0,37%, Bias = 0,01%, St.Dev = 0,11%, a St.Error = 0,01% $(\alpha=0.95)$. Odchylenia dla czystych składników są: AAD = 0,08% (St.Dev=0,11%, $\alpha=0.95$) dla 1-heksenu i AAD = 0,07% (St.Dev = 0,10%, $\alpha=0.95$) dla 1-oktenu. Rys. 50 przedstawia wykres odchylenia (procent odchyleń względnych) pomiędzy aktualnymi zmierzonymi gęstościami a tymi obliczonymi na podstawie Tait EOS (równanie (98)) dla mieszaniny 1-heksenu + 1-oktenu.

EOS typu Tait (Eq. (98)) został z powodzeniem wykorzystany w naszych poprzednich pracach (Abdulagatov i inni. [130-133]) w celu dokładnego odwzorowania pomiarów gęstości dla dwuskładnikowych mieszanin (ciecz jonowa + alkohol): etanol + [BMIM, BF4], metanol+[BMIM, BF4], metanol+[BMIM, BF6], oraz metanol + [BMIM+,OcSO] Tait-type EOS był również bardzo dokładnie badany przez innych badaczy (patrz na przykład [99, 111-132]) i był stosowany dla czystych cieczy i mieszanin oraz zalecany do przedstawiania danych o gęstości doświadczalnej w fazie ciekłej. Hofman i wsp. [121] użyli Tait-type EOS do przedstawienia gęstości doświadczalnych dla mieszaniny metanolu+[C2MIM,EtSO4]. Gu i Brennecke [111] zastosowali również model typu Tait, który z powodzeniem reprezentuje pomiary gęstości wysokociśnieniowej dla ILs z dokładnością (0,08-0,30)%. Jak już wcześniej pokazali Kumagai i inni [116, 117, 140, 141] parametr Tait $B(T)$jest odwrotnie proporcjonalny do temperatury dla niektórych czystych płynów, $B \propto 1/T$. Zuniga-Moreno i Galicia-Luna [123] zaproponowali liniową funkcję temperatury dla$B(T)$, choć niektórzy inni badacze [124, 125] uznali ją $B(T)$za kwadratową funkcję temperatury. Cibulka i Zikova [122] zaproponowali funkcję temperatury sześciennej dla $B(T)$i liniową funkcję temperatury w $c(T)$celu przedłużenia ważności Tait EOS dla 1-propanolu do 534K. Ostatnio Tomida i wsp. [135] opracowali EOS typu Tait dla cieczy jonowych, gdzie i $B(T)$ $c(T)$są one niezależne od temperatury (stałe). Wcześniej Kumagai i Iwasaki [140] zaobserwowali również, że parametr Tait może $c(T)$być przyjmowany jako stały (niezależny od temperatury) i może mieć tę samą wartość dla serii płynów [117, 136, 137]. Kashiwagi i wsp. [138] użyli stałej wartości $c = 0.21$toluenu i zoptymalizowali wartości w $B(T)$funkcji temperatury.

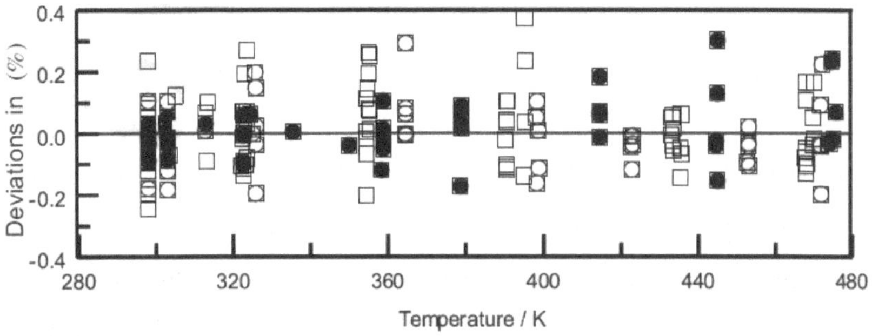

Rys. 50. Procentowe odchylenia, w odniesieniu do $\delta\rho = 100\left(\frac{\rho^{cal} - \rho^{exp}}{\rho^{exp}}\right)$ obecnych gęstości doświadczalnych dla mieszanin 1-heksenu i 1-oktenu w stanie ciekłym od wartości obliczonych na podstawie Tait typu EOS (równanie (100)). • , czysty 1-okten; ○ , czysty 1-heksen; □ , mieszanina 1-heksenu + 1-okten

Gibson i Loeffer [137] zasugerowali, że *c* dla wszystkich związków aromatycznych może być uznane za 0,216. Wartości *c* dla 1-heksenu zmieniają się od 0,106 do 0,222, a dla 1-oktenu od 0,122 do 0,176 w zakresie temperatur od 295K do 500K. Tait EOS został również przetestowany na danych o wysokiej gęstości ciśnieniowej dla wielu płynów (patrz np. Tekac i in. [139]).

6.1.2. Lepkość

Zmierzone wartości lepkości dla mieszanin 1-heksen + 1-okten przedstawiono w tabeli 17 wraz z danymi dotyczącymi gęstości w tych samych temperaturach T i ciśnieniach p oraz przedstawiono na rysunkach 51-54 jako rzuty i $\eta - p$, $\eta - T$ $\eta - x$ płaszczyzny wraz z wartościami dla czystych składników z poprzednich publikacji [11, 12]. Pomiary lepkości wykonywano przy stałych ciśnieniach w zakresie od (0,098 do 196) MPa w funkcji temperatury od 298K do 470K dla trzech kompozycji 0,200, 0,429 i 0,692 frakcji molowej 1-oktenu. Rys. 51 ilustruje zależność stężenia mierzonych lepkości dwuskładnikowych mieszanin 1-heksenu + 1-oktenu wraz z wartościami czystych składników od [11, 12] przy wybranych izotermach 298,15 K (po lewej) i 322,70 K (po prawej) dla różnych izobarów. W niektórych przypadkach, ze względu na różnice temperatur pomiędzy poszczególnymi izobarami, zastosowano dokładne techniki analityczne i interpolacji numerycznej, aby na rycinie 51 (po prawej) umieścić interpolowane dane tylko w celu wykazania jakościowego zachowania zależności stężenia od lepkości wzdłuż izotermy. Niepewność procedur interpolacji i ekstrapolacji jest bardzo mała, ponieważ zakresy interpolacji i ekstrapolacji są bardzo małe i liniowe. Przy niskich ciśnieniach $\eta - x$ zachowanie jest zbliżone do zachowania liniowego, natomiast przy wysokich ciśnieniach zaobserwowano gwałtowne zmiany η w zakresie wysokich stężeń (patrz rys. 51). Aktualne dane dotyczące lepkości mieszaniny 1-heksenu + 1-oktenu wraz z danymi dotyczącymi czystych składników w funkcji ciśnienia wzdłuż różnych stałych składów dla wybranej izotermy 298,15 K przedstawiono na rys. 52. Jak możemy zauważyć, przy niskich stężeniach 1-oktenu zależność lepkości mieszaniny od ciśnienia jest prawie liniowa, natomiast przy wysokich stężeniach wykazuje duże odchylenie od liniowości. Zależność zmierzonych lepkości mieszanek dwuskładnikowych od temperatury przedstawiono na rys. 53 wzdłuż dwóch wybranych izobarów dla różnych stężeń, w tym dla wartości czystych składników od [11, 12]. Zmierzone wartości lepkości mieszaniny monotonnie zmniejszają się gwałtownie wraz z początkowym wzrostem temperatury powyżej temperatury otoczenia (298K), jak w przypadku czystego składnika behabioralnego. Przy wysokich temperaturach (powyżej ok. T 450 K) szybkość zmian lepkości, $(\partial\eta/\partial T)_{px}$, spada. Powyżej ok. 450 K wartości zmian lepkości są bardzo małe. Szybkość spadku lepkości mieszanki zmienia się od (-0,0007 do - 0,049) mPa s K-1 przy wzroście temperatury pod ciśnieniem 49 MPa i stężeniach od (0,200 do 0,692) m.f. Dla czystego 1-heksenu szybkość zmian lepkości mieści się w zakresie od (-0,0010 do -0,0076) mPa s K-1. Przy wysokich temperaturach, $\left(\partial\eta/\partial T\right)_{px}$ jest prawie stała przy -0.00075 mPa s K-1. Współczynnik temperaturowy lepkości, $\beta_{Tx} = \frac{1}{\eta}\left(\frac{\partial\eta}{\partial T}\right)_{px}$ dla mieszanki dwuskładnikowej zmienia się z (-0,0032 K-1 na -0,0085) K-1. Charakterystykę temperaturową mierzonych wartości lepkości mieszanki można najlepiej odwzorować poprzez dopasowanie do wykładniczej funkcji temperatury (zob. równania (105), (107) i (108) poniżej), co jest zgodne z teorią szybkości bezwzględnej Eyringa (Glasstone i in. [142]) (równanie typu Arrhenius-Andrade). Obserwowane doświadczalnie zachowanie się w temperaturze lepkości mieszanin dwuskładnikowych i czystych składników (patrz rys. 53) jest w dobrym stanie, zgodnie z teorią szybkości bezwzględnej (patrz poniżej). Rys. 54 przedstawia zależność temperatury od aktualnie mierzonych lepkości mieszaniny i wartości czystych składników od [11, 12] przy ciśnieniu atmosferycznym wraz z wartościami obliczonymi z równania typu Arrhenius-Andrade (patrz rys. 54 poniżej).

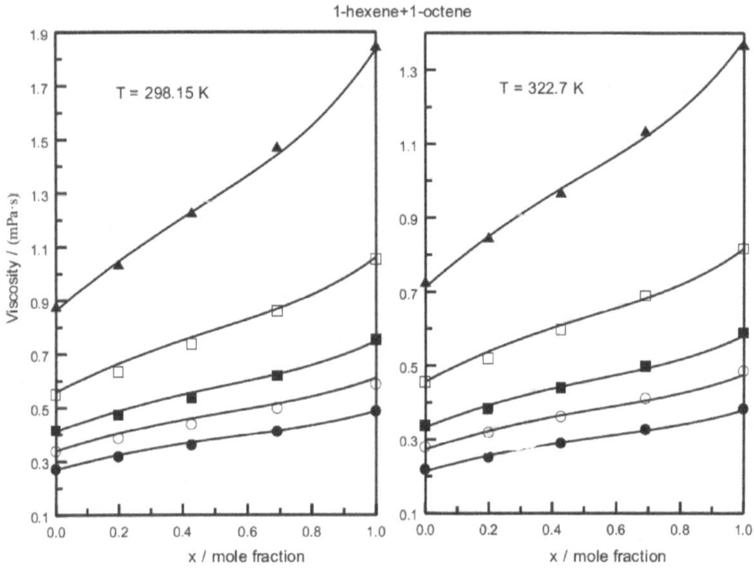

Rys. 51. Zmierzona lepkość mieszanin 1-heksenu + 1-oktenu w funkcji stężeń wzdłuż różnych izobarów przy wybranych izotermach 298,15 K i 322,7 K. ▲ , 196,13 MPa; □ , 98,06 MPa; ■ , 49,03 MPa; ○ , 24,51 MPa; ● , 0,098 MPa; Linie stałe są obliczane na podstawie modelu korelacji typu Tait (Np. 98).

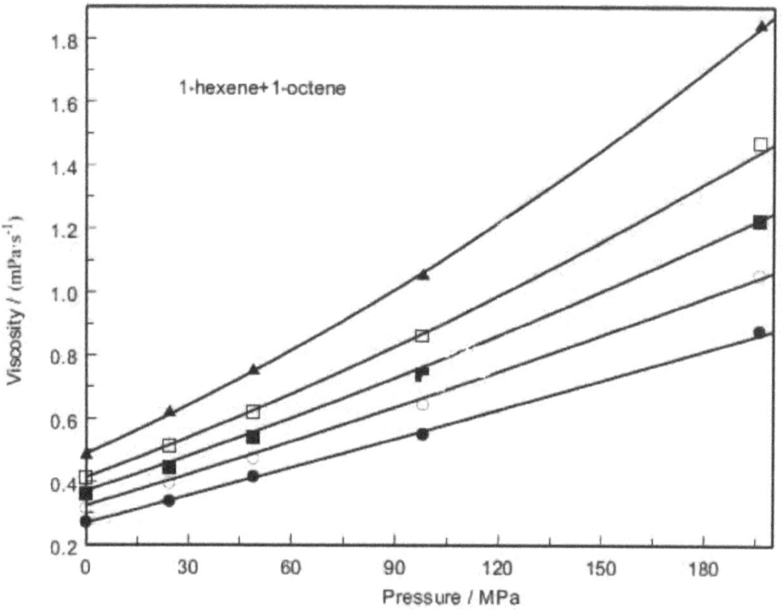

Rys. 52. Zmierzona lepkość mieszanin 1-heksenu + 1-oktenu w funkcji ciśnienia wzdłuż wybranej izotermy 298,18 K dla różnych stężeń. ●, 0,00 (czysty 1-heksen [5]); ○, 0,20; ■, 0,429; □, 0,692; ▲, 1,00 (czysty 1-okten [4]); Linie ciągłe są obliczane na podstawie modelu korelacji typu Tait (Np. 98).

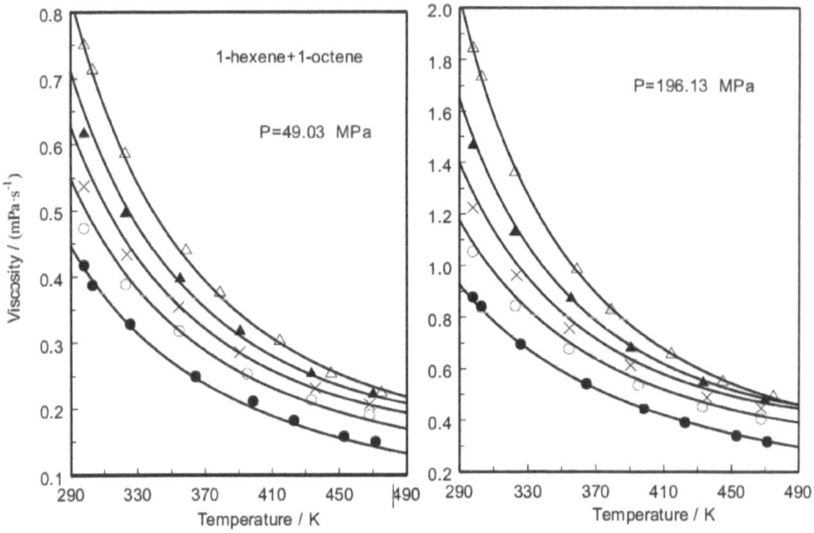

Rys. 53. Zmierzone lepkości mieszaniny 1-heksenu i 1-oktenu w funkcji temperatury wzdłuż wybranych izobarów dla różnych stałych stężeń . ●, 0,00 (czysty 1-heksen [12]); ○, 0,200; ×, 0,429; ▲, 0,692 frakcja molowa; △, 1,00 (czysty 1-okten [11]). Linie ciągłe są obliczane z równania typu Tait (98)

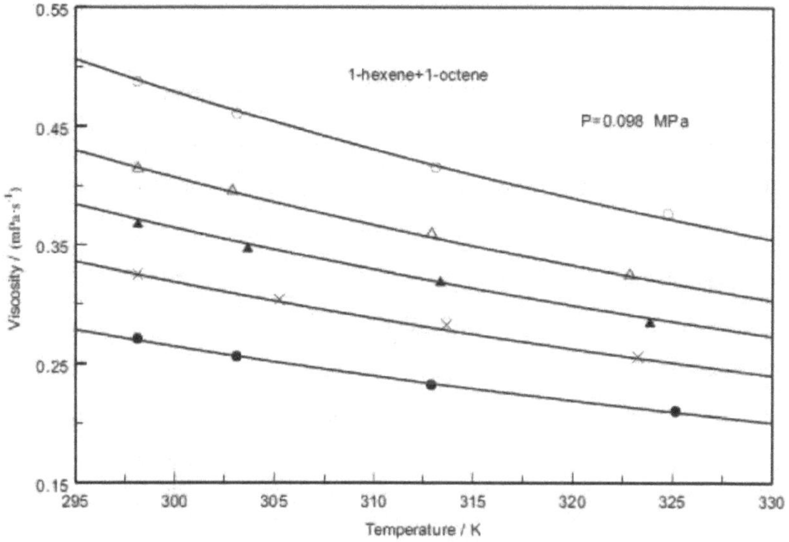

Rys. 54. Zmierzone i obliczone wartości lepkości mieszaniny 1-heksenu + 1-oktenu w funkcji temperatury pod ciśnieniem atmosferycznym dla różnych stałych stężeń. . •, 0,00 (czysty 1-heksen [12]); ×, 0,200; ▲, 0,429; △, 0,692 frakcja molowa; ○, 1,00 (czysty 1-okten [11]). Linie stałe są obliczane na podstawie równania (109).

6.1.2.1. Różnica lepkościowa

Dobrze znana koncepcja nadmiaru funkcji i idealnych właściwości mieszaniny była często i z powodzeniem stosowana w termodynamice (nadmiar objętości molowej, nadmiar ciepła molowego, nadmiar entalpii molowej itp.) do opisania odchyleń rzeczywistych właściwości mieszaniny od idealnych właściwości mieszaniny (patrz punkt 6.1.1.1 powyżej). Idealna objętość molowa mieszanki jest wynikiem dobrze znanego prawa Amagatu dotyczącego objętości dodatków. Jednak w przypadku właściwości transportowych, na przykład lepkości, definicja "lepkości mieszanki idealnej" nie została jeszcze właściwie zdefiniowana, chociaż wielu badaczy stosowało metodę analitycznego przedstawiania zmierzonych wartości lepkości. Początkowo pojęcie "odchylenia lepkościowego" (lub "różnicy lepkości") zapożyczano z właściwości termodynamicznych mieszaniny (z definicji nadmiaru właściwości termodynamicznych mieszaniny, patrz wyżej Eq. (94)) w celu empirycznego przedstawienia zmierzonych wartości lepkości dla rzeczywistej mieszaniny. Jest to empiryczne rozszerzenie prawa Amagatu w zakresie ilości dodatków na właściwości transportowe. Podejście to zostało z powodzeniem wykorzystane przez wielu autorów jako prosty sposób na dokładne odwzorowanie danych o lepkości eksperymentalnej dla rzeczywistych mieszanin (patrz np. [181-187]). Większość dostępnych modeli lepkości mieszaniny opiera się na różnych zasadach mieszania (arytmetycznych, geometrycznych, harmonicznych, logarytmicznych itp.), które odnosiły się do lepkości czystych składników oraz (η_1 η_2 ze średnią ważoną stężeniami). Prawo "idealnej lepkości mieszanki" jest jedną z najprostszych arytmetycznych zasad mieszania.

$$\ln \eta_{\mathrm{m}} = x \cdot \ln \eta_2 + (1 - x) \cdot \ln \eta_1 \tag{103}$$

i jest wygodny w praktycznym użyciu oraz zapewnia automatyczną satysfakcję do warunków punktu końcowego dla czystych składników (dla stężeń i $x = 0$ $x = 1$). Idealne prawo mieszanki (równanie (103)) jest wynikiem dodania wolnej energii aktywacji na lepkość na bazie frakcji molowej w teorii szybkości bezwzględnej Eyringa (patrz też [188, 189]). W pierwszym podejściu sugestię tę można uznać za teoretyczne uzasadnienie użycia terminologii "idealna lepkość mieszanki". Z mikroskopijnego punktu widzenia prawo "idealnej lepkości mieszaniny" (np. (103)) oznacza, że wpływ interakcji krzyżowej pomiędzy cząsteczkami czystych składników na rzeczywistą mierzoną lepkość jest nieznacznie mniejszy, szczególnie gdy kształt i wielkość oraz charakter chemiczny składników mieszaniny jest zbliżony (termodynamicznie jak cząsteczki). Jednak w mieszaninach, w których interakcja między cząsteczkami czystych składników jest znaczna, nie można pominąć odchylenia od "prawa idealnej mieszaniny" opisanego w punkcie (103). Rys. 55 przedstawia wykres logarytmu lepkości mierzonej mieszaniny (lewa strona równania(103)), $\ln \eta_{\mathrm{m}}$ jako funkcję ułamka molowego 1-oktenu, x. Jak wynika z rys. 55, mierzone wartości $\ln \eta_{\mathrm{m}}$ są niemal liniową funkcją stężenia, tj. zbliżoną do zachowania "mieszanki idealnej" (równanie (103)). Stwierdzono niewielkie odchylenia w niskim zakresie stężeń. Nie jest to zaskoczeniem, ponieważ 1-heksen i 1-okten mają cząsteczki termodynamicznie podobne do cząsteczek (należą do tej samej klasy węglowodorów). W przypadku mieszanek o silnych interakcjach, $\ln \eta_{\mathrm{m}} - x$ zależność jest bardziej skomplikowana (niektóre przypadki pokazują maksimum i minimum). W ten sposób koncepcja "idealnej lepkości mieszanki" może być naukowo zidentyfikowana zarówno z mikroskopowego punktu widzenia, jak i teoretycznie. Badania różnicy lepkości mieszanin mogą być wykorzystane do zbadania zmian strukturalnych w mieszaninie i interakcji między odmiennymi cząsteczkami składników mieszaniny, tj. dostarczyć użytecznych informacji na temat charakteru interakcji między odmiennymi cząsteczkami mieszaniny. Różnica w lepkości odzwierciedla pochodzenie nieidealności w mieszaninie (stanowi o nieidealności), szczególnie w mieszaninach, które wykazują silne oddziaływania pomiędzy termodynamicznie innymi niż (kształt, wielkość, polaryzacja, charakter chemiczny itp.) cząsteczkami składników. Dla dogłębnego zrozumienia natury i fizycznych i chemicznych mechanizmów właściwości mieszaniny potrzebne są dokładne badania doświadczalne różnic w lepkości i lepkości. Innymi słowy, wartości $\Delta\eta_{\mathrm{m}}(p,T,x)$określonego wpływu oddziaływań pomiędzy cząsteczkami 1-heksenu i 1-oktenu na lepkość rzeczywistej mieszaniny. Dlatego różnica lepkości, podobnie jak nadmiar właściwości termodynamicznych (np. nadmiar objętości molowej$V_{\mathrm{m}}^{\mathrm{E}}$) jest bardzo przydatnym narzędziem do dokładnego odwzorowania danych o lepkości doświadczalnej i badania zmian mikrostruktury w mieszaninie. Do obliczenia różnicy lepkości wykorzystano aktualne dane dotyczące lepkości mieszaniny wraz z wartościami czystych składników z naszych wcześniejszych prac [11, 12].

$$\begin{aligned}&\Delta\ln\eta_{\mathrm{m}}(p,T,x)=\ln\eta_{\mathrm{m}}(p,T,x)-x\cdot\ln\eta_{2}(p,T,1)-\\&-(1-x)\cdot\ln\eta_{1}(p,T,0)\end{aligned} \qquad (104)$$

gdzie i $\eta_1=\eta_{\mathrm{m}}(p,T,1)$gdzie jest $\eta_2=\eta_{\mathrm{m}}(p,T,0)$lepkość czystych składników [11, 12] 1-heksen i 1-okten, odpowiednio; $\Delta\ln\eta_{\mathrm{m}}(p,T,x)$jest to różnica lepkości między mieszaniną rzeczywistą a idealną (równanie (103)). Na rycinie 56 przedstawiono wartości $\Delta\ln\eta_{\mathrm{m}}(p,T,x)$uzyskane na podstawie aktualnych danych o lepkości dla czystych składników [11, 12] w funkcji stężenia dla dwóch wybranych izoterm 298,15K i 322,7K dla różnych izobarów doświadczalnych. Jak wynika z tego rysunku, uzyskane wartości $\Delta\ln\eta_{\mathrm{m}}$dla mieszanin 1-heksen + 1-okten są stosunkowo niewielkie (maksymalna wartość wynosi ok. 0,045 mPa·s) i wykazują kształty fal dla niektórych izobarów. Większość otrzymanych wartości $\Delta\ln\eta_{\mathrm{m}}$jest dodatnia, z wyjątkiem kilku punktów danych przy wysokich ciśnieniach. Niewielkie wartości wynikają $\Delta\ln\eta_{\mathrm{m}}$z bliskości rzeczywistej lepkości mieszanki z "lepkością idealną mieszanki" (np. (103)). Te same niewielkie odchylenia dla innych właściwości stwierdzono dla innych mieszanin (metanol + etanol, heptany + oktan, itp.) ze związkami termodynamicznie podobnymi (patrz np. [190, 191]). Dodatnie wartości różnicy lepkości oznaczają, $\Delta \ln \eta_{\mathrm{m}}$ że lepkość składowa rzeczywistych mieszanin 1-heksenu + 1-oktenu jest $\ln \eta_{\mathrm{m}}$ wyższa niż mieszaniny idealnej $\ln \eta_{\mathrm{id}} = x \cdot \ln \eta_2 (p, T, 1) - (1 - x) \cdot \ln \eta_1 (p, T, 0)$. Różnica lepkości staje się bardziej ujemna wraz ze wzrostem ciśnienia.

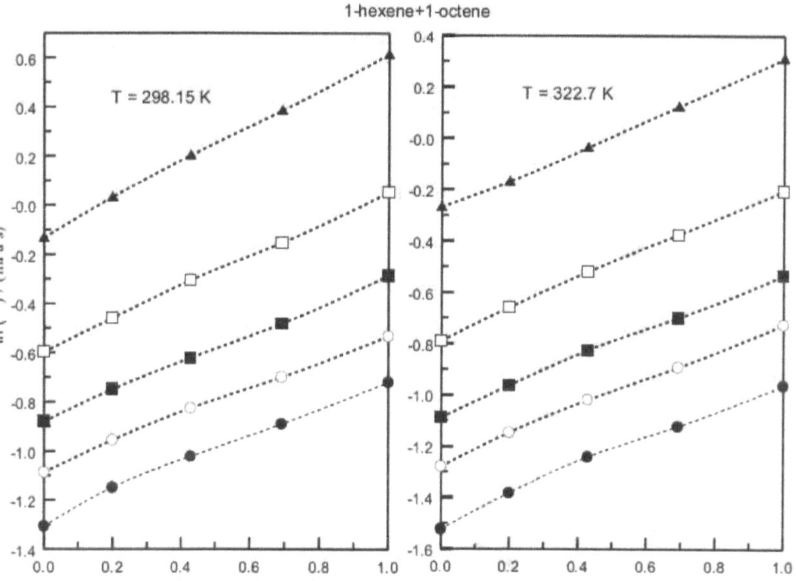

Rys. 55. Logarytm lepkości mieszanki w $\ln \eta$ funkcji ułamka molowego 1-oktenu, x

6.1.2.2. Modele korelacji lepkościowej

Ponieważ teoria dotycząca lepkości mieszanin płynnych jest niedostępna, jej ocena jest empiryczna (lub półempiryczna) i opiera się wyłącznie na danych doświadczalnych. Zależność lepkości czystego składnika od temperatury przy ciśnieniu atmosferycznym jest bardzo dobrze znana i może być reprezentowana przez teoretycznie oparte na równaniach typu Arrhenius-Andrade [135, 142-144],

$$\eta_{01}(T)=b_{01}\cdot\exp\left(\frac{b_{11}}{T}\right) \text{ or } \ln\eta_{01}(T)=\ln b_{01}+\frac{b_{11}}{T}, \quad (\text{for 1-hexene}) \quad (105)$$

$$\eta_{02}(T)=b_{02}\cdot\exp\left(\frac{b_{22}}{T}\right) \text{ or } \ln\eta_{02}(T)=\ln b_{02}+\frac{b_{22}}{T}, \quad (\text{for 1-octene})$$

gdzie b_{0i} $(i=1,2)$ jest lepkość (mPa·s), $\eta_i=\eta_\infty(T\to\infty)$ na granicy wysokiej temperatury; $b_{ii}=\varepsilon_{ia}/\mathrm{R}$ oraz $\varepsilon_{ia}=\Delta H_i$, gdzie jest energia aktywacji przepływu (entalpia aktywacji), gdzie T jest w K. Eq. (105) została teoretycznie potwierdzona przez teorię stóp bezwzględnych Eyringa (Glasstone i in. [142]). Równanie to z powodzeniem stosowano wcześniej do przedstawiania danych o lepkości doświadczalnej dla roztworów wodnych [145-148] i cieczy jonowych [135]. Jak widać na przykładzie (105), entalpię aktywacji $\Delta H/R$ można obliczyć bezpośrednio na podstawie danych o lepkości doświadczalnej z nachylenia linii prostej $\ln\eta\approx T^{-1}$ (patrz Rys. 57). W przypadku niektórych płynów i mieszanin płynów krzywa doświadczalna w stosunku do $\ln\eta$ krzywej T^{-1} nie jest linią prostą (patrz na przykład [11, 145-151]) w wysokich temperaturach i w tym przypadku zależność Arrhenius-Andrade (równanie (105)) może być nieznacznie zmodyfikowana w celu rozszerzenia zakresu temperatur, w którym obowiązuje to równanie (patrz na przykład [17, 80]). Jak widać z rys. 57, obecne krzywe T^{-1} eksperymentalne kontra $\ln\eta$ krzywe dla mieszaniny 1-heksenu + 1-oktenu są niemal liniowe, jak to przewiduje teoria szybkości bezwzględnej Eyringa (równanie (105)). Stosunek

Arrhenius-Andrade (równy 105) został zastosowany do mieszaniny 1-heksenu + 1-oktenu i jej czystych składników, jak opisano poniżej.

Lepkości dwuskładnikowych mieszanin 1-heksenu + 1-oktenu pod ciśnieniem atmosferycznym $\left(p_0 = 0.098 \text{ MPa}\right)$można dokładnie przedstawić w prostej funkcji temperatury i stężenia za pomocą rozszerzonego równania typu Grunberga i Nisana [192] o dwóch regulowanych parametrach.

$$\begin{aligned} \ln\eta_{\mathrm{m0}}(T,x) &= x\cdot\eta_{02} + (1-x)\cdot\ln\eta_{01} + \\ &+ x\cdot(1-x)\cdot\left[G_{12} + G_{13}\cdot(1-2x)\right] \end{aligned} \tag{106}$$

gdzie zależność lepkości od temperatury dla czystych składników i $\eta_{10}(T)\,\eta_{20}(T)$może być opisana jako teoria szybkości bezwzględnej Eyringa (równanie (105)) jako

$$\eta_{01} = 0.012593\cdot\exp(913.7195/T),\ \text{for pure 1-hexene} \tag{107}$$

oraz

$$\eta_{02} = 0.017516\cdot\exp(992.4449/T),\ \text{for pure 1-octene} \tag{108}$$

gdzie T w K, $\eta_{\mathrm{m0}}(T,x)$i $\eta_{01}(T)\,\eta_{02}(T)$w mPa·s, x w ułamku molowym 1-oktenu, i $G_{12}\,G_{13}$są parametrami interakcji. Relacje Eqs. (107) i (108) odtwarzają nasze wcześniej opublikowane [11, 12] czyste składniki (1-heksen i 1-okten) dane dotyczące lepkości w ciśnieniu atmosferycznym w ramach AAD = 0,42 % (dla 1-heksenu, St dev = 0,52 %, $\alpha = 0.95$). i AAD = 0,74 % (dla 1-oktenu, St dev = 0,88 %, $\alpha = 0.95$). Do obecnych danych dotyczących lepkości dla mieszaniny 1-heksenu + 1-oktenu pod ciśnieniem atmosferycznym zastosowano równanie (106). Uzyskane wartości parametrów to i $G_{12} = 0.219966\,G_{13} = 0.330086$. Zależność (równanie (106)) odtwarza obecne dane dotyczące lepkości dla mieszanin 1-heksenu

+ 1-oktenu pod ciśnieniem atmosferycznym w całym zakresie stężeń i w temperaturach od 298K do 393K w ramach AAD = 0,64% (St. Dev = 0,78; St. Err = 0,17%; Bias = 0,05%; Max. Dev = 1,6%, $\alpha = 0.95$).

Równanie typu Tait z powodzeniem stosowano również wcześniej w celu dopasowania doświadczalnych właściwości transportowych (lepkość [187, 192-195] i przewodnictwo cieplne [180]) czystych cieczy i mieszanin cieczy pod wysokim ciśnieniem. W tej pracy zastosowaliśmy Tait-type Eq. (98) do obecnych danych dotyczących lepkości mieszaniny 1-heksenu + 1-oktenu

$$\ln\left[\frac{\eta_m}{\eta_{m0}}\right] = E_m \cdot \ln\left(\frac{D_m + p}{D_m + p_0}\right) \tag{109}$$

gdzie $E_m = x \cdot E_{02} + (1-x) \cdot E_{01}$, i

$E_{01} = 1.088911$ $E_{02} = -0.599373 + 737.705795 \cdot T^{-1}$ są to $E_{02} = -0.599373 + 737.705795 \cdot T^{-1}$ parametry lepkościowe Tait dla czystego 1-heksenu i czystego 1-oktenu, odpowiednio. Druga lepkość Parametr Tait D_m dla mieszaniny może być przedstawiony jako

$$D_m = x \cdot D_{02} + (1-x) \cdot D_{01} + x \cdot (1-x) \cdot (D_{12} - D_{13} \cdot T) \tag{110}$$

$$\begin{aligned} D_{01}(T) &= 121.64889 - 35866.84671 \cdot T^{-1} + \\ &+ 8994654.83182 \cdot T^{-2} \ \text{(1-hexene)} \end{aligned} \tag{111}$$

$$\begin{aligned} D_{02}(T) &= -217.51503 + 166374.11918 \cdot T^{-1} - \\ &- 13292960.14063 \cdot T^{-2} \ \text{(1-octene)} \end{aligned} \tag{112}$$

gdzie lepkość Parametry wytrzymałościowe dla mieszaniny D_m i czystych składników oraz D_{01} D_{02} w MPa, an T w K. Eq. (109) zastosowano do obecnych danych dotyczących lepkości dla 1-heksenu + 1-oktenu mieszaniny dwuskładnikowej i ich czystych składników. Wartości dwóch regulowanych parametrów mieszaniny uzyskane z obecnych pomiarów to i $D_{12} = 170.445986$ MPa $D_{13} = -0.453113$ MPa $\cdot K^{-1}$. Tylko dwa parametry są potrzebne do przedstawienia dokładnie zmierzonych wartości lepkości mieszaniny w całym zakresie stężeń w temperaturach od 298K do 470K i przy ciśnieniach do 196 MPa. Statystyka odchylenia wynosi AAD = 1,71%, Bias 0,6%, St. Dev=2,16% i St. Err = 0,16, przy $\alpha = 0.95$. The Eq. (109) odtworzył zmierzone lepkości dla czystych składników w ramach AAD = 1,57%; Bias = 0,70%; St. Dev = 2,05%, St. Err = 0,31%; Max. Dev = 6,6% (dla 1-heksenu) i AAD = 1,09%; Bias = 0,19%; St. Dev = 1,35%; St. Err = 0,19%; Max. Dev = 3,15% (dla 1-oktenu). Wykres odchylenia przedstawiony jest na Rys. 58.

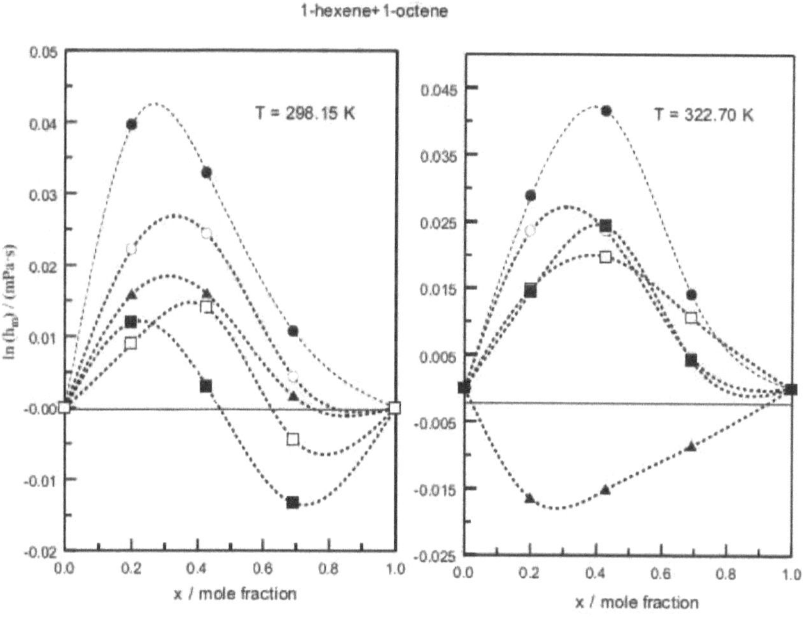

Rys. 56. Zmierzone różnice lepkości mieszanin 1-heksenu + 1-oktenu w funkcji stężenia wzdłuż wybranej izotermy 298,15 K i różnych izobarów. ▲ - 196,13 MPa; □ - 98,06 MPa; ■ - 49,03 MPa; ○ - 24,51 MPa; ● - 0,098 MPa

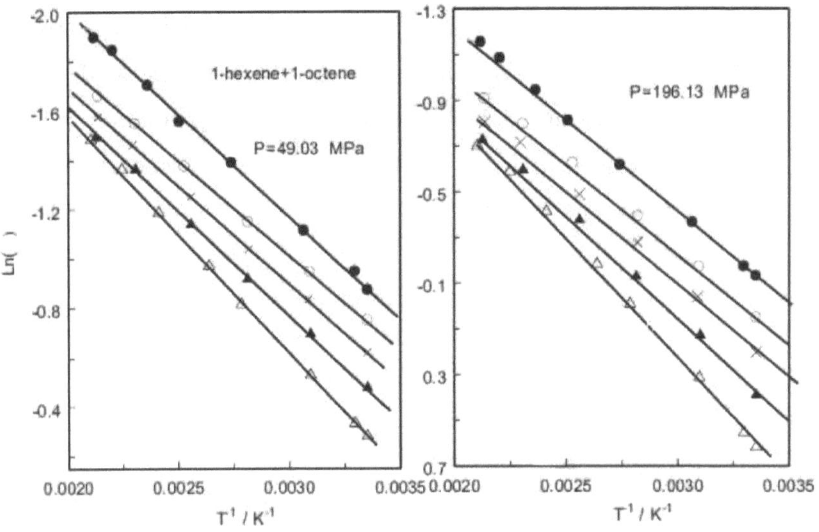

Rys. 57. Zmierzone wartości w $\ln\eta$ funkcji dla mieszanin T^{-1} 1-heksenu + 1-oktenu wzdłuż wybranych izobarów dla różnych stałych stężeń. ● - 0,00 (czysty 1-heksen [12]); ○ - 0,200; - ×0,429; ▲ - 0,692; - △1,00 (czysty 1-okten [11])

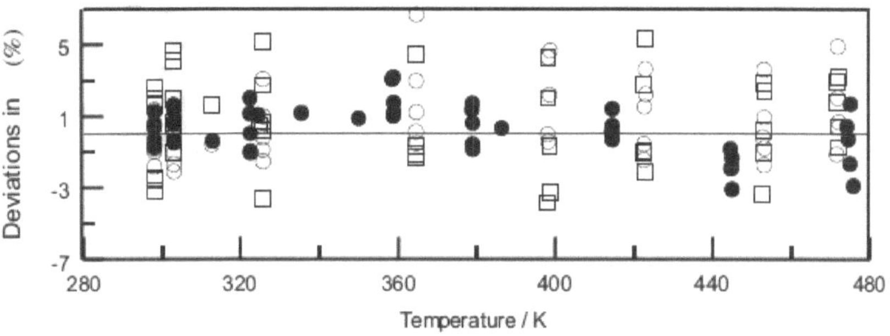

Rys. 58. Odchylenia procentowe obecnych lepkości doświadczalnych mieszanin 1-heksenu + 1-oktenu dla cieczy od wartości obliczonych na podstawie modelu korelacji lepkości typu Tait (równanie (112)).

6.2. Kontakty

Gęstość i lepkość ciekłych mieszanin dwuskładnikowych 1-heksen + 1-okten mierzono jednocześnie w zakresie temperatur od 298K do 470K i przy ciśnieniach do 196 MPa, stosując techniki ważenia hydrostatycznego i opadania korpusu. Pomiary wykonano wzdłuż pięciu izobarów (0,098, 24,51, 49,03, 98,06 i 196,13) MPa w funkcji temperatury dla trzech kompozycji o frakcji molowej 1-oktenu (0,200, 0,429 i 0,692). Uzyskane wartości nadmiaru objętości molowej dla mieszanin 1-heksen + 1-okten są ujemne we wszystkich mierzonych temperaturach i ciśnieniach w całym zakresie stężeń, natomiast różnice lepkości są przeważnie dodatnie i wykazują kształt fali przy wysokich ciśnieniach. Przy wysokich ciśnieniach różnice w lepkości stają się bardziej ujemne. Opracowano równanie typu taitowego stanu dla modelu korelacji gęstości i lepkości mieszaniny cieczy 1-heksen + 1-okten z prostymi funkcjami temperatury i stężenia dla gęstości i lepkości Parametry taitowe i c_m B_m z minimalnymi nastawianymi parametrami. AAD pomiędzy zmierzoną i obliczoną wartością gęstości i lepkości mieszanki wynosi 0,08% (St. Dev = 0,11%) dla gęstości i 1,71% (St. Dev = 2,16%) dla lepkości. Teoretyczne równania typu Arrhenius-Andrade zostały wykorzystane do przedstawienia zależności zmierzonych lepkości od temperatury dla czystych składników i mieszanin dwuskładnikowych pod ciśnieniem atmosferycznym.

Rozdział 7. Gęstość i lepkość mieszaniny 1-oktenu + 1-dekenu w wysokich temperaturach i pod wysokim ciśnieniem

Wprowadzenie

Do dokładnych pomiarów gęstości i lepkości dwuskładnikowych mieszanin 1-okten + 1-deken zastosowano nowy, ulepszony aparat doświadczalny [17] do jednoczesnego pomiaru gęstości i lepkości cieczy i mieszanin ciekłych w wysokich temperaturach (od temperatury pokojowej do 500 K) i przy wysokich ciśnieniach (do 250 MPa). Metoda ta oparta jest na technikach ważenia hydrostatycznego i opadania ciała. Obie techniki zostały połączone w tej samej celi pomiarowej [17]. Konstrukcja komory pomiarowej, procedura pomiarów oraz analiza niepewności zostały szczegółowo opisane w naszej poprzedniej publikacji [17]. W innych naszych publikacjach [11-14, 80, 83] metoda i aparatura były z powodzeniem stosowane do dokładnych pomiarów gęstości i lepkości *n-heptanu*, glikolu monoetylenowego (MEG), glikolu dietylenowego (DEG), glikolu trietylenowego (TEG) oraz ich dwuskładnikowych (50% MEG + 50% DEG, 50% MEG + 50% TEG, 50% DEG + 50% TEG) i trójskładnikowych (33.33% MEG + 33,33% DEG + 33,34% TEG) oraz dwuskładnikowe mieszaniny 1-heksenu + 1-dekenu i 1-heksenu + 1-oktenu w temperaturach od 293K do 473K i przy ciśnieniu do 245 MPa. W pracy tej wykorzystaliśmy ten sam aparat, bez modyfikacji, do pomiaru gęstości i lepkości dwuskładnikowych mieszanek 1-okten + 1-deken w wysokich temperaturach od 298K do 471K i przy wysokich ciśnieniach (do 196 MPa).

Z przeglądu literatury wynika, że nie prowadzi się pomiarów gęstości i lepkości mieszanin dwuskładnikowych 1-okten + 1-deken. Poszukiwanie literatury opierało się na archiwum TRC/NIST [109]. Dlatego też głównym celem niniejszej pracy jest dostarczenie nowego zestawu dokładnych danych doświadczalnych dotyczących gęstości i lepkości dla dwuskładnikowych mieszanek 1-oktenu + 1-dekenu w szerokim zakresie temperatur i wysokiego ciśnienia. Dane dotyczące czystych składników (1-okten i 1-deken) mieszaniny zostały podane wcześniej w naszej ostatniej publikacji [11]. W pracach [13, 14] obecni autorzy dokonali również pomiaru dwóch innych mieszanek dwuskładnikowych: 1-heksenu + 1-dekenu i 1-heksenu + 1-oktenu. Innym celem niniejszych badań jest opracowanie równania stanu Taita (EOS) oraz modelu korelacji lepkości dla dwuskładnikowej mieszaniny 1-oktenu + 1-dekenu. Praca ta jest częścią ciągłego programu dotyczącego właściwości termodynamicznych i transportowych węglowodorów nienasyconych i ich mieszanin w wysokich temperaturach i wysokich ciśnieniach. Obecne wyniki znacznie rozszerzają dostępną bazę danych termodynamicznych dla mieszanek 1-okten + 1-deken.

7.1. Wyniki i dyskusje

7.1.1. Gęstość zaludnienia

Pomiary gęstości mieszaniny 1-okten + 1-deken w funkcji temperatury i ciśnienia przeprowadzono dla jednego stężenia 0,444 frakcji molowej 1-dekenu dla temperatur od 298K do 471K i przy ciśnieniach od (0,098 do 196) MPa. Czyste składniki (1-okten i 1-deken) gęstości i lepkości zostały podane w naszej poprzedniej publikacji [11] przy użyciu tej samej techniki. Wyniki badań przedstawiono w tabeli 18.

Niektóre wybrane wyniki eksperymentów dla mieszanin pokazano na rysunkach 59-61 jako rzuty w $\rho - T$, $\rho - p$ i $\rho - x$ płaszczyznach wraz z wartościami dla czystych składników z naszej poprzedniej publikacji [11] oraz wartościami obliczonymi na podstawie Tait-type EOS (patrz poniżej, Eq. (121)).

Tabela 18

Gęstości doświadczalne (ρ, kg-m-3), lepkości (η, mPa-s), ciśnienia (p, MPa) i temperatury (T, K) dla mieszaniny dwuskładnikowej 1-okten+1-deken przy stężeniu x = 0,444 ułamka molowego 1-dekenu

T	ρ	η	T	ρ	η
1	2	3	4	5	6
P=0,098 MPa			*P=24*,51 MPa		
298.15	730.10	0.600	298.15	749.96	0.757
310.13	722.19	0.527	322.27	735.56	0.586
322.30	713.87	0.462	354.44	714.89	0.444
341.22	700.40	0.389	392.21	688.72	0.338
354.45	690.59	0.344	440.27	653.11	0.255
381.66	669.39	0.280	471.00	629.74	0.223
P=49,03 MPa			*P=98*,06 MPa		
298.15	765.61	0.927	298.15	789.43	1.330
322.24	752.66	0.717	322.18	778.69	1.008
354.37	731.03	0.543	354.33	763.02	0.754
392.09	710.51	0.416	392.04	743.19	0.578
440.07	679.02	0.319	439.96	716.99	0.444
470.92	658.90	0.282	470.90	700.78	0.395
P=196,13 MPa					
298.15	821.73	2.421	–	–	–
322.04	814.02	1.758	–	–	–

Koniec tabeli 18

1	2	3	4	5	6
354.21	802.26	1.265	–	–	–
391.90	787.02	0.943	–	–	–
439.78	766.78	0.713	–	–	–
470.61	754.65	0.629	–	–	–

[a] Standardowe niepewności u wynoszą: $u(T)$ =0,02 K; $u(P)$=0,05 %; $u(\rho)$=0,15 % (przy niskich ciśnieniach, $P<100$ MPa) do 0,30 % (przy wysokich ciśnieniach, P>100 MPa); = 1,5 $u(\eta)$% (przy niskich ciśnieniach, P<100 MPa) do 2,0 % (przy wysokich ciśnieniach, P>100 MPa)

Zależności temperaturowe gęstości mierzonych wzdłuż różnych wybranych izobarów-izotopów przedstawiono na rys. 59. Zachowanie się gęstości mieszanki w temperaturze nieznacznie odbiega od jej liniowości.

Jak pokazano na rys. 60, zależności ciśnienia ($\rho - p$) zmierzonych gęstości znacznie odbiegają od liniowości wzdłuż stałych izotermii. Jak widać na Rys. 61, zmierzone gęstości dla mieszanki dodatnio odbiegają od liniowości (od idealnych wartości mieszanki). Niestety, nie ma żadnych danych dotyczących gęstości doświadczalnej tej mieszaniny, które można by porównać z obecnymi wynikami.

Jednakże w celu potwierdzenia wiarygodności metody, dokładności pomiarów i prawidłowego działania urządzenia, w naszej poprzedniej publikacji [11] przedstawiono szczegółowe porównanie zmierzonych gęstości dla czystych składników (1-okten i 1-deken przy użyciu tej samej metody i urządzenia) z dostępnymi danymi sprawozdawczymi.

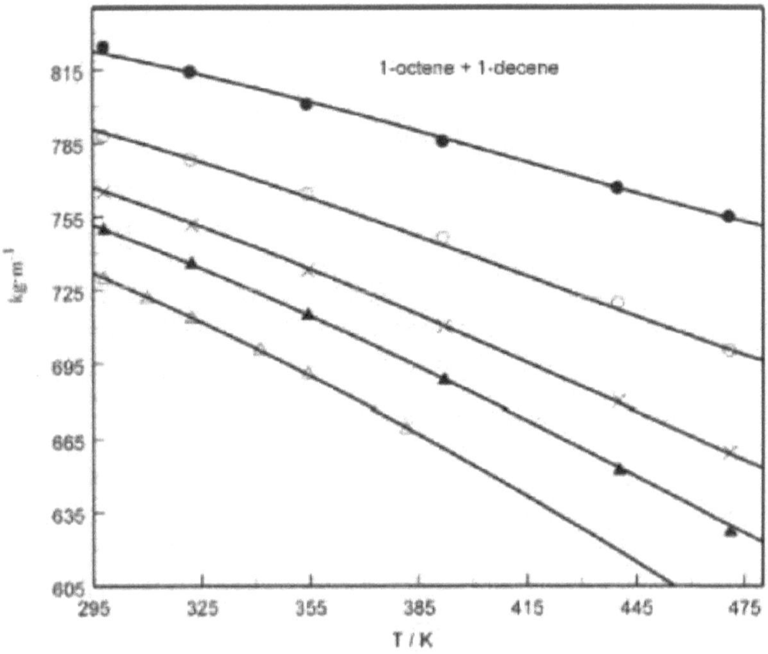

Rys. 59. Zmierzone gęstości mieszaniny 1-oktenu i 1-dekenu ($x = 0.444$ frakcja molowa 1-dekenu) w funkcji temperatury wzdłuż różnych izobarów razem. •, 0,098 MPa; ○, 24,51 MPa; ■, 49,03 MPa; □, 98,06 MPa; △, 196,13 MPa; (-----), obliczone na podstawie Tait EOS (121)

Jak wykazano w [11], nasze wyniki dla gęstości czystego 1-oktenu i 1-dekenu zgadzają się z najbardziej wiarygodnymi danymi podanymi odpowiednio w zakresie 0,12% i 0,14% przy ciśnieniu atmosferycznym i około 0,3% przy wysokich ciśnieniach, co mieści się w ich niepewności doświadczalnej. Dobre porozumienie pomiędzy obecnymi i najczęściej podawanymi danymi dotyczącymi czystych składników potwierdza wiarygodność i dokładność pomiarów dla mieszanek dwuskładnikowych i daje nam pewność, że nasze urządzenie działa prawidłowo.

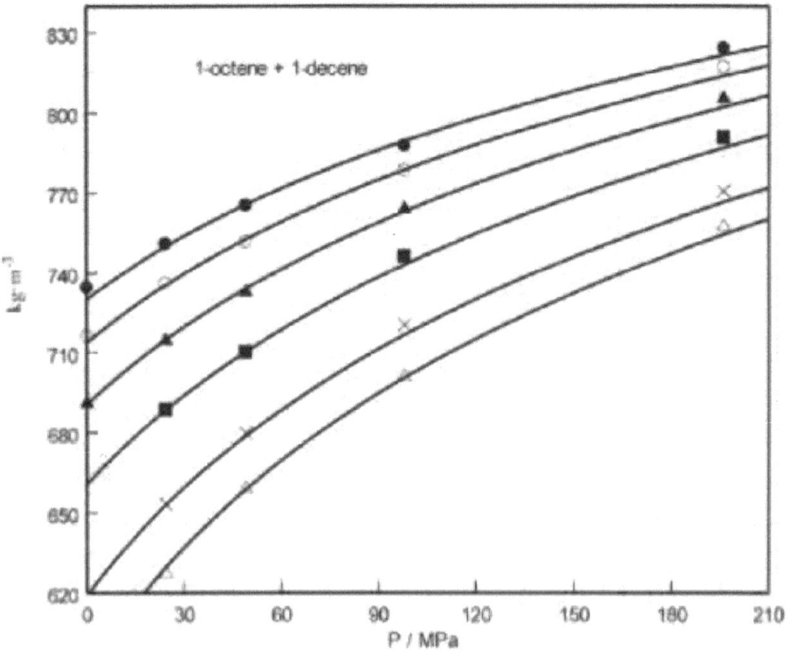

Rys. 60. Mierzone gęstości mieszaniny 1-oktenu i 1-dekenu ($x = 0.444$ frakcja molowa 1-dekenu) w funkcji ciśnienia wzdłuż różnych izotermów. ●, 298,15 K; ○, 322,30 K; ▲, 354,21 K; ■, 392,21; ×, 440,27 K; △, 471,00 K; (-----), obliczone na podstawie Tait EOS (121).

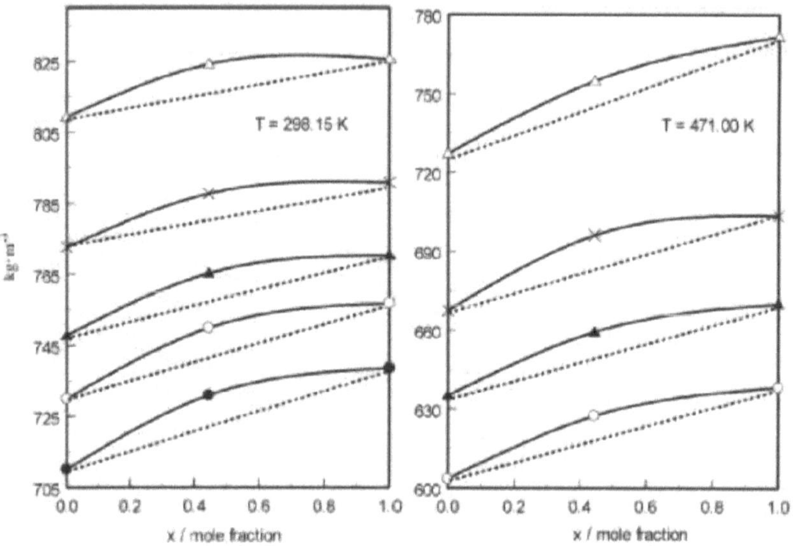

Rys. 61. Zmierzone gęstości dwuskładnikowej mieszaniny 1-oktenu i 1-dekenu ($x = 0.444$ frakcja molowa 1-dekenu) w funkcji stężenia w różnych izobarach dla dwóch wybranych izoterm 298,15 K (po lewej) i 471,00 K (po prawej). •, 0,098 MPa; ○, 24,51 MPa; ▲, 49,03 MPa; ×, 98,06 MPa; △, 196,13 MPa

7.1.1.1. Nadmiar objętości molowych

Koncepcja funkcji nadmiarowych [196, 197] jest często używana do termodynamicznego opisu mieszanin ciekłych. Nadmierna funkcja molowa jest definiowana jako różnica między rzeczywistą funkcją molową mieszaniny a idealną mieszaniną o tych samych wartościach i T p. Jak wiadomo [196, 197], zależność ciśnieniowa nadmiarowych funkcji jest $\left(G_m^E, H_m^E, S_m^E, C_m^E\right)$bezpośrednio związana z V_m^Ei może być całkowicie opisana jako funkcja T, p oraz x przez nadmiar objętości molowej $V_{\mathrm{m}}^{\mathrm{E}}$ i ich pochodnych temperaturowych $\left(\partial V_{\mathrm{m}}^{\mathrm{E}}/\partial T\right)_{px}$ i $\left(\partial^2 V_{\mathrm{m}}^{\mathrm{E}}/\partial T^2\right)_{px}$,

$$\left(\frac{\partial G_{\mathrm{m}}^{\mathrm{E}}}{\partial p}\right)_{\mathrm{Tx}} = V_{\mathrm{m}}^{\mathrm{E}}, \tag{113}$$

$$\left(\frac{\partial H_{\mathrm{m}}^{\mathrm{E}}}{\partial p}\right)_{\mathrm{Tx}} = V_{\mathrm{m}}^{\mathrm{E}} - T\cdot\left(\frac{\partial V_{\mathrm{m}}^{\mathrm{E}}}{\partial T}\right)_{\mathrm{px}}, \tag{114}$$

$$\left(\frac{\partial S_{\mathrm{m}}^{\mathrm{E}}}{\partial p}\right)_{\mathrm{Tx}} = -\left(\frac{\partial V_{\mathrm{m}}^{\mathrm{E}}}{\partial T}\right)_{\mathrm{px}}, \tag{115}$$

$$\left(\frac{\partial C_{\mathrm{pm}}^{\mathrm{E}}}{\partial p}\right)_{\mathrm{Tx}} = -T\cdot\left(\frac{\partial^2 V_{\mathrm{m}}^{\mathrm{E}}}{\partial T^2}\right)_{\mathrm{px}}. \tag{116}$$

Same wartości nadmiaru funkcji molowej można uzyskać przez całkowanie. Na przykład, zależność ciśnieniowa nadmiaru energii Gibbsa zdefiniowana jako

$$G_{\mathrm{m}}^{\mathrm{E}}(p) - G_{\mathrm{m}}^{\mathrm{E}}(p_0) = \int_{p_0}^{p} V_{\mathrm{m}}^{\mathrm{E}} dp \text{ at } T, x = \text{constant}, \tag{117}$$

gdzie $G_{\mathrm{m}}^{\mathrm{E}}(p_0)$ jest wartość nadmiaru energii Gibbsa przy ciśnieniu referencyjnym p_0. Tak więc, problem termodynamiki mieszanin ogranicza się do dokładnego określenia nadmiaru objętości molowych w funkcji temperatury i ciśnienia z wiarygodnych danych $pvTx$ doświadczalnych. Z reguły bezwzględne wartości nadmiaru objętości molowych $V_{\mathrm{m}}^{\mathrm{E}}$ są małe w porównaniu z samymi $V_{\mathrm{m}}^{\mathrm{E}}$ objętościami molowymi, jednak wahania $V_{\mathrm{m}}^{\mathrm{E}}$ ciśnienia, temperatury i stężenia są porównywalne z V_{m}. Dlatego też EOS oparty na nadmiarze objętości molowych.

$$V_{\mathrm{m}}(p,T,x) = V_{\mathrm{m}}^{\mathrm{ideal}}(p,T,x) + V_{\mathrm{m}}^{\mathrm{E}}(p,T,x), \tag{118}$$

powinien być dokładniejszy niż w oparciu o objętość molową mieszaniny $V_{\mathrm{m}}(p,T)$. W (118) $V_{\mathrm{m}}^{\mathrm{ideal}}(p,T,x) = x\cdot V_{\mathrm{m}}\cdot(p,T,1) + (1-x)\cdot V_{\mathrm{m}}\cdot(p,T,0)$ jest to idealna objętość molowa mieszaniny, która jest całkowicie określona na podstawie wartości czystych składników, x jest frakcją molową 1-decenu i $V_1 = V_m(p,T,1)$ $V_2 = V_m(p,T,0)$ są to $V_2 = V_m(p,T,0)$ odpowiednio objętości molowe czystych składników (1-okten i 1-decen) przy tych samych ciśnieniach p i temperaturach T.

Obecne zmierzone gęstości dla dwuskładnikowej mieszaniny 1-oktenu + 1-dekenu ($x = 0{,}444$ frakcja molowa), wraz z wartościami dla czystych składników podanymi wcześniej w [11], zostały wykorzystane do obliczenia nadmiaru objętości molowych jako

$$V_m^E(p,T,x) = V_m(p,T,x) - V_m^{ideal}(p,T,x), \qquad (119)$$

gdzie $V_m(p,T,x)$ jest to obecna, określona doświadczalnie objętość molowa mieszaniny o stężeniu x w danej temperaturze T i ciśnieniu p. Nadmiar objętości molowych stanowi o nieidealności mieszaniny i odzwierciedla charakter oddziaływań pomiędzy czystymi składnikami cząsteczek. Nadmiar objętości molowej dostarcza bardzo użytecznych informacji o strukturalnych i międzycząsteczkowych interakcjach pomiędzy składnikami mieszaniny cząsteczek o różnych rozmiarach, kształtach i charakterze chemicznym. Znak i wielkość nadmiaru objętości molowej silnie zależy od fizykochemicznej natury oddziaływań czystych składników cząsteczek oraz ich rozmiarów i kształtów.

Na rys. 62 pokazano zależność stężenia uzyskanych nadmiarowych objętości molowych przy wybranych stałych ciśnieniach oraz dwóch wybranych izotermach 298,15 K i 471,00 K.

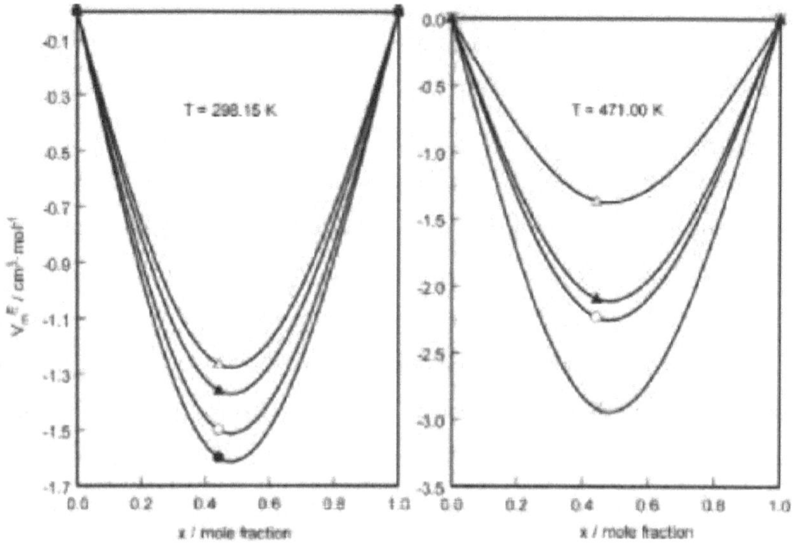

Rys. 62. Nadmiar objętości molowych mieszaniny 1-oktenu i 1-dekenu w funkcji stężenia wzdłuż różnych izobarów przy dwóch wybranych izotermach. •, 0,098 MPa; ○, 24,51 MPa; ▲, 49,03 MPa; ×, 98,06 MPa; △, 196,13 MPa

Jak widać na rys. 62, uzyskane wartości dla mieszanin $V_{\mathrm{m}}^{\mathrm{E}}$ 1-okten + 1-deken ($x = 0.444$ frakcja molowa 1-dekenu) są ujemne dla wszystkich mierzonych temperatur i ciśnień. Ujemne wartości nadmiaru objętości molowych $V_{\mathrm{m}}^{\mathrm{E}}$ oznaczają, że udział objętości molowej idealnej mieszaniny $V_{\mathrm{m}}^{\mathrm{ideal}}$ jest dominujący w porównaniu z objętością molową rzeczywistej mieszaniny 1-oktenu + 1-dekenu, $V_{\mathrm{m}}(p,T,x)$ tj. $V_{\mathrm{m}}^{\mathrm{ideal}}(p,T,x) > V_{\mathrm{m}}(p,T,x)$. Tak więc, dodanie cząsteczek 1-dekenu do 1-oktenu przy stałej temperaturze i ciśnieniu zmniejsza objętość molową mieszanki w $V_{\mathrm{m}}(p,T,x)$ porównaniu z mieszanką idealną. Oznacza to, że dodanie cząsteczek 1-oktenu do 1-oktenu powoduje wzrost gęstości lokalnej (zmienia się również struktura lokalna wokół cząsteczek 1-oktenu) cząsteczek 1-oktenu wokół cząsteczek 1-oktenu (całkowita objętość molowa mieszaniny maleje) w porównaniu z idealną mieszaniną lub gęstością objętościową czystego 1-oktenu. Tak więc, dodanie 1-dekenu do 1-oktenu może spowodować zmiany w topologii cząsteczek 1-dekenu lub 1-oktenu. Ten "efekt upakowania" spowodował zmniejszenie objętości molowej mieszanki w porównaniu z mieszanką idealną. Dlatego też zachowanie się nadmiaru objętości molowych zależy od zjawisk mikroskopowych obejmujących lokalne perturbacje struktury wywołane obecnością cząsteczek 1-dekenu w 1-oktenie. Ujemne wartości nadmiaru objętości molowych $V_{\mathrm{m}}^{\mathrm{E}}$, przyczyniające się do ściśnięcia objętości rzeczywistej mieszaniny 1-oktenu + 1-dekenu są dominujące w porównaniu z mieszaniną idealną. Dlatego też mieszanina 1-oktenu + 1-dekenu zachowuje się atrakcyjnie (funkcja Krichevskiego dla tej mieszanki jest ujemna, $(\partial p/\partial x)_{\upsilon T} < 0$ *tzn.* patrz rys. 63). Na przykład, przy 298,15 K i gęstości 750,89 kg·m-3 wartość $(\partial p/\partial x)_{\upsilon T} = -68.56\,\mathrm{MPa}$. Ujemna wartość pochodnej ($(\partial p/\partial x)_{\upsilon T}$ funkcja Krichevskiego) oznacza, że kiedy do pierwszego składnika (1-oktenu) dodaje się drugi składnik (1-okten) w stałej temperaturze i objętości, ciśnienie w układzie spada na skutek zwiększenia lokalnej gęstości cząsteczek 1-oktenu wokół cząsteczek 1-oktenu lub, innymi słowy, przebudowy lokalnej struktury cząsteczek 1-oktenu wokół cząsteczek 1-oktenu. Zależności nadmiaru $V_{\mathrm{m}}^{\mathrm{E}} - p$ objętości molowych od temperatury $V_{\mathrm{m}}^{\mathrm{E}} - T$ i ciśnienia podano na rysunkach 64 i 65.

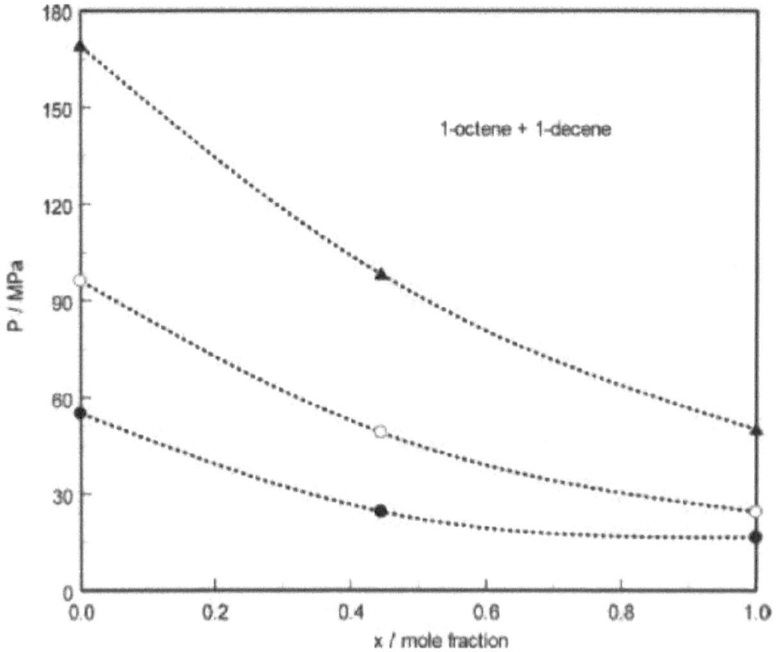

Rys. 63. Ciśnienie dwuskładnikowej mieszaniny 1-oktenu i 1-dekenu w funkcji stężenia wzdłuż różnych izoterm-izoktów. ● 750 kg·m-3 i 298,15 K; ○, 752 kg·m-3 i 322,15 K; ▲, 763 kg·m-3 i 354,15 K

Jak wynika z rys. 64, biegnie on $V_{\mathrm{m}}^{\mathrm{E}}$ przez maxima od 400 K do 430 K, gdzie $\left(\partial V_{\mathrm{m}}^{\mathrm{E}}/\partial T\right)_{px}=0$. Ciśnienie nieznacznie przesuwa maksymalny do wysokiego zakresu temperatur. Tak więc zależność entropii trzonowej od ciśnienia $\left(\frac{\partial S_{\mathrm{m}}^{\mathrm{E}}}{\partial p}\right)_{Tx}=-\left(\frac{\partial V_{\mathrm{m}}^{\mathrm{E}}}{\partial p}\right)_{px}=0$, *tj.* nadmiar entropii wzdłuż tych izotermii jest niezależny od ciśnienia i $\left(\frac{\partial S_{\mathrm{m}}^{\mathrm{E}}}{\partial p}\right)_{Tx}$ zmienia znak. Zależność nadmiaru objętości molowej od ciśnienia przedstawiono na rys. 65 dla dwóch wybranych izotermów. Krzywa zależności od ciśnienia $V_{\mathrm{m}}^{\mathrm{E}}$

przechodzi również przez maksymalne wartości około 60 MPa w wysokich temperaturach i 120 MPa w niskich. Obliczone na podstawie otrzymanych nadmiarów objętości molowych$V_m^E(p,T)$ i ich pochodnych temperaturowych oraz $(\partial V_m^E/\partial T)_{px}$ $(\partial^2 V_m^E/\partial T^2)_{px}$ wartości pochodnych ciśnieniowych pozostałych nadmiarów właściwości molowych (HmE, SmE i CpmE) przedstawiono na rys. 66.

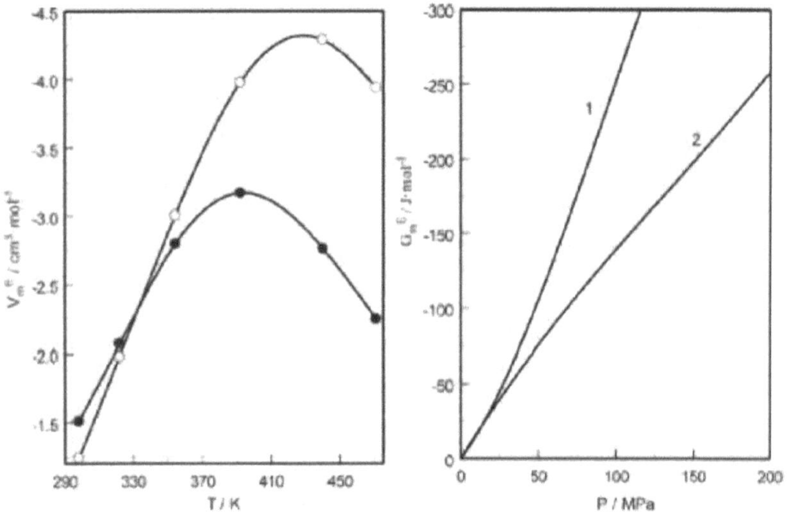

Rys. 64. Zależność od temperatury nadmiaru objętości molowych (po lewej) i zależność od ciśnienia nadmiaru energii Gibbsa (sztywność) wybrane

izobary i izotermy, odpowiednio. •, 24,51 MPa; ○, 0,098 MPa; 1, 471,00 K; 2, 298,15 K

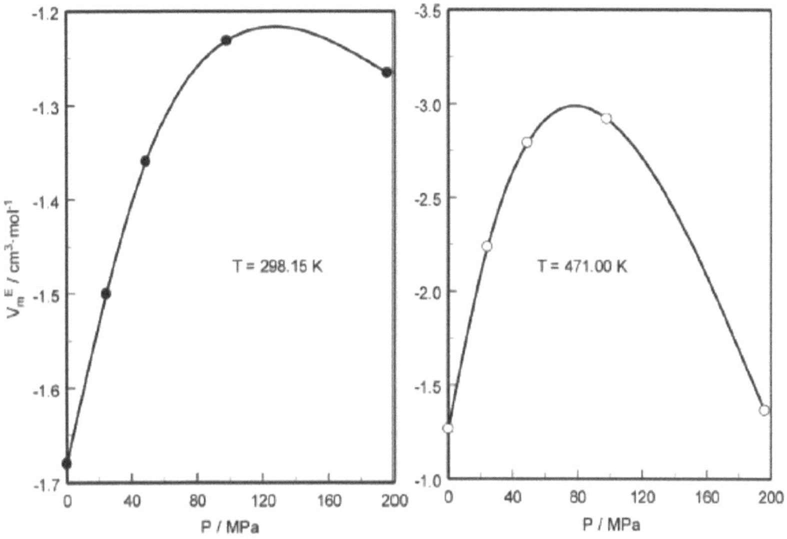

Rys. 65. Zależność ciśnieniowa nadmiaru objętości molowych mieszaniny 1-oktenu i 1-dekenu wzdłuż wybranych izotermów

$\left(\frac{\partial S_{\mathrm{m}}^{\mathrm{E}}}{\partial p}\right)_{\mathrm{Tx}}$ (malejąca wraz z temperaturą) i ($\left(\frac{\partial C_{\mathrm{pm}}^{\mathrm{E}}}{\partial p}\right)_{\mathrm{Tx\,px}}$ rosnąca wraz z temperaturą) wykazują liniowe zachowanie temperatury, natomiast $\left(\frac{\partial H_{\mathrm{m}}^{\mathrm{E}}}{\partial p}\right)_{\mathrm{Tx}}$ (malejąca wraz z temperaturą) nieznacznie odbiega od liniowości. Uzyskane z równania (117) wartości zależności ciśnienia od nadmiaru energii Gibbsa dla dwóch wybranych izoterm 298,15 K i 471,00 K są pokazane na Rys. 64 (po prawej).

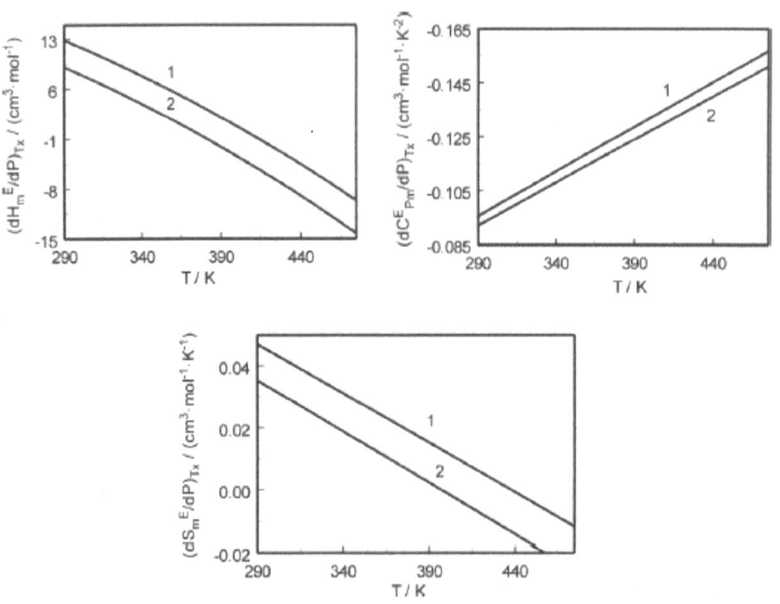

Rys. 66. Zależność nadmiaru entalpii molowej od ciśnienia, molowej pojemności cieplnej, molowej entropii mieszaniny 1-oktenu i 1-dekenu w funkcji temperatury w wybranych izobarach. 1 - 24,51 MPa; 2 - 98,06 MPa

7.1.1.2. Równanie typu taitowego stanu dla mieszaniny 1-okten + 1-deken

Zmierzone gęstości mieszaniny ($x = 0.444$ frakcji molowej) przy ciśnieniu atmosferycznym zostały dopasowane do prostego równania wielomianowego

$$\rho_{0m}(T, x, p = 0.1) = e_0 + e_1 \cdot T + e_2 \cdot T^2, \tag{120}$$

gdzie $e_0 = 841.390812$ $e_1 = -0.096872\,\mathrm{K}^{-1}$, , i $e_2 = -0.000927\,\mathrm{K}^{-2}$ są parametry dopasowania. Równanie (120) odtwarza obecne zmierzone gęstości dla mieszanin 1-okten + 1-deken przy ciśnieniu atmosferycznym w dowolnych temperaturach pomiędzy 298K a 382K w ramach AAD =

0,05% (odchylenie standardowe wynosi 0,06%, $\alpha = 0.95$). Zmierzone gęstości dla mieszaniny 1-oktenu + 1-dekenu pod wysokim ciśnieniem zostały wykorzystane do opracowania równania stanu Tait (EOS).

$$\frac{\rho - \rho_{0\mathrm{m}}}{\rho_{0\mathrm{m}}} = c_{\mathrm{m}} \cdot \ln\left(\frac{B_{\mathrm{m}} + p}{B_{\mathrm{m}} + p_0}\right), \tag{121}$$

gdzie c_{m} jest bezwymiarowy parametr Tait, słaba funkcja temperatury lub prawie stała; B_{m} jest gęstość Parametr Tait, tylko funkcja temperatury; $\rho_{0\mathrm{m}}$ jest gęstość mieszaniny przy ciśnieniu odniesienia (p_0 zwykle $p_0 =$ 0,098 MPa, patrz Eq. (120)). Niestety, teoria nie może przewidzieć wyraźnej matematycznej postaci zależności parametrów Tait (c_{m} i B_{m}) od temperatury dla czystych płynów i mieszanek dwuskładnikowych. Ponieważ nie ma teoretycznych wytycznych dotyczących funkcjonalnej formy zależności parametrów Tait od temperatury, a $B_{\mathrm{m}}(T)$ $c_{\mathrm{m}}(T)$ jej ocena opiera się na obecnych danych doświadczalnych dotyczących gęstości mieszaniny 1-okten + 1-deken. Wyraźne formy funkcyjne funkcji temperaturowych oraz $B_{\mathrm{m}}(T)$ $c_{\mathrm{m}}(T)$ w Tait EOS (równanie 121) zostały utworzone przy użyciu oprogramowania do regresji symbolicznej "Eureqa" [134], *tj.* optymalnych struktur funkcji temperaturowych i $B_{\mathrm{m}}(T)$ $c_{\mathrm{m}}(T)$ zostały utworzone przez "Eureqa" przy użyciu obecnych pomiarów gęstości dla mieszaniny 1-okten + 1-deken. Dla innych mieszanek struktura i $B_{\mathrm{m}}(T)$ $c_{\mathrm{m}}(T)$ funkcja może być różna, w zależności od danych doświadczalnych. Uzyskana optymalna forma funkcjonalna dla obu parametrów Tait i $B_{\mathrm{m}}(T)$ jest $c_{\mathrm{m}}(T)$ prostą wielomianową funkcją temperatury.

$$B_{\mathrm{m}} = f_0 + f_1 \cdot T + f_2 \cdot T^2, \tag{122}$$

$$c_m = h_0 + h_1 \cdot T, \qquad (123)$$

gdzie f_0, f_1, f_2, h_0 , i h_1 są regulowane parametry dopasowania. Tait-type EOS (121) był wcześniej szeroko i z powodzeniem stosowany przez wielu autorów dla czystych płynów i mieszanek dwuskładnikowych [99, 111-133]. Uzyskane wartości parametrów okucia dla mieszaniny 1-okten + 1-deken to $f_0 = -13.991368$ MPa; $f_1 = 0.585176$ MPa$\cdot$K^{-1}; $f_2 = -0.000929$ MPa$\cdot$K^{-2}; oraz $h_0 = -0.046219$ $h_1 = 0.000490$ K^{-1}. Tak więc w sumie Tait EOS (równanie 121) dla dwuskładnikowej mieszaniny 1-oktenu + 1-dekenu zawiera minimum (pięć) regulowanych parametrów. Tait pochodny EOS (121) odtworzył obecne zmierzone wartości gęstości dla mieszaniny 1-oktenu + 1-dekenu w całym zakresie temperatury i ciśnienia doświadczalnego w ramach AAD = 0,11%. Maksymalne odchylenie wynosi 0,4% (tylko jeden punkt danych), Bias = 0,003%, St.Dev = 0,16%, a St. Error = 0,03% $(\alpha = 0.95)$. Stwierdziliśmy, że wartości bezwymiarowego parametru Tait $c_m(T)$ zmieniają się bardzo nieznacznie (maleją) wraz z temperaturą i można je uznać za stałe (0,135) bez znacznej utraty dokładności reprezentacji. Opracowany Tait-type EOS (121) został z powodzeniem wykorzystany w naszych wcześniejszych pracach (Abdulagatov i in. [130-133]) do dokładnego odwzorowania pomiarów gęstości dla dwuskładnikowych mieszanin (ciecz jonowa + alkohol): etanol + [BMIM][BF4], metanol + [BMIM][BF4], metanol + [BMIM][PF6], oraz metanol + [BMIM+][OcSO4-]. Z powodzeniem stosowaliśmy również Tait EOS (121) w naszych poprzednich publikacjach [11-14] dla czystego 1-heksenu, 1-heptenu, 1-oktenu, 1-dekenu i ich mieszanek dwuskładnikowych 1-heksen + 1-okten i 1-heksen + 1-deken. EOS typu Tait był również bardzo dokładnie badany w innych badaniach (patrz np. [99, 111-133]) i był stosowany do czystych cieczy i mieszanin oraz zalecany do przedstawiania danych o gęstości doświadczalnej w fazie ciekłej. Hofman i wsp. [121] użyli Tait-type EOS do przedstawienia gęstości doświadczalnych dla mieszaniny metanolu+[C2MIM][EtSO4]. Gu i Brennecke [111] z powodzeniem zastosowali model typu Tait, aby reprezentować pomiary wysokiej gęstości ciśnieniowej dla ILs z dokładnością (0,08 do 0,30)%. Tait-type EOS został również przetestowany na danych o wysokiej gęstości ciśnieniowej dla wielu innych płynów (patrz np. Tekac *i in.* [139]). Jak już wcześniej pokazali Kumagai i inni [116, 140, 141, 198] parametr Tait $B(T)$jest odwrotnie proporcjonalny do temperatury dla niektórych czystych płynów, $B \propto 1/T$. Zuniga-Moreno i Galicia-Luna [123] zaproponowali liniową funkcję temperatury dla$B(T)$, choć niektórzy inni badacze [124, 125] uznali ją $B(T)$za kwadratową funkcję temperatury. Cibulka i Zikova [122] zaproponowali funkcję temperatury sześciennej dla $B(T)$i liniową funkcję temperatury w $c(T)$celu rozszerzenia możliwości zastosowania Tait EOS dla 1-propanolu do wysokich temperatur (do 534 K). Ostatnio Tomida i wsp. [135] opracowali EOS typu Tait dla cieczy jonowych, gdzie i $B(T)$ $c(T)$są one niezależne od temperatury (stałe). Wcześniej Kumagai i Iwasaki [140] zaobserwowali również, że parametr Tait może$c(T)$ być przyjmowany jako stały (niezależny od temperatury) i może mieć tę samą wartość dla serii płynów [136, 137, 198]. Kashiwagi i wsp. [138] użyli stałej wartości $c = 0.21$toluenu i zoptymalizowali wartości w $B(T)$funkcji temperatury. Gibson i Loeffer [137] zasugerowali, że c dla wszystkich związków aromatycznych może być uznane za 0,216. Dla czystego 1-heksenu i 1-heptenu wartości c obliczone w naszej poprzedniej publikacji [12] mieszczą się odpowiednio w granicach (0,11 do 0,21) i (0,11 do 0,20).

Jak stwierdzono w [11], wartości parametru Tait *c* dla 1-oktenu zmieniają się od (0,13 do 0,14), a dla 1-dekenu od (0,11 do 0,15), natomiast aktualny wynik dla mieszaniny 1-okten + 1-deken zmienia się od (0,10 do 0,18), w zakresie temperatur doświadczenia od 298K do 472K. Tak więc, dla większości badanych płynów wartości bezwymiarowego parametru Tait *c* wahają się w granicach od 0,11 do 0,20. Jak stwierdzono w niniejszym opracowaniu, wartość *c* można uznać za stałą (ok. 0,15) bez znacznej utraty dokładności prezentacji danych o gęstości doświadczenia.

7.1.2. Lepkość

Zmierzone wartości lepkości dla mieszanin 1-okten + 1-deken przedstawiono w tabeli 18 wraz z danymi dotyczącymi gęstości w tych samych temperaturach T i ciśnieniach p i przedstawiono na rysunkach 67-69 jako rzuty w $h-p$, $h-T$, oraz w $h-x$ płaszczyznach wraz z wartościami obliczonymi na podstawie modelu korelacji (patrz poniżej równanie (131)).

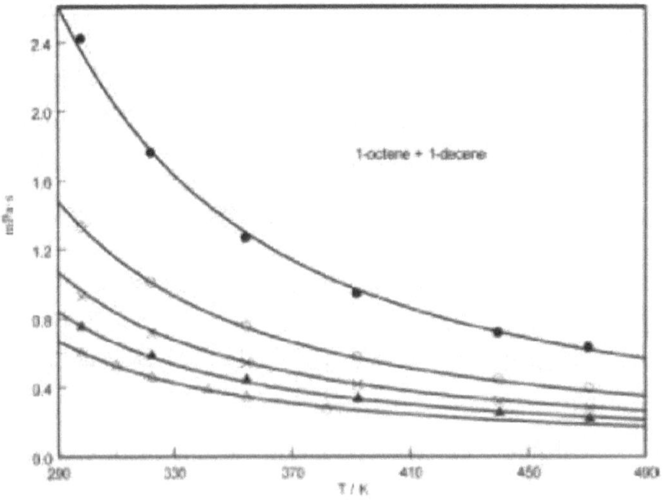

Rys. 67. Mierzona lepkość dwuskładnikowej mieszaniny 1-oktenu + 1-dekenu w funkcji temperatury w różnych izobarach. - △0,098 MPa; ▲ - 24,51 MPa; ×- 49,03 MPa; ○ - 98,06 MPa; • - 196,13 MPa; (-----), obliczone z równania (131)

Pomiary lepkości wykonywano przy stałych ciśnieniach (dla pięciu izobarów) w zakresie od (0,098 do 196) MPa w funkcji temperatury od 298K do 471K dla jednego składu 0,444 frakcji molowej 1-decenu. Zależność zmierzonych lepkości mieszanki dwuskładnikowej od temperatury pokazano na rys. 67 wzdłuż różnych izobarów doświadczalnych. Zmierzone wartości lepkości mieszanki gwałtownie maleją wraz z początkowym wzrostem temperatury powyżej temperatury otoczenia (298 K), zwłaszcza przy wysokich ciśnieniach, takich jak zachowanie czystego składnika. W wysokich temperaturach (powyżej około T 450 K) szybkość zmian lepkości jest bardzo mała (prawie stała, około -0,00065 mPa·s·K-1 przy niskich ciśnieniach i -0,002 mPa·s·K-1 przy wysokich ciśnieniach). Wraz ze wzrostem ciśnienia zwiększa się tempo zmian lepkości w temperaturze. Współczynnik temperaturowy lepkości dla $\beta_{Tx} = \frac{1}{\eta}\left(\frac{\partial \eta}{\partial T}\right)_{px}$ mieszanki dwuskładnikowej zmienia się od -0,0137 K-1 do -0,0031K-1 przy niskich ciśnieniach i od -0,0137 K-1 do -0,0041 K-1 przy wysokich ciśnieniach. Obecne dane dotyczące lepkości mieszaniny 1-oktenu + 1-dekenu w funkcji ciśnienia dla różnych izotermów przedstawiono na rys. 68 wraz z wartościami obliczonymi na podstawie modelu korelacji (patrz poniżej równanie (131)). Jak można zauważyć, zależność lepkości mieszaniny od ciśnienia odbiega od liniowości, zwłaszcza w niskich temperaturach, a przy wysokich ciśnieniach (powyżej 150 MPa) zaobserwowano gwałtowne zmiany. Ciśnieniowy współczynnik lepkości mieszanki waha $\beta_{Tx} = \frac{1}{\eta}\left(\frac{\partial \eta}{\partial T}\right)_{px}$ się w granicach (6,78 × 10-5 do 7,06 × 10-5) MPa-1 w niskich temperaturach i od (1,21 × 10-4 do 1,53 × 10-5) MPa-1 w wysokich temperaturach.

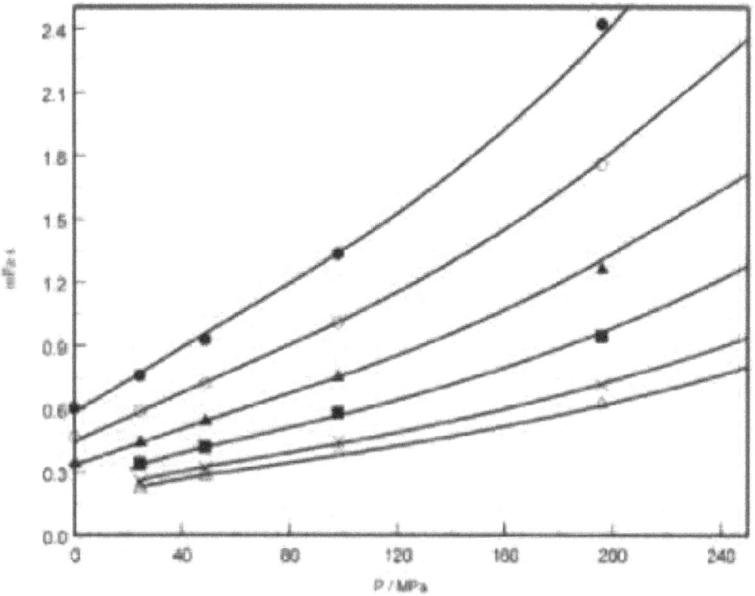

Rys. 68. Zmierzona lepkość dwuskładnikowej mieszaniny 1-oktenu i 1-dekenu w funkcji ciśnienia przy różnych izotermach. • - 298,15 K; ○ - 322,30 K; ▲ - 354,21 K; ■ - 392,21; ×- 440,27 K; △- 471,00 K; (-----), obliczane na podstawie równania (131).

Rys. 69 ilustruje zależność stężeń zmierzonych lepkości dwuskładnikowej mieszaniny 1-oktenu + 1-dekenu wraz z wartościami czystych składników z naszej poprzedniej publikacji [11] dla dwóch wybranych izoterm 298,15 K i 470 K dla różnych izobarów. Zmierzone lepkości mieszanki leżą na liniach prostych łączących czyste wartości składników o różnych nachyleniach. Przy niskich ciśnieniach *h-x* wykazuje małe nachylenia, natomiast przy wysokich ciśnieniach zaobserwowano gwałtowne zmiany nachylenia zależności *h-x* (patrz rys. 69).

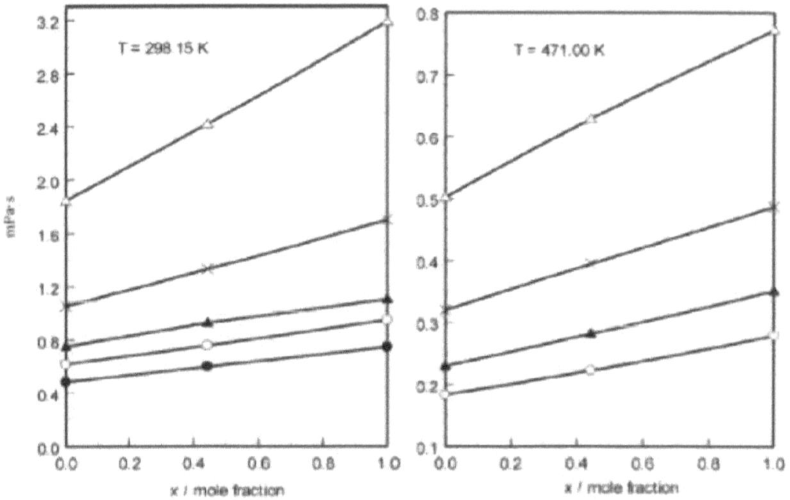

Rys. 69. Zmierzona lepkość dwuskładnikowej mieszaniny 1-oktenu i 1-dekenu w funkcji stężenia w różnych izobarach dla dwóch wybranych izoterm. •, - 0,098 MPa; ○, - 24,51 MPa; ▲, - 49,03 MPa; ×- 98,06 MPa; △- 196,13 MPa; (-----), obliczone z równania (131)

Na rys. 70 przedstawiono zależności temperatury (po lewej) i ciśnienia (po prawej) mierzonych lepkości mieszaniny wraz z czystymi składnikami (1-heksen, 1-okten i 1-deken) od wartości [11, 12] przy wybranym ciśnieniu 98,06 MPa i wybranej izotermie 322,75 K. Rysunek zawiera również zmierzone wartości lepkości dla pozostałych mieszanin (1-heksen + 1-deken [13] i 1-heksen + 1-okten [14]) związanych z obecną dwuskładnikową mieszaniną 1-okten + 1-deken. Jak widać, lepkość 1-dekenu jest wyższa niż innych czystych składników i mieszanek dwuskładnikowych.

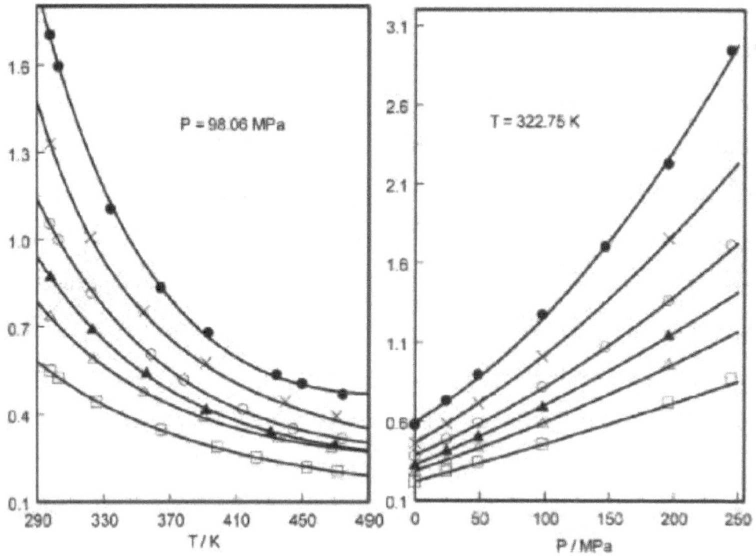

Rys. 70. Zmierzona lepkość dwuskładnikowej mieszaniny 1-oktenu i 1-dekenu w funkcji temperatury przy wybranym izobarze 98,06 MPa (po lewej) i ciśnienia przy wybranym izotermie 322,75 K (po prawej) wraz z danymi dotyczącymi czystych składników podanymi w naszych poprzednich publikacjach [11, 12]. •, - 1 - deken [11]; ○, - 1 - okten [11]; □, - 1-heksen [12×]; , 1-okten i 1-deken mieszanka dwuskładnikowa (ta praca); ▲, 1-heksen + 1-deken [13]; △, 1-heksen + 1-okten [14]; (-----), obliczone na podstawie równań (121) i (131).

7.1.2.1. Różnica lepkościowa

Znana koncepcja nadmiaru funkcji i idealnych właściwości mieszaniny jest często i z powodzeniem stosowana w termodynamice (nadmiar objętości molowej, nadmiar ciepła molowego, nadmiar entalpii molowej *itp.*) do opisania odchyleń rzeczywistych właściwości mieszaniny od idealnych właściwości mieszaniny (patrz wyżej pkt. 7.1.1). Idealna objętość molowa mieszanki jest wynikiem dobrze znanego prawa Amagatu dotyczącego objętości dodatków. Jednakże dla właściwości transportowych, na przykład lepkości, definicja "lepkości mieszanki idealnej" nie została jeszcze właściwie zdefiniowana, chociaż wiele badań wykorzystuje ją do analitycznego przedstawiania mierzonych wartości lepkości. Początkowo pojęcie "odchylenia lepkości" (lub "różnicy lepkości") zostało empirycznie zapożyczone z właściwości termodynamicznych mieszaniny (z definicji nadmiaru właściwości termodynamicznych mieszaniny, patrz np. powyżej równania 118), aby przedstawić zmierzone wartości lepkości dla rzeczywistej mieszaniny. Jest to empiryczne rozszerzenie prawa Amagatu w zakresie ilości dodatków na właściwości transportowe, choć nadal nie zostało to naukowo potwierdzone. Wielu autorów z powodzeniem wykorzystało to podejście jako prosty sposób na dokładne odwzorowanie eksperymentalnych danych o lepkości dla rzeczywistych mieszanin (patrz np. [181-187]). Większość dostępnych modeli lepkości mieszaniny opiera się na różnych zasadach ważenia mieszaniny (arytmetycznych, geometrycznych, harmonicznych, logarytmicznych *itp.*), które odnosiły się do lepkości czystych składników η1 i η2 (przy średniej ważonej stężenia).

$$\eta_{\mathrm{m}} = x \cdot \eta_2 + (1-x) \cdot \eta_1 \text{ arithmetical} \tag{124}$$

$$\eta_{\mathrm{m}} = \eta_2^{1-x} \cdot \eta_{1\,1}^{x} \text{ geometrical} \tag{125}$$

$$\eta_{\mathrm{m}} = \left[\frac{x}{\eta_2} + \frac{(1-x)}{\eta_1}\right]^{-1} \text{ or } \frac{1}{\eta_{\mathrm{m}}} = \frac{x}{\eta_2} + \frac{(1-x)}{\eta_1}, \text{ harmonic} \tag{126}$$

$$\ln \eta_{\mathrm{m}}^{\mathrm{ide}} = x \cdot \ln \eta_2 + (1-x) \cdot \ln \eta_1, \text{ logarithmic.} \tag{127}$$

Ważona logarytmiczna reguła mieszania (127) (prawo "idealnej lepkości mieszanki") jest jedną z najprostszych reguł mieszania i jest wygodna do praktycznego stosowania. Wszystkie te zasady mieszania automatycznie zapewniają spełnienie do punktów końcowych warunków dla czystych składników (dla stężeń i $x = 0$ $x = 1$). Prawo idealnej mieszaniny" (127) dla lepkości jest wynikiem dodania wolnej energii aktywacji dla lepkości na bazie frakcji molowej w teorii szybkości bezwzględnej Eyringa (patrz również [190, 191]). W pierwszym podejściu sugestię tę można uznać za teoretyczne uzasadnienie użycia terminologii "idealna lepkość mieszanki", choć wymaga ona mocniejszego teoretycznego potwierdzenia. Z mikroskopijnego punktu widzenia, prawo "idealnej lepkości mieszaniny" (127) oznacza, że wpływ interakcji krzyżowej pomiędzy cząsteczkami czystych składników a rzeczywistą zmierzoną lepkością mieszaniny jest nieznacznie mały, szczególnie gdy kształt i wielkość oraz charakter chemiczny składników mieszaniny są zbliżone (termodynamicznie jak cząsteczki). Jednak w mieszaninach, w których interakcja pomiędzy cząsteczkami czystych składników jest silna, nie można pominąć odchylenia od "prawa idealnej mieszanki" (127). Tak więc koncepcja "idealnej lepkości mieszanki" może być jakościowo uzasadniona z mikroskopijnego punktu widzenia. Badania różnicy lepkości mieszanin mogą być wykorzystane do badania zmian strukturalnych w mieszaninie i interakcji między odmiennymi cząsteczkami składników mieszaniny, *tj.* dostarczają użytecznych informacji na temat charakteru interakcji między odmiennymi cząsteczkami mieszaniny. Różnica w lepkości odzwierciedla pochodzenie nieidealności w mieszaninie (stanowi o nieidealności), szczególnie w mieszaninach, które wykazują silne interakcje pomiędzy termodynamicznie odmiennymi cząsteczkami składników (kształt, wielkość, polaryzacja, orientacja, charakter chemiczny *itp.* Dla dogłębnego zrozumienia natury i mechanizmu fizycznego i chemicznego właściwości mieszaniny potrzebne są dokładne badania doświadczalne różnic w lepkości i lepkości. Innymi słowy, wartości

$\ln\Delta\eta_m(p,T,x)$ określonego wpływu oddziaływań pomiędzy cząsteczkami 1-oktenu i 1-dekenu na lepkość rzeczywistej mieszaniny. Dlatego też różnica lepkości, podobnie jak nadmiar właściwości termodynamicznych (np. nadmiar objętości molowej) jest bardzo użytecznym narzędziem do dokładnego odwzorowania danych o lepkości doświadczalnej i badania zmian mikrostruktury mieszanin. Obecne dane dotyczące lepkości mieszaniny wraz z wartościami czystych składników z naszej wcześniejszej pracy [11] zostały wykorzystane do obliczenia różnicy lepkości jako

$$\begin{aligned}\Delta\ln\eta_m(p,T,x) &= \ln\eta_m(p,T,x) - x\cdot\ln\eta_2(p,T,1) - \\ &-(1-x)\cdot\ln\eta_1(p,T,0)\end{aligned} \tag{128}$$

gdzie i $\eta_1=\eta_m(p,T,1)$ gdzie jest $\eta_2=\eta_m(p,T,0)$ lepkość czystych składników [11] odpowiednio 1-okten i 1-deken; $\Delta\ln\eta_m(p,T,x)$ jest to różnica lepkości pomiędzy rzeczywistą (mierzoną) a "mieszaniną idealną" (127). Wartości $\Delta\ln\eta_m(p,T,x)$ uzyskane na podstawie aktualnych danych o lepkości mieszaniny oraz wcześniej podawanych danych o lepkości dla czystych składników [11] w funkcji stężenia dla dwóch wybranych izoterm 298,15K i 470,00K dla różnych izobarów doświadczalnych przedstawiono na rycinie 71. Jak wynika z tej liczby, uzyskane wartości dla mieszanin $\Delta\ln\eta_m$ 1-okten + 1-deken są stosunkowo małe (maksymalna wartość wynosi około 0,042 mPa·s lub około 7%) i dodatnie. Niewielkie wartości wynikają $\Delta\ln\eta_m$ z bliskości rzeczywistej lepkości mieszaniny z "lepkością idealną mieszaniny" (127), *tzn.* zmierzona lepkość jest $\Delta\ln\eta_m$ niemal liniową funkcją stężenia (patrz również Rys. 69), jak równanie (127) dla "prawa lepkości idealnej mieszaniny". Te same niewielkie odchylenia dla innych właściwości stwierdzono dla innych mieszanek, takich jak (metanol + etanol, heptan + oktan, *itp.*) ze związkami termodynamicznie podobnymi (patrz np. [190, 191]). Dodatnie wartości różnicy lepkości $\Delta \ln \eta_m$ oznaczają, że lepkość składowa rzeczywistych mieszanin 1-okten + 1-deken jest $\Delta \ln \eta_m$ nieco wyższa od wartości idealnych mieszaniny (np. (127)). Różnica lepkości staje się bardziej dodatnia wraz ze wzrostem ciśnienia (patrz Rys. 71).

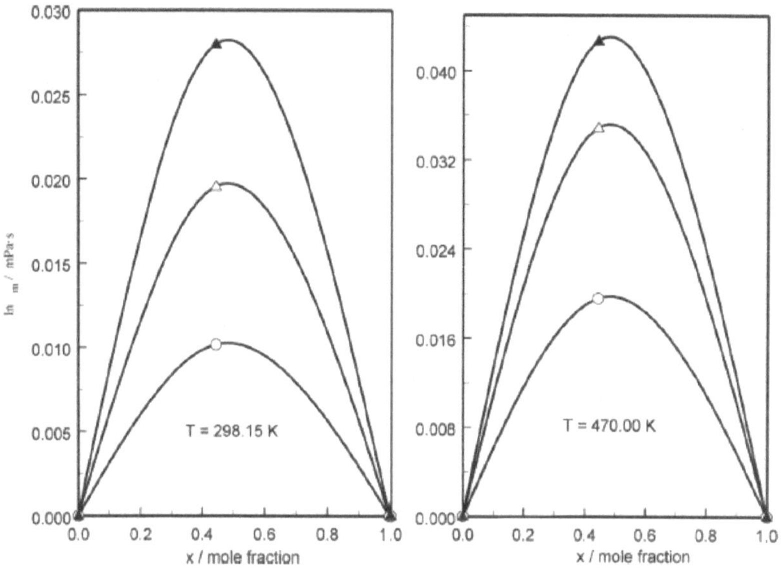

Rys. 71. Różnice w lepkości mieszaniny 1-oktenu + 1-dekenu w funkcji stężenia wzdłuż różnych wybranych izobarów izotermicznych. ○, 24,51 MPa; △, 98,06 MPa; ▲, 196,13 MPa.

7.1.2.2. Modele korelacji lepkościowej

Charakterystykę temperaturową mierzonych wartości lepkości mieszanki można najlepiej odwzorować poprzez dopasowanie do wykładniczej funkcji temperatury (patrz poniżej równanie (129)), co jest zgodne z teorią szybkości bezwzględnej Eyringa (Glasstone i in. [142])

(równanie typu Arrhenius-Andrade). Obserwowane doświadczalnie zachowanie się w temperaturze lepkości mieszanek dwuskładnikowych i czystych składników (patrz rys. 67 i 70 po lewej) jest w dobrym stanie, zgodnie z teorią szybkości bezwzględnej (patrz poniżej). Ponieważ teoria dotycząca lepkości mieszanin płynnych jest niedostępna, jej ocena jest empiryczna (lub półempiryczna) i opiera się wyłącznie na danych doświadczalnych. Zależność lepkości czystego składnika od temperatury przy ciśnieniu atmosferycznym jest bardzo dobrze znana i może być reprezentowana przez teoretycznie oparte na równaniach typu Arrhenius-Andrade [142-144],

$$\eta(T) = b_0 \exp\left(\frac{b_1}{T}\right) \quad \text{lub} \quad \ln\eta(T) = \ln b_0 + \frac{b_1}{T}. \qquad (129)$$

gdzie b_0 jest lepkość, $\eta = \eta_\infty (T \to \infty)$ na granicy wysokiej temperatury; $b_1 = \varepsilon_{1a}/\mathrm{R}$ oraz gdzie jest $\varepsilon_{1a} = \Delta H_1$ energia aktywacji przepływu (entalpia aktywacji), gdzie T jest w równaniu K. Równanie (129) zostało teoretycznie potwierdzone przez teorię szybkości bezwzględnej Eyringa (Glasstone i in. [142]). Równanie to z powodzeniem stosowano wcześniej do przedstawiania danych o lepkości doświadczalnej dla roztworów wodnych [145-148] i cieczy jonowych [135]. Jak widać na przykładzie (129), entalpię aktywacji $\Delta H/R$ można obliczyć bezpośrednio na podstawie danych o lepkości doświadczalnej z nachylenia linii prostej ($\ln\eta \approx T^{-1}$ patrz Rys. 72). Dla niektórych płynów i mieszanin płynów krzywa doświadczalna lnη w stosunku do T^{-1} nie jest linią prostą (patrz np. [11, 145-148]) w wysokich temperaturach i w tym przypadku zależność Arrheniusa od klasy (równanie 129) może być nieznacznie zmodyfikowana w celu rozszerzenia zakresu temperatur, w którym obowiązuje to równanie (patrz np. [17, 80]).

$$\eta(T) = b_0 \exp\left(\frac{b_1}{T} + \frac{b_2}{T^2}\right) \quad \text{lub} \quad \ln\eta(T) = \ln b_0 + \frac{b_1}{T} + \frac{b_2}{T^2}. \quad (130)$$

W naszych poprzednich publikacjach [17, 80, 83] dane dotyczące lepkości MEG, DEG, TEG i ich mieszanek dwuskładnikowych w wysokich temperaturach i pod wysokim ciśnieniem zostały dopasowane do równania (130). Jak widać na rys. 73, obecne T^{-1}krzywe porównawcze dla $\ln\eta_{\mathrm{m}}$ mieszaniny 1-okten + 1-deken nieznacznie odbiegają od liniowości.

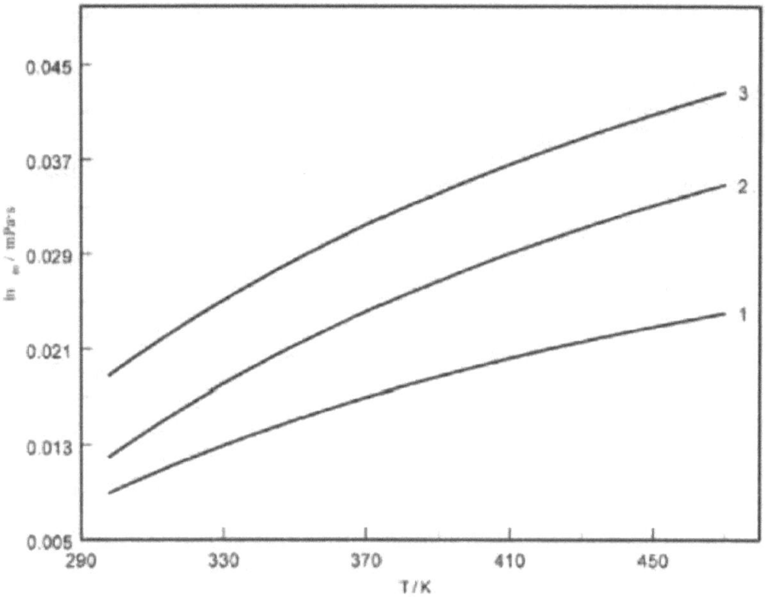

Rys. 72. Różnice lepkości mieszaniny 1-oktenu i 1-dekenu w funkcji temperatury wzdłuż różnych wybranych izobarów, obliczone z wykorzystaniem korelacji (19) dla mieszaniny i czystych składników od [11]: 1 - 49,03 MPa; 2 - 98,06 MPa; 3 - 196,13 MPa.

Tak więc w tej pracy dla zmierzonych lepkości dla 1-oktenu + 1-dekenu zastosowaliśmy zmodyfikowaną relację Arrhenius-Andrade

$$\ln \eta_{m}(T,p) = \ln b_{0m} + \frac{b_{12}}{T} + \frac{b_{13}}{T^{2}} \qquad (131)$$

ze współczynnikami zależnymi od ciśnienia, $\ln b_{0m}$ b_{12} oraz b_{13}

$$\ln b_{0m} = a_0 + \frac{a_1}{p} + \frac{a_2}{p^2};\ b_{12} = c_0 + c_1 \cdot p \text{ and } b_{13} = d_0 + d_1 \cdot p. \qquad (132)$$

Uzyskane dla aktualnie mierzonych lepkości wartości parametrów okucia wynoszą a_0 = -2,427022; a_1 = -5,179039; a_2 = 0,504655; c_0 = 202,708794; c_1 = 3,185451; d_0 = 137095,827 oraz d_1= -457,604789. Równanie (131) z parametrami zależnymi od ciśnienia (132) przedstawia aktualną zmierzoną lepkość dla mieszaniny 1-okten + 1-deken z odchyleniem statystycznym AAD = 1,56%; Bias = -0,02%; St.dev = 1,91%; St.err = 0,35%, i Max. dev = 4,04%.

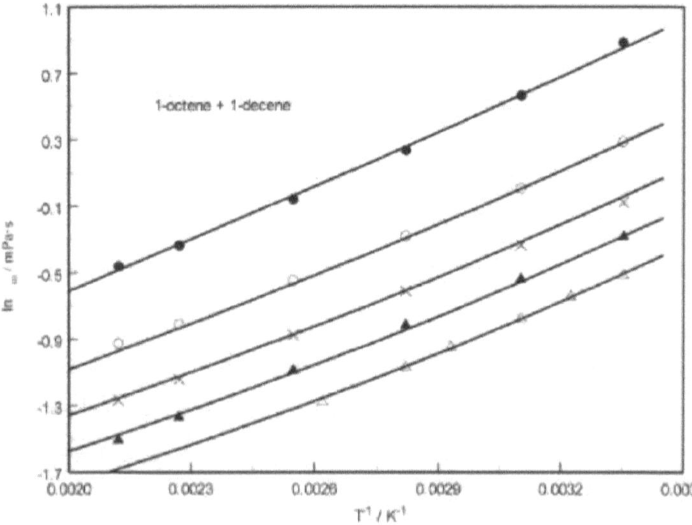

Rys. 73. Zmierzone wartości lepkości $\ln \eta_m$ dwuskładnikowej mieszaniny 1-oktenu i 1-dekenu w funkcji T^{-1} wzdłuż różnych izobarów.△ , 0,098

MPa; ▲, 24,51 MPa; ×, 49,03 MPa; ○, 98,06 MPa; ●, 196,13 MPa; (-----), obliczone z równania (131)

7.2. Wnioski

Gęstość i lepkość ciekłych mieszanin dwuskładnikowych 1-okten + 1-deken zostały zmierzone jednocześnie w zakresie temperatur od 298K do 471K i przy ciśnieniach do 196 MPa z wykorzystaniem technik ważenia hydrostatycznego i opadania korpusu. Pomiary wykonano wzdłuż pięciu izobarów (0,098, 24,51, 49,03, 98,06 i 196,13) MPa w funkcji temperatury dla jednego składu 0,444 frakcji molowej 1-decenu. Uzyskane wartości nadmiaru objętości molowej dla mieszanin 1-okten + 1-deken są ujemne we wszystkich mierzonych temperaturach i ciśnieniach, natomiast różnice lepkości są małe (maksymalna wartość wynosi 0,042 mPa·s) i dodatnie. Przy wysokich ciśnieniach różnice w lepkości stają się bardziej pozytywne. Opracowano równanie typu Tait stanu dla gęstości mieszaniny 1-oktenu + 1-dekenu w cieczy z prostymi (liniowymi i kwadratowymi) funkcjami temperatury dla parametrów Tait c_{m} B_{m} i z minimalnymi regulowanymi parametrami. Stwierdziliśmy, że wartości bezwymiarowego parametru Tait $c_{\mathrm{m}}(T)$ zmieniają się bardzo nieznacznie (maleją) wraz z temperaturą i można je uznać za stałe (0,135) bez znacznej utraty dokładności reprezentacji danych gęstości mierzonej. AAD pomiędzy zmierzoną i obliczoną na podstawie Tait-type EOS wartością gęstości mieszanki wynosi AAD = 0,11% (St. Dev = 0,16%, a = 0,95). Pochodne nadmiaru objętości molowych $V_m^E(p,T)$ i ich pochodnych temperaturowych i $(\partial V_{\mathrm{m}}^{\mathrm{E}}/\partial T)_{px}$ $(\partial^2 V_{\mathrm{m}}^{\mathrm{E}}/\partial T^2)_{px}$ zostały wykorzystane do obliczenia pochodnych ciśnieniowych nadmiaru właściwości molowych (HmE, SmE, i CpmE).

Wartości ($\left(\frac{\partial S_{\mathrm{m}}^{\mathrm{E}}}{\partial p}\right)_{Tx}$ malejące wraz z temperaturą) i ($\left(\frac{\partial C_{\mathrm{pm}}^{\mathrm{E}}}{\partial p}\right)_{\mathrm{Tx}}$ rosnące wraz z temperaturą) wykazują liniowe zachowanie się temperatury, natomiast ($\left(\frac{\partial H_{\mathrm{m}}^{\mathrm{E}}}{\partial p}\right)_{\mathrm{Tx}}$ malejące wraz z temperaturą) nieznacznie odbiegają od liniowości. Teoretycznie rozszerzone równanie typu Arrhenius-Andrade z parametrami zależnymi od ciśnienia zostało wykorzystane do przedstawienia zależności między temperaturą a ciśnieniem zmierzonych lepkości 1-oktenu + 1-dekenu w całym zakresie temperatur i ciśnień doświadczalnych. AAD pomiędzy zmierzoną i obliczoną wartością lepkości mieszanki wynosi 1,56% (St. dev = 1,91%, $\alpha = 0.95$).

Rozdział 8. Gęstość i lepkość trójskładnikowego x1 1-heksen(1) + x2 1-okten(2) + (1 - x1 - x2) 1-Deken(3) Mieszanina w wysokich temperaturach i wysokich ciśnieniach

Wprowadzenie

Do dokładnego pomiaru gęstości i lepkości trójskładnikowej mieszaniny 1-heksenu + 1-oktenu + 1-dekenu wykorzystano nowy aparat doświadczalny [17] do jednoczesnych pomiarów gęstości i lepkości cieczy i mieszanin ciekłych w wysokich temperaturach (od temperatury pokojowej do 500 K) i przy wysokich ciśnieniach (do 250 MPa). Metoda opiera się na połączeniu dwóch dobrze znanych technik pomiaru gęstości (ważenie hydrostatyczne) i lepkości (opadające ciało). Techniki te zostały połączone w tej samej celi pomiarowej [17]. Konstrukcja komory pomiarowej, procedura pomiarów oraz analiza niepewności zostały szczegółowo opisane w naszej poprzedniej publikacji [17]. W innych naszych publikacjach [11-15, 80, 83] metoda i aparatura zostały z powodzeniem wykorzystane do dokładnych pomiarów gęstości i lepkości n-heptanu, glikolu monoetylenowego (MEG), glikolu dietylenowego (DEG), glikolu trietylenowego (TEG) oraz ich dwuskładnikowych (50% MEG + 50% DEG, 50% MEG + 50% TEG, 50% DEG + 50% TEG) i trójskładnikowych (33.33% MEG + 33,33% DEG + 33,34% TEG) oraz mieszaniny dwuskładnikowe 1-heksenu + 1-dekenu, 1-heksenu + 1-oktenu i 1-oktenu + 1-dekenu w temperaturach od 293K do 473K i przy ciśnieniach do 245 MPa. W pracy tej wykorzystaliśmy ten sam aparat, bez modyfikacji, do pomiaru gęstości i lepkości trójskładnikowej mieszaniny 1-heksenu + 1-oktenu + 1-dekenu w wysokich temperaturach od 298K do 471K i przy wysokich ciśnieniach (do 196 MPa).

Z przeglądu literatury wynika, że nie ma pomiarów gęstości i lepkości trójskładnikowych mieszanek 1-heksenu + 1-oktenu + 1-dekenu. Poszukiwanie literatury opierało się na archiwum TRC/NIST [109]. Głównym celem niniejszej pracy jest zatem dostarczenie nowego zestawu dokładnych danych doświadczalnych dotyczących gęstości i lepkości trójskładnikowej mieszaniny 1-heksenu + 1-oktenu + 1-dekenu w szerokim zakresie temperatur i wysokich ciśnień. Czyste składniki (1-heksen, 1-okten i 1-deken) oraz ich mieszanka dwuskładnikowa (1-heksen + 1-deken, 1-heksen + 1-okten i 1-okten + 1-deken) zostały zgłoszone wcześniej [11-15]. Innym celem niniejszego opracowania jest obliczenie nadmiaru właściwości molowych $\left(G_{\mathrm{m}}^{\mathrm{E}}, H_{\mathrm{m}}^{\mathrm{E}}, S_{\mathrm{m}}^{\mathrm{E}}, C_{\mathrm{m}}^{\mathrm{E}}\right)$i ich pochodnych ciśnieniowych, $\left(\frac{\partial G_{\mathrm{m}}^{\mathrm{E}}}{\partial p}\right)_{\mathrm{Tx}}, \left(\frac{\partial H_{\mathrm{m}}^{\mathrm{E}}}{\partial p}\right)_{\mathrm{Tx}} \left(\frac{\partial S_{\mathrm{m}}^{\mathrm{E}}}{\partial p}\right)_{\mathrm{Tx}} \left(\frac{\partial C_{\mathrm{pm}}^{\mathrm{E}}}{\partial p}\right)_{\mathrm{Tx}}$, w funkcji temperatury i ciśnienia z wykorzystaniem nadmiaru objętości molowych, $V_{\mathrm{m}}^{\mathrm{E}}(p,T)$pochodzących z obecnych pomiarów gęstości. Opracowaliśmy również teoretyczny model korelacji lepkości typu Arrhenius-Andrade dla trójskładnikowej mieszaniny cieczy 1-heksen + 1-okten + 1-deken. Obecne wyniki znacznie rozszerzają dostępną bazę danych termodynamicznych dla mieszanin zawierających n-alkeny. Praca ta jest częścią ciągłego programu dotyczącego właściwości termodynamicznych i transportowych węglowodorów nienasyconych i ich mieszanin w wysokich temperaturach i wysokich ciśnieniach.

8.1. Wyniki i dyskusje

8.1.1. Gęstość zaludnienia

Pomiary gęstości trójskładnikowej mieszaniny 1-heksenu + 1-oktenu + 1-dekenu w funkcji temperatury i ciśnienia przeprowadzono dla jednej kompozycji o x_1 = frakcji molowej 0,4257 (1-heksen), $x_2 = 0,3190$ (1-okten) i $x_3 = 0,2553$ (1-deken) w zakresie temperatur od 298K do 471K i przy ciśnieniach od (0,098 do 196) MPa. Dane dotyczące gęstości i lepkości czystego składnika (1-heksen, 1-okten i 1-deken) oraz mieszanek dwuskładnikowych (1-heksen + 1- decen, 1-heksen + 1-okten, 1-okten + 1-deken) zostały przedstawione wcześniej przy użyciu tej samej techniki [11-15]. Zmierzone wartości gęstości i lepkości dla mieszaniny przedstawiono w tabeli 19. Niektóre wybrane wyniki eksperymentów dla mieszanki trójskładnikowej przedstawiono na rysunkach 74 i 75 jako rzuty w płaszczyźnie $\rho - T$ $\rho - p$ i rzuty. Wpływ drugiego (dwuskładnikowa mieszanka 1-heksenu + 1-oktenu) i trzeciego (trójskładnikowa mieszanka 1-heksenu + 1-oktenu + 1-dekanu) składników na zachowanie się czystego 1-heksenu pod wpływem temperatury i ciśnienia przedstawiono na rysunkach 76 i 77. Jak można zauważyć, wpływ temperatury i ciśnienia na gęstość dla mieszanin czystych, dwuskładnikowych i trójskładnikowych (podobnych) cieczy jest prawie taki sam, różniący się jedynie wielkością gęstości. Jak pokazano na rys. 76, gęstości 1-heksenu i 1-oktenu są niższe niż w mieszaninie trójskładnikowej, natomiast gęstości 1-dekenu są wyższe niż w mieszaninie trójskładnikowej. Dodanie 1-oktenu do 1-heksenu zwiększa gęstość, podczas gdy dla mieszaniny trójskładnikowej 1-heksen + 1-okten + 1-deken (dodanie 1-dekenu do mieszaniny dwuskładnikowej 1-heksen + 1-okten), mierzone gęstości są mniejsze niż dla 1-dekenu.

Zmierzone wartości gęstości mieszanki trójskładnikowej oraz dla czystych składników i mieszanek dwuskładnikowych zmniejszają się płynnie wraz ze wzrostem temperatury dla każdego izobara. Jednak tempo zmian gęstości jest różne w różnych zakresach temperatur. Przy wysokich ciśnieniach spadki izobarów, $(\partial\rho/\partial T)_{px}$ są prawie stałe ($\rho - T$ zależność jest prawie liniowa), natomiast przy niskich ciśnieniach $(\partial\rho/\partial T)_{px}$ są to funkcje temperatury ($\rho - T$ krzywe wykazują krzywiznę, znacznie odbiegającą od liniowości), wzrastające wraz ze wzrostem temperatury.

Tabela 19

Temperatury doświadczalne (T, K), gęstości (ρ, kg-m-3), ciśnienia (p, MPa) i lepkości (η, mPa-s) dla mieszaniny trójskładnikowej 1-heksen + 1-okten + 1-deken o stężeniu molowym $x_1 = 0{,}4257$ (1-heksen), $x_2 = 0{,}3190$ (1-okten), i $x_3 = 0{,}2553$ (1-deken)[a]

T	ρ	η	T	ρ	η
1	2	3	4	5	6
P=0,098 MPa			*P=24*,51 MPa		
298.15	708.72	0.444	298.15	730.44	0.555
303.15	705.29	0.429	322.79	715.78	0.442
303.29	705.19	0.425	354.22	695.38	0.344
313.15	696.47	0.376	396.57	664.89	0.256
314.39	695.19	0.378	435.62	633.73	0.206
323.65	684.35	0.351	470.55	603.37	0.178
P=49,03 MPa			*P=98*,06 MPa		

298.15	745.58	0.674	298.15	772.68	0.941
322.75	733.23	0.533	322.70	760.10	0.736
354.27	715.95	0.417	354.20	743.73	0.572
396.45	690.25	0.317	396.10	721.55	0.438
435.39	663.91	0.259	435.44	700.30	0.359
470.34	638.12	0.227	470.29	681.14	0.317

Koniec tabeli 19

1	2	3	4	5	6
P=196,13 MPa					
298.15	807.79	1.637	–	–	–
322.47	798.28	1.235	–	–	–
354.09	785.43	0.930	–	–	–
396.06	767.55	0.696	–	–	–
435.29	749.96	0.567	–	–	–
470.17	733.63	0.500	–	–	–

[a] Standardowe niepewności u wynoszą: $u(T)$ =0,02 K; $u(P)$=0,05 %; $u(\rho)$=0,15 % (przy niskich ciśnieniach, *P<100* MPa) do 0,30 % (przy wysokich ciśnieniach, P>100 MPa); = 1,5 $u(\eta)$% (przy niskich ciśnieniach, P<100 MPa) do 2,0 % (przy wysokich ciśnieniach, P>100 MPa*)*

Jak widać na Rys. 75, zmierzone gęstości mieszanki trójskładnikowej również zwiększają się płynnie wraz z ciśnieniem. Jednak charakterystyka zależności ciśnienia od gęstości dla różnych izotermii jest różna (patrz rys. 75), tzn. wpływ ciśnienia na gęstość mieszanki trójskładnikowej jest różny dla różnych zakresów temperatur. Przykładowo, w temperaturach powyżej 400 K, w początkowej części zakresu ciśnień (powyżej 60 MPa) gęstość zmienia się gwałtownie, a nachylenie $\rho - p$ izotermy ( ) wykazuje gwałtowne zmiany, natomiast w niższych temperaturach izotermy $(\rho - p)$ wykazują niewielkie zmiany nachylenia, $(\partial\rho/\partial p)_{Tx}$ szczególnie przy niskich ciśnieniach. Wyraźne zachowanie się krzywych $(\rho - p)$ dla różnych izotermii (patrz rys. 75) wynika z bliskiego zbliżenia do krzywej przejścia fazowego i jest związane ze zjawiskami przejścia przedfazowego.

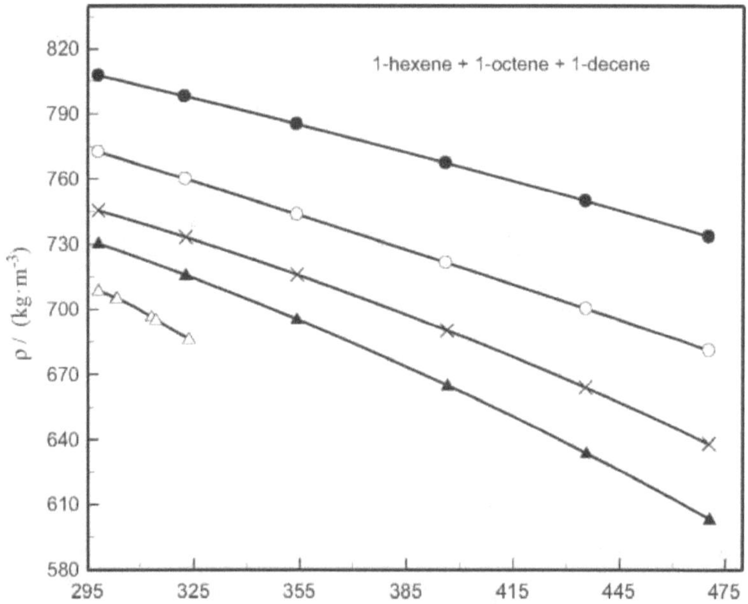

Rys. 74. Zmierzone gęstości mieszaniny 1-heksenu + 1-oktenu + 1-dekenu ($x_1 = 0{,}4257$, $x_2 = 0{,}3190$ i $x_3 = 0{,}2553$) w funkcji temperatury wzdłuż

różnych izobarów. Trójkąt *otwarty,* 0,098 MPa; *trójkąt wypełniony,* 24,51 MPa; *znak mnożenia,* 49,03 MPa; *okrąg otwarty,* 98,06 MPa; *okrąg wypełniony,* 196,13 MPa. *Linie ciągłe* są wartościami interpolowanymi

Na rysunku 76 (po lewej) porównano zależność gęstości zmierzonych dla mieszanki trójskładnikowej przy ciśnieniu 49,03 MPa z wartościami dla czystych składników wzdłuż tego samego izobaru. Zależność gęstości mieszanki trójskładnikowej w temperaturze 435,29 K od ciśnienia i czystych składników w tej samej temperaturze porównano na rys. 76 (po prawej). Wpływ drugiego (1-oktenu) i trzeciego (1-dekenu) składnika na zachowanie się w temperaturze i ciśnieniu czystego 1-heksenu pokazano na rys. 77. W związku z tym, ogólnie rzecz biorąc, zachowanie się gęstości mieszanki trójskładnikowej pod względem temperatury i ciśnienia jest podobne do zachowania się czystych składników i mieszanek dwuskładnikowych, a różnica jest jedynie ilościowa.

Niestety, nie ma żadnych danych dotyczących gęstości doświadczalnej mieszaniny trójskładnikowej, które pozwalałyby na porównanie z obecnymi wynikami.

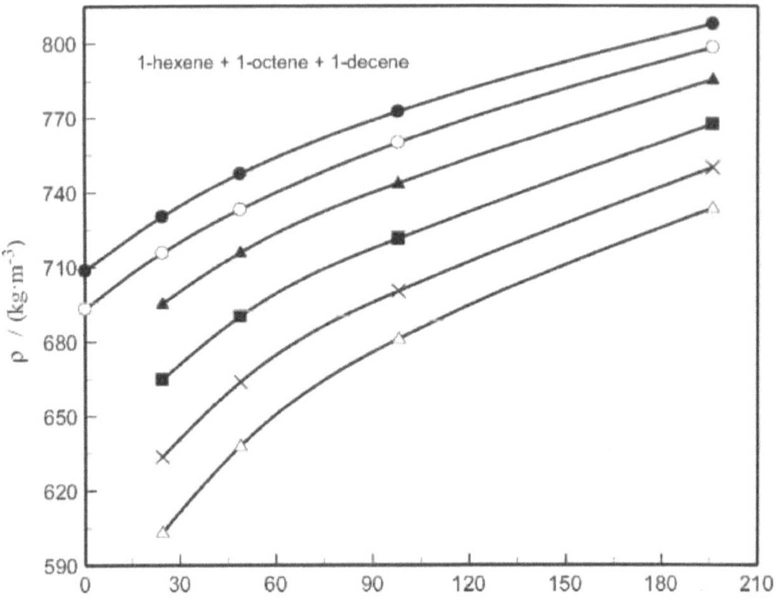

Rys. 75. Mierzone gęstości 1-heksenu + 1-oktenu + mieszaniny 1-dekenu (x_1 =0,4257, x_2 =0,3190 i x_3 =0,2553) w funkcji ciśnienia wzdłuż różnych izotermów. *koło wypełnione,* 298,15 K; *koło otwarte,* 322,30 K; *trójkąt wypełniony,* 354,21 K; *kwadrat wypełniony,* 392,21 K; *znak mnożenia,* 440,27 K; trójkąt otwarty, *trójkąt otwarty,* 471,00 K. *Linie ciągłe* są wartościami interpolowanymi.

Jednakże w celu potwierdzenia wiarygodności metody, dokładności pomiarów i prawidłowego działania urządzenia, w naszej poprzedniej publikacji [12] przedstawiono szczegółowe porównanie zmierzonych gęstości dla czystych składników (1-heksen, 1-okten i 1-deken), mierzonych tą samą metodą i urządzeniem, z dostępnymi danymi zgłoszonymi. Jak wykazano wcześniej [11, 12], zmierzone gęstości czystego 1-oktenu i 1-dekenu zgadzają się z najbardziej wiarygodnymi danymi podanymi odpowiednio w granicach 0,12 i 0,14% przy ciśnieniu atmosferycznym oraz do około 0,3% przy wysokich ciśnieniach, które mieszczą się w ich niepewności doświadczalnej. W przypadku czystego 1-heksenu porozumienie pomiędzy naszym raportem [11] a danymi z literatury mieści się w zakresie od 0,35 do 0,5% przy wysokich ciśnieniach. Dobre uzgodnienie pomiędzy obecnymi i najczęściej podawanymi danymi dla czystych składników potwierdza wiarygodność i dokładność pomiarów dla trójskładnikowej mieszanki i daje nam pewność, że nasze urządzenie działa prawidłowo.

8.1.1.1. Nadmiar objętości biegunowych

Jak wiadomo, pojęcie funkcji nadmiarowych [196 197, 201] jest przydatne do termodynamicznego opisu właściwości mieszaniny cieczy. Nadmiar molowej funkcji termodynamicznej można przedstawić jako różnicę między rzeczywistą termodynamiczną funkcją molową mieszaniny a funkcją idealnej mieszaniny przy tych samych wartościach i T p. zależność nadmiaru funkcji molowych $\left(G_{\mathrm{m}}^{\mathrm{E}}, H_{\mathrm{m}}^{\mathrm{E}}, S_{\mathrm{m}}^{\mathrm{E}}, C_{\mathrm{m}}^{\mathrm{E}}\right)$jest bezpośrednio związana z $V_{\mathrm{m}}^{\mathrm{E}}$ jej pochodnymi temperaturowymi, i $\left(\partial V_{\mathrm{m}}^{\mathrm{E}}/\partial T\right)_{px}$ $\left(\partial^2 V_{\mathrm{m}}^{\mathrm{E}}/\partial T^2\right)_{px}$, i może być całkowicie opisany jako funkcja T, p i [x 196, 197] jak :

$$\left(\frac{\partial G_{\mathrm{m}}^{\mathrm{E}}}{\partial p}\right)_{\mathrm{Tx}} = V_{\mathrm{m}}^{\mathrm{E}}, \tag{133}$$

$$\left(\frac{\partial H_{\mathrm{m}}^{\mathrm{E}}}{\partial p}\right)_{\mathrm{Tx}} = V_{\mathrm{m}}^{\mathrm{E}} - T \cdot \left(\frac{\partial V_{\mathrm{m}}^{\mathrm{E}}}{\partial T}\right)_{\mathrm{px}}, \tag{134}$$

$$\left(\frac{\partial S_{\mathrm{m}}^{\mathrm{E}}}{\partial p}\right)_{\mathrm{Tx}} = -\left(\frac{\partial V_{\mathrm{m}}^{\mathrm{E}}}{\partial T}\right)_{\mathrm{px}}, \tag{135}$$

$$\left(\frac{\partial C_{\mathrm{pm}}^{\mathrm{E}}}{\partial p}\right)_{\mathrm{Tx}} = -T \cdot \left(\frac{\partial^2 V_{\mathrm{m}}^{\mathrm{E}}}{\partial T^2}\right)_{\mathrm{px}}, \qquad (136)$$

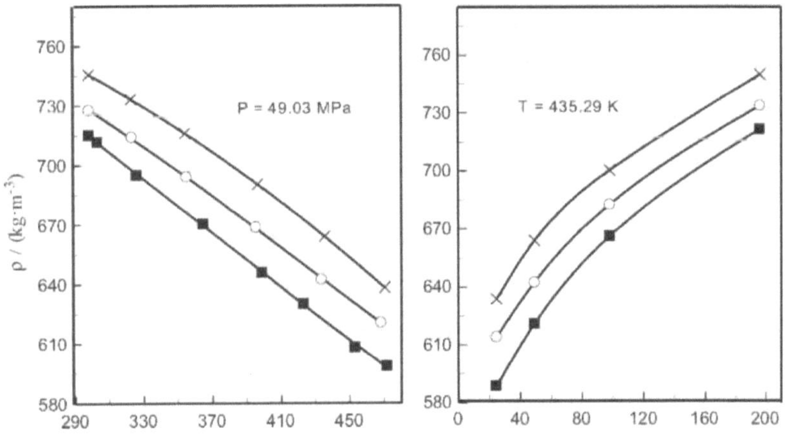

Rys. 76. Mierzone gęstości mieszaniny 1-heksenu + 1-oktenu + 1-dekenu (x_1 =0,4257, x_2 =0,3190 i x_3 =0,2553) w funkcji temperatury *(po lewej)* i ciśnienia *(po prawej)* wzdłuż wybranej izobary 49,03 MPa i izotermy 435,29 K, wraz z danymi dotyczącymi składników czystych [11, 12]; *koło otwarte,* 1-okten [11]; *kwadrat wypełniony,* 1-heksen [12]; *znak mnożenia,* mieszanina trójskładnikowa (ta praca). *Linie ciągłe* są wartościami interpolowanymi

Wartości nadmiarowych różnic funkcji molowych $\left(\Delta G_{\mathrm{m}}^{\mathrm{E}}, \Delta H_{\mathrm{m}}^{\mathrm{E}}, \Delta S_{\mathrm{m}}^{\mathrm{E}}, \Delta C_{\mathrm{pm}}^{\mathrm{E}}\right)$można uzyskać poprzez całkowanie równań (74-77). Na przykład, zależność od ciśnienia nadmiaru energii Gibbsa przy stałej temperaturze i stężeniu (T i x są stałe) jest zdefiniowana jako:

$$G_{\mathrm{m}}^{\mathrm{E}}(p,T) - G_{\mathrm{m}}^{\mathrm{E}}(p_0,T) = \int_{p_0}^{p} V_{\mathrm{m}}^{\mathrm{E}}(T,p)dp \ , \qquad (137)$$

gdzie $G_{\mathrm{m}}^{\mathrm{E}}(p_0,T)$ są wartości nadmiaru energii Gibbsa w funkcji temperatury wzdłuż izobaru odniesienia p_0.

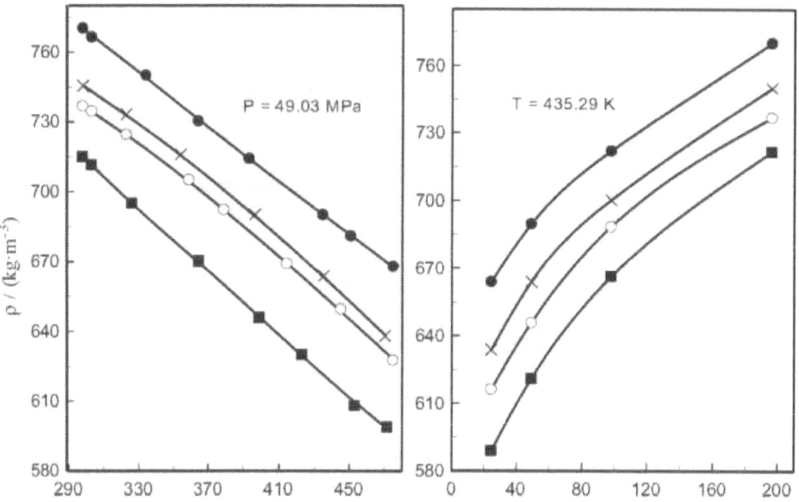

Rys. 77. Wpływ drugiego i trzeciego składnika na zachowanie się temperatury i ciśnienia czystego 1-heksenu: *kwadrat wypełniony,* 1-heksen [12] (czysty); *okrąg wypełniony,* 1-deken [12]; *okrąg otwarty,* 1-heksen + 1-okten [13] (dwuskładnikowy); oraz *znak mnożenia,* dla mieszanki 1-heksen + 1-okten + 1-deken (trójskładnikowy) (ta praca). *Linie ciągłe* są wartościami interpolowanymi

Nadmierne objętości molowe $V_{\mathrm{m}}^{\mathrm{E}}(T,p)$, uzyskane na podstawie aktualnych pomiarów gęstości trójskładnikowej mieszaniny w funkcji temperatury i ciśnienia, wykorzystano do obliczenia nadmiaru różnic właściwości molowych $(\Delta G_{\mathrm{m}}^{\mathrm{E}},\Delta H_{\mathrm{m}}^{\mathrm{E}},\Delta S_{\mathrm{m}}^{\mathrm{E}},\Delta C_{\mathrm{m}}^{\mathrm{E}})$od równań 74-78 (patrz niżej).

8.1.1.2. Nadmiar objętości molowych i równanie stanu dla mieszanin

Tak więc, problem termodynamiki mieszanin sprowadza się do dokładnego określenia nadmiaru objętości molowych w $V_{\mathrm{m}}^{\mathrm{E}}$ funkcji temperatury i ciśnienia, z wiarygodnych pomiarów $pVTx$ eksperymentalnych. Wartości bezwzględne nadmiaru objętości molowej są małe w porównaniu z samymi objętościami molowymi, $V_{\mathrm{m}}^{\mathrm{E}}$ V_{m} jednak wahania $V_{\mathrm{m}}^{\mathrm{E}}$ ciśnienia, temperatury i stężenia są porównywalne z wahaniami ciśnienia, temperatury i stężenia V_{m}. Dlatego EOS oparty na nadmiarze objętości molowej

$$V_{\mathrm{m}}(p,T,x_2,x_3)=V_{\mathrm{m}}^{\mathrm{ideal}}(p,T,x_2,x_3)+V_{\mathrm{m}}^{\mathrm{E}}(p,T,x_2,x_3), \qquad (138)$$

powinien być dokładniejszy niż EOS oparty na objętości molowej mieszaniny $V_{\mathrm{m}}(p,T)$. Na przykład (138)

$$V_{\mathrm{m}}^{\mathrm{ideal}}=x_1\cdot V_{\mathrm{m}}\cdot(p,T,x_1=1)+x_2\cdot V_{\mathrm{m}}\cdot(p,T,x_2=1)+x_3\cdot V_{\mathrm{m}}(p,T,x_3=1) \quad (139)$$

jest objętością molową idealnej mieszaniny, która jest całkowicie określona na podstawie wartości czystych składników (1-heksen, 1-okten i 1-deken):

$$V_{\mathrm{m1}}=V_{\mathrm{m}}(p,T,x_1=1),$$

$$V_{\mathrm{m2}}=V_{\mathrm{m}}(p,T,x_2=1), \text{and}$$

$$V_{\mathrm{m3}}=V_{\mathrm{m}}(p,T,x_3=1)$$

przy tych samych ciśnieniach p i temperaturach T oraz frakcji molowych części składowych x_1, oraz x_2 x_3.

8.1.1.3. Nadmiar objętości molowych i siły międzycząsteczkowe mieszanin

Jak powszechnie wiadomo, nadmiar objętości molowej V_m^E dostarcza bardzo użytecznych informacji na temat strukturalnych i międzycząsteczkowych interakcji pomiędzy cząsteczkami składowymi o różnych rozmiarach, kształtach i charakterze chemicznym. Zmianę objętości przy mieszaniu różnych cieczy molekularnych można przypisać wielu procesom, takim jak: rozpad i $i-i$ $j-j$ interakcja międzycząsteczkowa (pozytywny wpływ na objętość) lub tworzenie się interakcji międzycząsteczkowych (zmniejszenie $i-j$ objętości mieszaniny) oraz efekty upakowania spowodowane różnicami w wielkości i kształcie cząsteczek składowych (pozytywny lub negatywny wpływ) lub powstawaniem nowych gatunków chemicznych, a także [203].

Nadmiar objętości molowej V_m^E można interpretować w kategoriach kilku efektów, które można arbitralnie podzielić na wkład fizyczny, chemiczny i geometryczny [202] (V_m^E jest to wynik zsumowania efektów chemicznych, strukturalnych i fizycznych). Fizyczne interakcje obejmują głównie siły rozpraszające, które dają pozytywny wkład. Oddziaływania chemiczne lub specyficzne powodują skurcz objętościowy i obejmują siły typu przeniesienia ładunku, tworzenie lub rozbijanie wiązań H (gatunki pokrewne) oraz inne złożone oddziaływania tworzące, takie jak dawca-akceptor, dipol-dipol i dipol indukowany [202]. Wkład strukturalny wynikający z geometrycznego dopasowania jednego składnika do drugiego, ze względu na różnice w objętości molowej i objętości swobodnej pomiędzy składnikami (patrz Rys. 78) (tworzenie wiązań pomiędzy różnymi grupami chemicznymi oraz procesy dające większe upakowanie cząsteczek, patrz Rys. 78), prowadzi do ujemnego wkładu do

[V_m^E 202]. Prigogen [201] badał zależność między siłami międzycząsteczkowymi a nadmiarem funkcji termodynamicznych. Powstaniu idealnej mieszanki nie towarzyszy zmiana objętości. Ze względu na oddziaływania molekularne pomiędzy składnikami, objętość molowa prawdziwej mieszaniny zwiększa się lub zmniejsza i lub $V_m^E > 0$ ($V_m^E < 0$ $V_m^E = 0$ odpowiada idealnemu zachowaniu). To zwiększenie lub zmniejszenie objętości molowej przy mieszaniu cieczy może być traktowane jako kryterium i miara interakcji molekularnej pomiędzy podobnymi i niepodobnymi cząsteczkami mieszaniny. Zmiana objętości przy mieszaniu mieszanin ciekłych, V_m^E jest wskaźnikiem nieidealności występującej w rzeczywistych mieszaninach i jest bardzo czułą właściwością termodynamiczną dla interakcji międzycząsteczkowych pomiędzy odmiennymi molekułami oraz istnienia specyficznych interakcji pomiędzy gatunkami i efektów upakowania w mieszaninie.

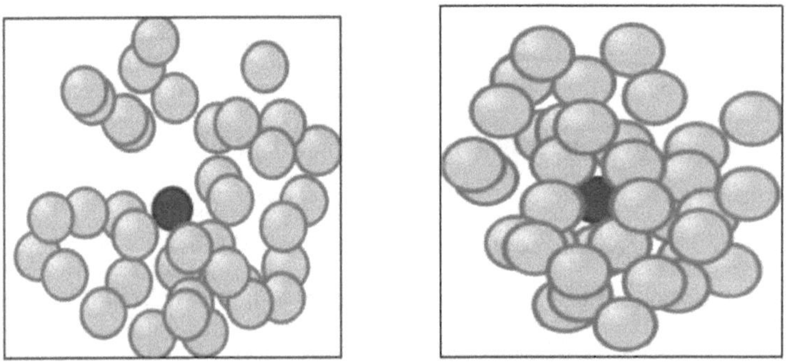

$V_m^E > 0$ $V_m^E < 0$

Rys. 78. Schematyczne przedstawienie układu cząsteczek mieszaniny (miejscowa struktura cząsteczek) wyjaśniające dodatnią i ujemną nadwyżkę objętości molowych

Jak wiadomo [196 197, 201], nadmiar funkcji może być wyrażony poprzez interakcje międzycząsteczkowe pomiędzy odmiennymi molekułami składników mieszaniny. Na przykład [196]:

$$V_{\mathrm{m}}^{\mathrm{E}} = \left(V \cdot T \cdot \alpha_{\mathrm{p}}\right)_0 \left(\frac{1}{f}\right)^{\mathrm{E}}, \tag{140}$$

gdzie funkcja (f bezwymiarowy stosunek charakterystycznych energii) jest definiowana poprzez parametry energetyczne (f_{11}, f_{22}, f_{12} stałe siły międzycząsteczkowej) potencjalnych funkcji podobnych (f_{11} f_{22} i) oraz w przeciwieństwie do (f_{12}) cząsteczek mieszanki. Wartości f_{11}, f_{22}, f_{12} są związane z energiami oddziaływania pomiędzy cząsteczkami mieszaniny odpowiednio jako $u_{ij} = f_{ij} \cdot u_{00} \cdot \left(r/g_{ij}\right)$, z i $f_{ij} = \varepsilon_{ij}/\varepsilon_{00}$ $g_{ij} = \sigma_{ij}/\sigma_{00}$, gdzie i K^{-1} ε_{ij} g_{ij} są stałymi energii i odległości potencjalnej funkcji. Jest oczywiste, że znak nadmiaru funkcji zależy od fizycznej i chemicznej natury cząsteczek oraz charakteru ich wzajemnych oddziaływań międzycząsteczkowych (charakterystyczna funkcja energetyczna f). Udział interakcji międzycząsteczkowych w nadmiarze objętości molowej silnie zależy od ich charakteru chemicznego oraz wielkości i kształtu molekularnego (tj. energii ε_{ij} g_{ij} i odległości potencjalnej funkcji). Na przykład, dla mieszanek o niskiej gęstości (mieszaniny gazowe) nadmiar objętości molowej jest również bezpośrednio definiowany poprzez funkcję potencjału międzycząsteczkowego jako

$$V_{\mathrm{m}}^{\mathrm{E}} = x_1 \cdot x_2 \cdot \left(2 \cdot B_{12} - B_{11} - B_{22}\right), \tag{141}$$

gdzie $B_{ij} = -\frac{1}{2} \cdot \int \left\{\exp\left[-\varepsilon_{ij}(r)/kT\right] - 1\right\} \cdot dr$ są współczynniki wirusowe dla interakcji pomiędzy podobnymi i innymi cząsteczkami mieszanki. W ten sposób zmierzone wartości nadmiaru objętości molowej mogą być wykorzystane do oszacowania wartości B_{ij}, a tym samym potencjalnej funkcji interakcji międzycząsteczkowej $\varepsilon_{ij}(r)$pomiędzy odmiennymi molekułami mieszaniny. W związku z tym nadmiar objętości molowej stanowi o nieidealności mieszaniny i odzwierciedla wpływ na jej objętość oddziaływań czystych cząsteczek składowych o charakterze fizycznym i chemicznym. Znak i wielkość nadmiaru objętości molowej silnie zależy od fizycznej i chemicznej natury oddziaływań molekularnych czystych składników oraz ich rozmiarów, kształtów i struktur. Generalnie (patrz np. [201]), nadmiar objętości molowej zależy od parametrów oddziaływania, takich jak$(2 \cdot f_{ij} - f_{ii} - f_{jj})$

$$V_{\mathrm{m}}^{\mathrm{E}} = V_0 \cdot \left(pK_{\mathrm{T}}^0 - T \cdot \alpha_{\mathrm{p}}^0\right) \cdot \sum x_i \cdot x_j \cdot \left(2 \cdot f_{ij} - f_{ii} - f_{jj}\right), \qquad (142)$$

gdzie (K_{T}^0MPa-1) i (α_{p}^0K-1) są współczynnikami izotermicznej ściśliwości i ekspansywności cieplnej dla składnika odniesienia mieszaniny. Oczywiste jest, że oznaki nadmiaru objętości molowej są zdeterminowane przez$(2 \cdot f_{ij} - f_{ii} - f_{jj})$, *tj. zależność* pomiędzy energiami oddziaływania czystych cząsteczek składowych i w przeciwieństwie do (f_{ii}, f_{jj})parametrów (f_{ij})oddziaływania cząsteczek. Jeśli $2 \cdot f_{ij} < (f_{ii} + f_{jj})$, to $V_{\mathrm{m}}^{\mathrm{E}}$jest negatywne, w przeciwnym razie $V_{\mathrm{m}}^{\mathrm{E}}$jest pozytywne.

8.1.1.4. Pomiar nadmiaru objętości biegunowych i pochodnych funkcji termodynamicznych biegunów

Zmierzone gęstości dla mieszaniny trójskładnikowej 1-heksen + 1-okten + 1-deken, $x_1 = 0{,}4257$ (1-heksen), $x_2 = 0{,}3190$ (1-okten) i $x_3 = 0{,}2553$ (1-deken), wraz z wartościami dla czystych składników podanymi w poprzednich publikacjach [11, 12], zostały wykorzystane do obliczenia nadmiaru objętości molowych jako:

$$V_{\mathrm{m}}^{\mathrm{E}}(p, T, x_2, x_3) = V_{\mathrm{m}}(p, T, x_2, x_3) - V_{\mathrm{m}}^{\mathrm{ideal}}(p, T, x_2, x_3), \qquad (143)$$

gdzie $V_m(p,T,x_2,x_3)$jest mierzona molowa objętość trójskładnikowej mieszaniny o stężeniu (x_2,x_3) w danej temperaturze T i ciśnieniu (p patrz tabela 19), $V_m^{ideal}(p,T,x_2,x_3)$jest to molowa objętość idealnej mieszaniny o tym samym T p składzie [11, 12]. Uzyskane wartości nadmiaru objętości molowej przedstawiono w tabeli 20 i przedstawiono na rysunkach 79 i 80 w funkcji temperatury ($V_m^E - T$) i ciśnienia ($V_m^E - p$) dla wybranych izoterm i izobarów. Jak wynika z tabeli 20, uzyskane wartości V_m^E dla mieszaniny trójskładnikowej są ujemne dla wszystkich mierzonych temperatur i ciśnień. Oznacza to, że na przykład (143) idealna objętość molowa V_m^{ideal} jest większa od eksperymentalnej rzeczywistej objętości molowej, a $V_m(p,T,x_2,x_3)$ V_m^E ujemne wartości nadmiaru objętości molowej pokazują, że ściskanie objętościowe następuje podczas tworzenia rzeczywistej mieszaniny. W odniesieniu do oddziaływań międzycząsteczkowych oznacza to, że dla mieszaniny trójskładnikowej ujemne wartości nadmiaru objętości molowej, wynikają z $V_m^E < 0$ faktu, że oddziaływania między składnikami mieszaniny są silne, a tym samym zacieśniają jej strukturę (patrz rys. 78). Efekt upakowania przyczynia się również do powstawania ujemnych wartości nadmiaru objętości molowych. Tak więc, mieszanie 1-heksenu, 1-oktenu i 1-dekenu, w stałej temperaturze i ciśnieniu, zmniejsza eksperymentalną objętość molową, w $V_m(p,T,x_2,x_3)$porównaniu z idealną mieszaniną, $V_m^{ideal}(p,T,x_2,x_3)$. Jak widać na rys. 5, oznacza to, że lokalna gęstość cząsteczek mieszanki wzrasta, a tym samym zmniejsza się całkowita objętość molowa mieszanki. Dlatego też mieszanie cząsteczek 1-heksenu, 1-oktenu i 1-dekenu zmienia topologię struktury molekularnej mieszaniny ("efekt upakowania", zob. również [204]), tzn. mieszanie prowadzi do przebudowy mieszanki (zmienia lokalną strukturę wokół cząsteczek, gęstość upakowania). Ten proces restrukturyzacji powoduje zmiany w funkcji objętości swobodnej lub rozkładu promieniowego [205-207]. Oczywiste jest, że mieszanina wykazuje zmiany strukturalne, które wynikają z geometrycznego dopasowania jednego składnika do drugiego, ze względu na różnice w objętości molowej i objętości swobodnej składników, co prowadzi do ujemnego nadmiaru objętości [202].

Tabela 20

Nadmiar objętości molowych (V_m^E, cm3·mol-1), ciśnienia (p, MPa), temperatury (T, K) i stężenia dla trójskładnikowej mieszaniny 1-heksenu + 1-oktenu + 1-dekenu (x_1 =0,4257, x_2 =0,3190 i x_3 =0,2553 frakcji molowych)

T	V_m^E	T	V_m^E	T	V_m^E
p=0.098		p=24.51		p=49.03	
298.15	-0.699	298.15	-0.584	298.15	-0.278
303.15	-0.844	322.79	-1.215	322.75	-1.193
313.15	-0.825	354.22	-1.928	354.27	-1.913
323.65	-0.132	396.57	-2.380	396.45	-2.432
–	–	435.62	-1.875	435.39	-2.288
–	–	470.55	-0.954	470.34	-1.327
T	V_m^E	T	V_m^E	T	V_m^E
p=98.06		p=196.13		–	
298.15	-0.622	298.15	-0.521	–	–
322.70	-0.755	322.47	-0.779	–	–
354.20	-1.110	354.09	-1.179	–	–
396.10	-1.566	396.06	-1.560	–	–

435.44	-1.861	435.29	-1.803	–	–
470.29	-2.014	470.17	-2.112	–	–

Standardowe niepewności to: $u\ u(T)$=0,01 K, $u_r(p)$=0,025%, $u(x)$=0,0025 mol%, oraz $u_r(V_m^E)$=0,6%.

Dlatego też zachowanie się nadmiaru objętości molowej mieszaniny silnie zależy od zjawisk mikroskopowych obejmujących lokalne perturbacje (zmiany) struktury spowodowane obecnością różnej wielkości i kształtu cząsteczek mieszaniny. Jak widać na Rys. 79, V_m^E przebiega przez minima temperaturowe (zwłaszcza przy niskich ciśnieniach) około 307 K przy ciśnieniu atmosferycznym i 395 K przy wysokich ciśnieniach, gdzie $(\partial V_m^E/\partial T)_{px} = 0$.

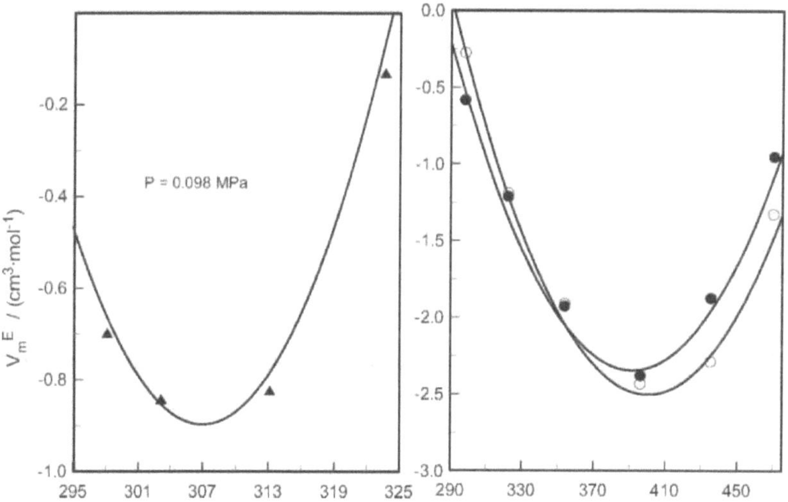

T/KT/K

Rys. 79. Zależność temperaturowa uzyskanych wartości nadmiaru objętości molowej mieszaniny 1-heksenu + 1-oktenu + 1-dekenu

(x_1 =0,4257, x_2 =0,3190 i x_3 =0,2553 frakcji molowych) wzdłuż wybranych izobarów. *Trójkąt wypełniony,* 0,098 MPa; *okrąg wypełniony,* 24,51 MPa; *okrąg otwarty,* 49,03 MPa. *Krzywe stałe* są wygładzonymi danymi

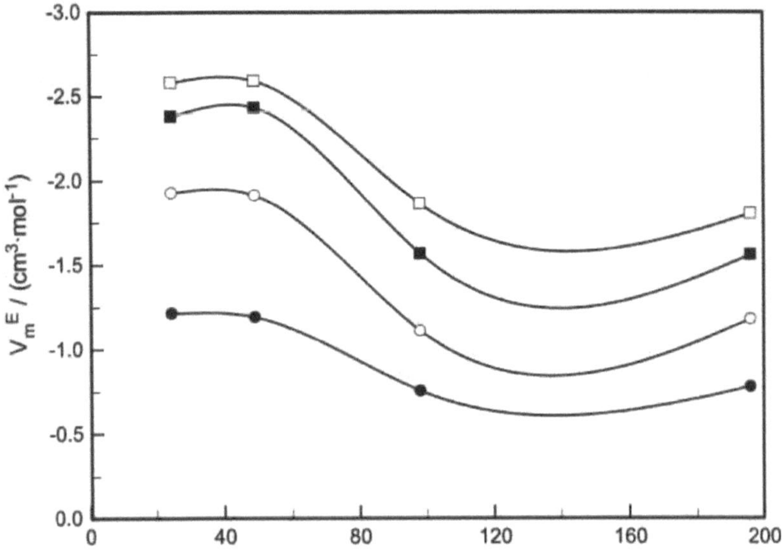

P/MПa

Rys. 80. Zależność ciśnieniowa otrzymanych wartości nadmiaru objętości molowych trójskładnikowej mieszaniny 1-heksenu + 1-oktenu + 1-dekenu (x_1 =0,4257, x_2 =0,3190 i x_3 =0,2553) wzdłuż wybranych izotermów. *Koło wypełnione,* 322,75 K; *koło otwarte,* 354,27 K; *kwadrat wypełniony,* 396,45 K; *kwadrat otwarty,* 435,39 K. *Krzywe stałe* są wygładzonymi danymi

Ciśnienie nieznacznie przesuwa minimum temperaturowe na V_m^E wyższy zakres temperatur. Tak więc, zależność nadmiaru entropii molowej od ciśnienia, tzn. nadmiar $\left(\frac{\partial S_{\mathrm{m}}^{\mathrm{E}}}{\partial p}\right)_{\mathrm{Tx}} = -\left(\frac{\partial V_{\mathrm{m}}^{\mathrm{E}}}{\partial T}\right)_{\mathrm{px}} = 0$ entropii w tej temperaturze jest niezależny od ciśnienia i $\left(\frac{\partial S_{\mathrm{m}}^{\mathrm{E}}}{\partial p}\right)_{\mathrm{Tx}}$ znaku zmian.

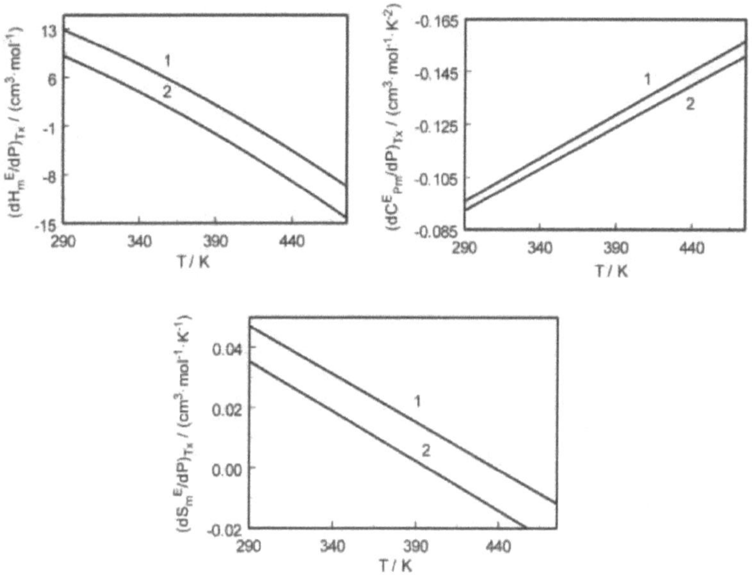

Rys. 81. Uzyskane wartości pochodnych ciśnieniowych nadmiaru entropii molowej, molowej pojemności cieplnej i molowej entropii mieszaniny 1-heksenu + 1-oktenu + 1-dekenu w funkcji temperatury dla dwóch wybranych izobarów: *1* 49,03 MPa; *2* 24,51 MPa

Zależność nadmiaru objętości molowej od ciśnienia przedstawiono na rys. 80 dla czterech wybranych izotermów. Krzywa zależności od ciśnienia $V_{\mathrm{m}}^{\mathrm{E}}$ pokazuje kształty fal dla wszystkich mierzonych izotermii. Obliczone na podstawie otrzymanych nadmiarowych objętości molowych $V_{\mathrm{m}}^{\mathrm{E}}(p,T)$ i ich pochodnych temperaturowych oraz $\left(\partial V_{\mathrm{m}}^{\mathrm{E}}/\partial T\right)_{px}$ $\left(\partial^2 V_{\mathrm{m}}^{\mathrm{E}}/\partial T^2\right)_{px}$ wartości pochodnych ciśnieniowych innych nadmiarowych właściwości molowych $\left(H_{\mathrm{m}}^{\mathrm{E}}, S_{\mathrm{m}}^{\mathrm{E}} \text{ and } C_{\mathrm{pm}}^{\mathrm{E}}\right)$przedstawiono na rys. 81 w funkcji temperatury dla dwóch wybranych ciśnień 24,51 MPa i 49,03 MPa. Jak widać na rys. 81, maleje i $\left(\frac{\partial S_{\mathrm{m}}^{\mathrm{E}}}{\partial p}\right)_{\mathrm{Tx}} \left(\frac{\partial C_{\mathrm{pm}}^{\mathrm{E}}}{\partial p}\right)_{\mathrm{Tx}}$ rośnie wraz z temperaturą, liniowo, natomiast spadek $\left(\frac{\partial H_{\mathrm{m}}^{\mathrm{E}}}{\partial p}\right)_{\mathrm{Tx}}$ wraz z temperaturą nieznacznie odbiega od liniowości. Ponadto, $\left(\frac{\partial C_{\mathrm{pm}}^{\mathrm{E}}}{\partial p}\right)_{\mathrm{Tx}}$ jest ujemny w zakresie temperatury eksperymentalnej, podczas gdy i $\left(\frac{\partial S_{\mathrm{m}}^{\mathrm{E}}}{\partial p}\right)_{\mathrm{Tx}} \left(\frac{\partial H_{\mathrm{m}}^{\mathrm{E}}}{\partial p}\right)_{\mathrm{Tx}}$ zmiany znak około 390 K i 375 K, odpowiednio. Uzyskane przez całkowanie równań (133-136) wartości zależności ciśnieniowych nadmiarowych różnic właściwości trzonowych $\left(\Delta G_{\mathrm{m}}^{\mathrm{E}}, \Delta H_{\mathrm{m}}^{\mathrm{E}}, \Delta S_{\mathrm{m}}^{\mathrm{E}} \text{ and } \Delta C_{\mathrm{pm}}^{\mathrm{E}}\right)$dla czterech wybranych izotermów przedstawiono na rys. 82.

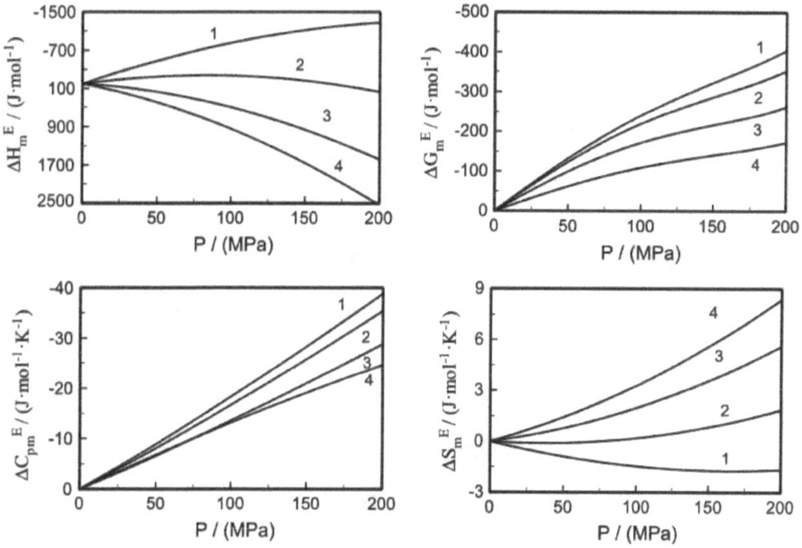

Rys. 82. Zależności ciśnieniowe nadmiaru energii Gibbsa molowego, entropii, entropii i różnic pojemności cieplnej mieszanki trójskładnikowej wzdłuż wybranych izoterm: *1* - 435,39 K, *2* - 396,45 K, *3* - 354,27 K, *4* - 322,75 K

8.1.2. Lepkość

Zmierzone wartości lepkości dla mieszaniny trójskładnikowej przedstawiono w tabeli 19 wraz z danymi dotyczącymi gęstości w tych samych temperaturach T i ciśnieniach p i przedstawiono na rysunkach 83 i 84 jako rzuty $\eta - T$ $\eta - p$ odpowiednio w płaszczyznach i płaszczyzny dla różnych izobarów i izotermów. Pomiarów lepkości dokonywano przy stałych ciśnieniach (dla pięciu izobarów) w zakresie od (0,098 do 196) MPa w funkcji temperatury, od 298K do 471K dla tego samego składu (tj. $x_1 = 0{,}4257$, $x_2 = 0{,}3190$ i $x_3 = 0{,}2553$). Jak pokazano na rys. 83, lepkość trójskładnikowej mieszanki gwałtownie spada wraz z początkowym wzrostem temperatury powyżej temperatury otoczenia, zwłaszcza przy wysokich ciśnieniach, jak to ma miejsce w przypadku czystych składników [11, 12]. W temperaturach powyżej ok. 450 K tempo zmian spadku $(\partial\eta/\partial T)_{px}$ jest bardzo niskie (prawie stałe ok. -0,0007 mPa·s·K-1 przy niskich ciśnieniach i -0,0013mPa·s·K-1 przy wysokich ciśnieniach). Wraz ze wzrostem ciśnienia wzrasta szybkość zmian lepkości wraz ze wzrostem temperatury. Współczynnik temperaturowy lepkości, $\beta_{Tx} = \frac{1}{\eta}\left(\frac{\partial\eta}{\partial T}\right)_{px}$ dla mieszaniny trójskładnikowej zmienia się od (-0,0102 do -0,0039) K-1 przy niskich ciśnieniach i od (-0,013 do -0,0034)K-1 przy wysokich ciśnieniach. Aktualne dane dotyczące lepkości trójskładnikowej mieszanki, w funkcji ciśnienia, dla różnych wybranych izotermów przedstawiono na rysunku. 84. Jak można zauważyć, zależność lepkości mieszanki od ciśnienia odbiega od liniowości, zwłaszcza w niskich temperaturach, a przy wysokich ciśnieniach (powyżej 150 MPa) obserwuje się gwałtowne zmiany.

Ciśnieniowy współczynnik lepkości mieszanki,

$\beta_{px} = \frac{1}{\eta}\left(\frac{\partial \eta}{\partial p}\right)_{Tx}$ waha się od (0,009 do 0,0036) MPa-1 w niskich temperaturach i od (0,0089 do 0,00346) MPa-1 w wysokich temperaturach. Na rysunkach 84 i 85 przedstawiono zależności lepkości mieszaniny trójskładnikowej od temperatury i ciśnienia oraz wartości czystych składników [11, 12], przy ciśnieniu 98,06 MPa i 322,75 K.

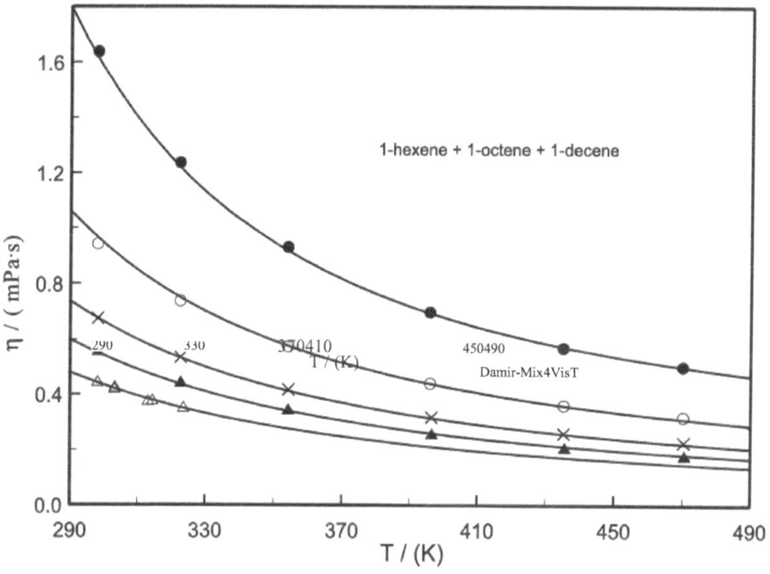

Rys. 83. Zmierzone lepkości trójskładnikowej mieszaniny 1-heksenu + 1-oktenu + 1-dekenu w funkcji temperatury w różnych izobarach. Trójkąt *otwarty,* 0,098 MPa; *trójkąt wypełniony,* 24,51 MPa; *znak mnożenia,* 49,03 MPa; *okrąg otwarty,* 98,06 MPa; *okrąg wypełniony,* 196,13 MPa; *(linia pełna),* obliczony z równania (151)

Liczby te obejmują również zmierzone wartości lepkości dla mieszanek dwuskładnikowych (1-heksen + 1-deken [13] i 1-heksen + 1-okten [14]). Jak widać, lepkość 1-dekenu jest wyższa niż innych czystych składników oraz mieszanek dwuskładnikowych i trójskładnikowych.

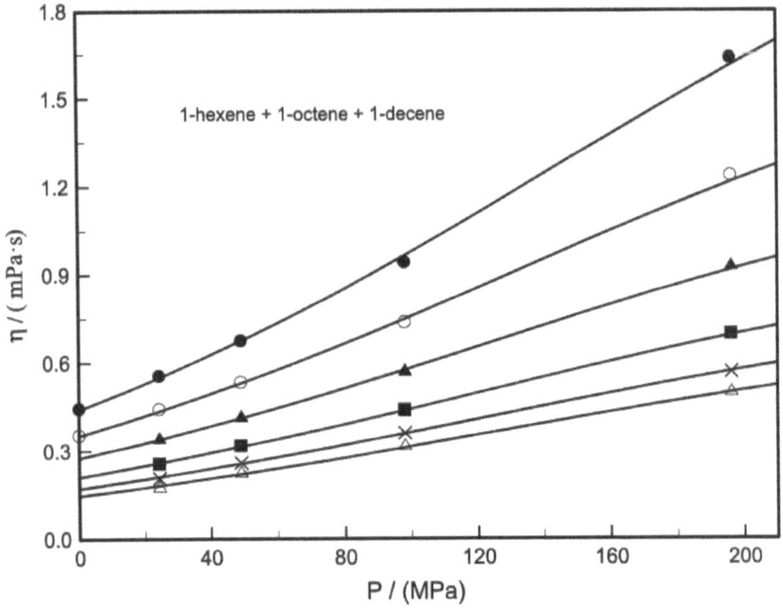

Rys. 84. Zmierzone lepkości trójskładnikowej mieszaniny 1-heksenu + 1-oktenu + 1-dekenu w funkcji ciśnienia przy różnych izotermach. *koło wypełnione,* 298,15 K; *koło otwarte,* 322,75 K; *trójkąt wypełniony,* 354,22 K; *kwadrat wypełniony,* 396,25 K; *znak mnożenia,* 435,45 K; *trójkąt otwarty,* 470,35 K; *(linia ciągła),* obliczone z równania. (151)

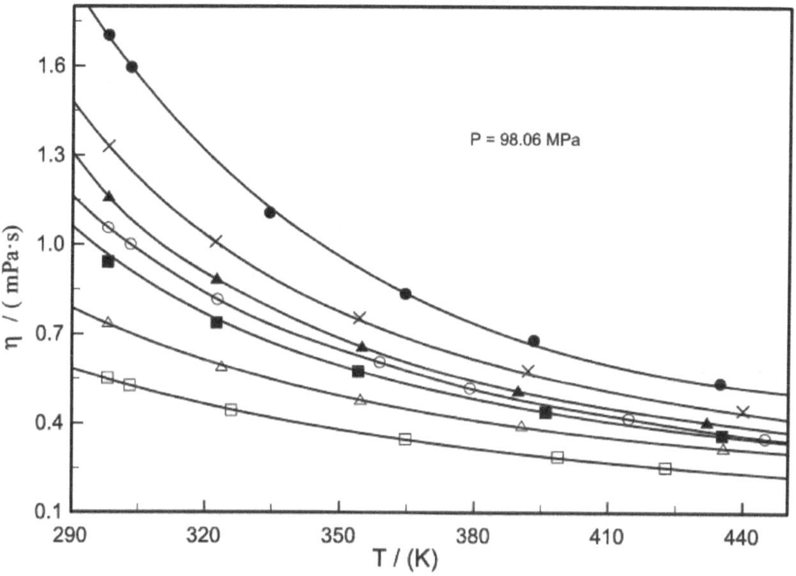

Rys. 85. Zmierzone lepkości trójskładnikowej mieszaniny 1-heksenu + 1-oktenu + 1-dekenu w funkcji temperatury w wybranym izobarze 98,06 MPa wraz z czystymi składnikami i mieszaninami dwuskładnikowymi podane w naszych poprzednich publikacjach [11-15]. Okrąg *wypełniony,* 1-deken [11]; *okrąg otwarty,* 1-okten [11]; *kwadrat otwarty,* 1-heksen [12]; *znak mnożenia,* 1-okten + 1-deken [15]; trójkąt *wypełniony, 1-heksen* + 1-deken [13]; *trójkąt otwarty,* 1-heksen + 1-okten [14]; *kwadrat wypełniony,* 1 -heksen + 1-okten + 1-deken (ta praca); *(linia ciągła),* obliczona z równania (151).

8.1.2.1. Różnica lepkościowa

Pojęcia nadmiaru funkcji i idealnych właściwości mieszaniny były często i z powodzeniem stosowane w termodynamice (nadmiar objętości molowej, nadmiar ciepła molowego, nadmiar entalpii molowej itp.) do opisania odchyleń rzeczywistych właściwości mieszaniny od właściwości mieszaniny idealnej (patrz wyżej pkt. 8.1.1.1.). Idealna objętość molowa mieszanki jest wynikiem dobrze znanego prawa Amagatu dotyczącego objętości dodatków. Jednakże w odniesieniu do właściwości transportowych, w tym lepkości, definicja "lepkości mieszanki idealnej" nie została jeszcze właściwie zdefiniowana, chociaż w wielu artykułach używa się pojęcia analitycznego przedstawienia zmierzonych lepkości. Początkowo pojęcie "odchylenia lepkości" (lub "różnicy lepkości") zapożyczono empirycznie z termodynamiki mieszanin (z definicji nadmiaru właściwości termodynamicznych mieszanin, patrz np. powyżej Eq. (138) w celu przedstawienia zmierzonych wartości lepkości dla mieszanek rzeczywistych. Jest to empiryczne rozszerzenie prawa Amagatu w zakresie ilości dodatków na właściwości transportowe, choć nadal nie zostało to naukowo potwierdzone. Wielu autorów z powodzeniem wykorzystało to podejście jako prosty sposób na dokładne odwzorowanie eksperymentalnych danych o lepkości dla rzeczywistych mieszanin (patrz np. [181-187]). Większość dostępnych modeli lepkości dla mieszanin opiera się na różnych zasadach ważenia mieszanin (arytmetycznych, geometrycznych, harmonicznych, logarytmicznych itp.), które odnoszą się do lepkości składników czystych η_1, oraz (η_2 η_3 przy średniej ważonej stężenia)

$$\eta_m = x \cdot \eta_1 + x \cdot \eta_2 + x \cdot \eta_3, \text{ arithmetical}, \qquad (144)$$

$$\eta_m = \eta_1^{(1-x_2-x_3)} \cdot \eta_2^{x_2} \cdot \eta_3^{x_3}, \text{ geometrical}, \quad (145)$$

$$\eta_m = \left[\frac{x_1}{\eta_1} + \frac{x_2}{\eta_2} + \frac{x_3}{\eta_3}\right]^{-1} \text{ or } \frac{1}{\eta_m} = \frac{x_1}{\eta_1} + \frac{x_2}{\eta_2} + \frac{x_3}{\eta_3}, \text{harmonic}, \quad (146)$$

$$\ln \eta_m^{\text{ideal}} = x_1 \cdot \ln \eta_1 + x_2 \cdot \ln \eta_2 + x_3 \cdot \ln \eta_3, \text{ logarithmic}, \quad (147)$$

Ważona logarytmiczna reguła mieszania Eq. (147) ("idealna lepkość mieszanki" prawo) jest jedną z najprostszych zasad mieszania i jest wygodna w praktycznym użyciu. Wszystkie te zasady mieszania spełniają warunki punktów końcowych dla czystych składników (dla stężeń $1\, x_i =$). Prawo idealnej mieszaniny", równanie (147) dla lepkości jest wynikiem dodania aktywacji energetycznej dla lepkości na podstawie frakcji molowej w teorii szybkości bezwzględnej Eyringa (patrz również [188, 189]). Jako pierwsze podejście, sugestię tę można uznać za teoretyczne uzasadnienie użycia terminologii "idealna lepkość mieszanki", choć wymaga ona silniejszego wsparcia teoretycznego. Z mikroskopijnego punktu widzenia, prawo "idealnej lepkości mieszaniny", np. (147), oznacza, że efekt wzajemnego oddziaływania pomiędzy cząsteczkami czystych składników a rzeczywistą mierzoną lepkością mieszaniny jest nieznacznie mniejszy, zwłaszcza gdy kształt i wielkość oraz charakter chemiczny składników są zbliżone (termodynamicznie jak cząsteczki). Jednak w mieszaninach, w których interakcje między cząsteczkami czystych składników są silne, nie można pominąć odchyleń od "prawa idealnej mieszanki", np. Tak więc koncepcja "idealnej lepkości mieszanki" może być jakościowo uzasadniona z mikroskopowego punktu widzenia. Badania różnicy lepkości mieszanin mogą być wykorzystane do badania zmian strukturalnych w mieszaninie i interakcji pomiędzy odmiennymi od siebie cząsteczkami składników mieszaniny; to znaczy do dostarczenia użytecznych informacji na temat charakteru interakcji pomiędzy termodynamicznie odmiennymi od siebie cząsteczkami mieszaniny. Różnica w lepkości jest odzwierciedleniem pochodzenia nieidealności w mieszaninie (stanowi o nieidealności), zwłaszcza w mieszaninach, które wykazują silne oddziaływania pomiędzy termodynamicznie odmiennymi cząsteczkami (kształt, wielkość, polaryzacja, orientacja, charakter chemiczny itp.). Dla głębszego zrozumienia fizycznych i chemicznych źródeł właściwości mieszanin, potrzebne są dokładne badania doświadczalne różnic w lepkości i lepkości. Innymi słowy, wartości $\ln\Delta\eta_{\mathrm{m}}(p,T,x)$pomiaru wpływu oddziaływań pomiędzy cząsteczkami 1-heksenu, 1-oktenu i 1-dekenu na lepkość rzeczywistej mieszaniny trójskładnikowej. Dlatego różnica lepkości $\ln\Delta\eta_{\mathrm{m}}(p,T,x)$, podobnie jak nadmiar właściwości termodynamicznych (np. nadmiar objętości molowej $V_{\mathrm{m}}^{\mathrm{E}}$), jest bardzo użytecznym narzędziem do dokładnego odwzorowania danych o lepkości doświadczalnej i badania zmian mikrostrukturalnych w mieszaninach. Obecne dane dotyczące lepkości mieszaniny, wraz z danymi dotyczącymi czystych składników z naszych wcześniejszych prac [11, 12], zostały wykorzystane do obliczenia różnicy lepkości jako:

$$\begin{aligned}&\Delta\ln\eta_{\mathrm{m}}(p,T,x_2,x_3)=\ln\eta_{\mathrm{m}}(p,T,x_2,x_3)-x_1\cdot\ln\eta_1(p,T)-\\&-x_2\cdot\ln\eta_2(p,T)-x_3\cdot\ln\eta_3(p,T)\end{aligned} \qquad (148)$$

gdzie są to η_i lepkości czystego 1-heksenu, 1-oktenu i 1-dekenu [11, 12]; $\ln\Delta\eta_{\mathrm{m}}(p,T,x_i)$jest to różnica lepkości pomiędzy rzeczywistą (zmierzoną) i "idealną mieszaniną" równą (147). Wartości $\ln\Delta\eta_{\mathrm{m}}(p,T,x_i)$uzyskane na podstawie aktualnych danych lepkościowych dla trójskładnikowej mieszaniny oraz wcześniej podanych danych lepkościowych dla czystych składników [11, 12] w funkcji temperatury dla wybranych izobarów przedstawiono w tabeli 4 i przedstawiono na rys. 87. Jak można zauważyć, uzyskane wartości $\Delta \ln \eta_m$ dla trójskładnikowej mieszaniny 1-heksenu, 1-oktenu i 1-dekenu są dodatnie we wszystkich temperaturach i ciśnieniach doświadczalnych i przechodzą przez minimum w temperaturze około 350 K, szczególnie przy wysokich ciśnieniach. Różnica lepkości staje się bardziej dodatnia wraz ze wzrostem ciśnienia (patrz Rys. 86).

8.1.2.2. Modele korelacji lepkościowej

Zmierzone lepkości dla mieszaniny trójskładnikowej zostały dopasowane do wykładniczej funkcji temperatury (patrz poniżej równanie (151)), która jest zgodna z teorią szybkości bezwzględnej Eyringa (Glasstone i in. [142]) (równanie typu Arrhenius-Andrade). Ten model korelacji dla zależności lepkości od temperatury jest najlepszy do reprezentowania obecnych danych. Eksperymentalne zachowanie się w temperaturze lepkości mieszaniny trójskładnikowej, dwuskładnikowej i czystej (patrz rys. 83-86), jest w dobrej zgodzie z teorią szybkości bezwzględnej (patrz poniżej). Zależność lepkości cieczy i mieszanin cieczy pod ciśnieniem atmosferycznym od temperatury można przedstawić za pomocą teoretycznego równania typu Arrhenius-Andrade [142-144],

$$\eta(T) = b_0 \exp\left(\frac{b_1}{T}\right) \quad \text{lub} \quad \ln\eta(T) = \ln b_0 + \frac{b_1}{T}, \qquad (149)$$

gdzie $b_0\ \varepsilon_{1a} = \Delta H_1$ jest lepkość (mPa·s), $\eta = \eta_\infty = b_0\left(T \to \infty\right)$ na granicy wysokiej temperatury ; $b_1 = \varepsilon_{1a}/\mathrm{R}$ oraz energia aktywacji przepływu (entalpia aktywacji), gdzie T jest w równaniach K. Równanie (149) zostało teoretycznie potwierdzone przez teorię szybkości bezwzględnej Eyringa (Glasstone i in. [142]). Równanie to z powodzeniem stosowano wcześniej do przedstawiania danych o lepkości doświadczalnej dla roztworów wodnych [145-148] i cieczy jonowych [133]. Entalpię aktywacji

$\Delta H/R$ można obliczyć bezpośrednio na podstawie danych o lepkości doświadczalnej z nachylenia linii prostej w stosunku do linii $\ln\eta_{\mathrm{m}}$ prostej (T^{-1} patrz Rys. 88). Jednak dla niektórych płynów i mieszanin płynów krzywa doświadczalna w porównaniu z $\ln\eta_{\mathrm{m}}$ *T-1* nie jest linią prostą (patrz np. [11, 145-151]), zwłaszcza w wysokich temperaturach. W tym przypadku relacja Arrhenius-Andrade (równanie (149)) może być nieznacznie zmodyfikowana, aby rozszerzyć zakres temperatur, w którym równanie jest ważne (patrz na przykład [17, 80]):

Tabela 21

Uzyskane wartości różnicy lepkości, $\Delta\ln\eta_{\mathrm{m}}(p,T,x)$ ciśnień (p, MPa), temperatur (T, K) i stężeń dla trójskładnikowej mieszaniny 1-heksenu + 1-oktenu + 1-dekenu ($x_1 = 0{,}4257$, $x_2 = 0{,}3190$ i $x_3 = 0{,}2553$ frakcji molowych)

T	$\Delta\ln\eta_{\mathrm{m}}$	T	$\Delta\ln\eta_{\mathrm{m}}$	T	$\Delta\ln\eta_{\mathrm{m}}$
p=0.098		p=24.51		p=49.03	
298.15	0.0479	298.15	0.036	298.15	0.0292
303.15	0.0634	322.79	0.032	322.75	0.0281
313.15	0.0371	354.22	0.031	354.27	0.0291
323.65	0.0518	396.57	0.039	396.45	0.0333
–	–	435.62	0.056	435.39	0.0530
–	–	470.55	0.073	470.34	0.0711
T	$\Delta\ln\eta_{\mathrm{m}}$	T	$\Delta\ln\eta_{\mathrm{m}}$	T	$\Delta\ln\eta_{\mathrm{m}}$
p=98.06		p=196.13		–	
298.15	0.042	298.15	0.057	–	–
322.70	0.035	322.47	0.041	–	–
354.20	0.035	354.09	0.038	–	–

396.10	0.044	396.06	0.048	–	–
435.44	0.060	435.29	0.066	–	–
470.29	0.075	470.17	0.082	–	–

Standardowe niepewności wynoszą: $u\ u(T)$=0,01 K, $u_r(p)$=0,025%, $u(x)$=0,0025 mol%, oraz $u_r(\Delta \ln \eta_m)$=2%.

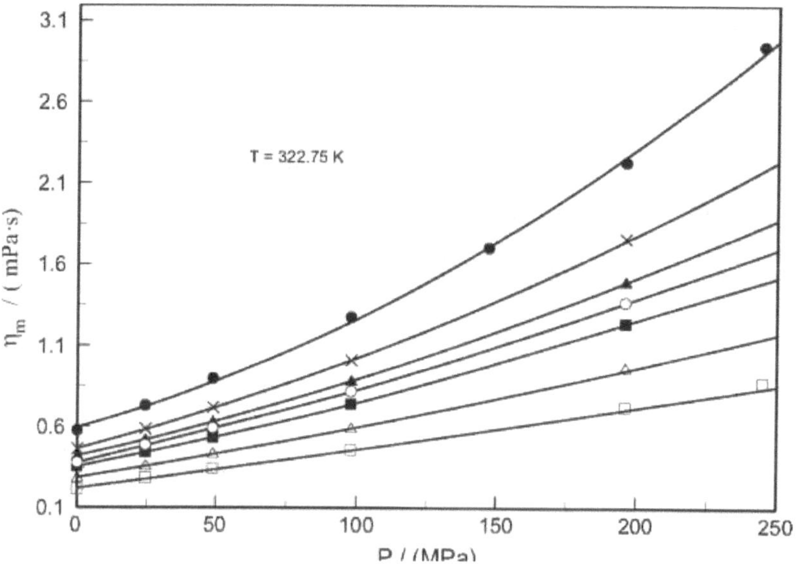

Rys. 86. Zmierzone lepkości trójskładnikowej mieszaniny 1-heksenu + 1-oktenu + 1-dekenu w funkcji ciśnienia przy wybranej izotermie 322,75 K wraz z danymi dotyczącymi mieszanin czystych składników i mieszanin dwuskładnikowych podanymi w naszych poprzednich publikacjach [11-15]. Okrąg wypełniony, 1-deken [11]; *okrąg otwarty,* 1-okten [11]; *kwadrat otwarty,* 1-heksen [12]; *znak mnożenia,* 1-okten + 1-deken [15]; trójkąt *wypełniony, 1-heksen* + 1-deken [13]; *trójkąt otwarty, 1-heksen* + 1-okten [14]; *kwadrat wypełniony,* 1-heksan + 1-okten + 1-deken (ta praca); *(linia ciągła),* obliczona z równania (51).

$$\eta_{\mathrm{m}}(T) = b_0 \exp\left(\frac{b_1}{T} + \frac{b_2}{T^2}\right). \qquad (150)$$

W naszych poprzednich publikacjach [17 80, 83] równanie to zostało z powodzeniem zastosowane do danych dotyczących lepkości MEG, DEG, TEG i ich mieszanin dwuskładnikowych w wysokich temperaturach i przy wysokich ciśnieniach. Jak widać z rys. 88, obecne krzywe T^{-1} eksperymentalne w stosunku do $\ln\eta_{\mathrm{m}}$ krzywych dla trójskładnikowej mieszaniny 1-heksenu + 1-oktenu + 1-dekenu nieznacznie odbiegają od liniowości (nie do końca prosta).

W niniejszej pracy dla zmierzonych lepkości 1-heksenu + 1-oktenu + 1-dekenu zastosowano zmodyfikowaną relację Arrhenius-Andrade.

$$\ln\eta_{\mathrm{m}}(T, p) = \ln b_{0\mathrm{m}} + \frac{b_{12}}{T} + \frac{b_{13}}{T^2}. \qquad (151)$$

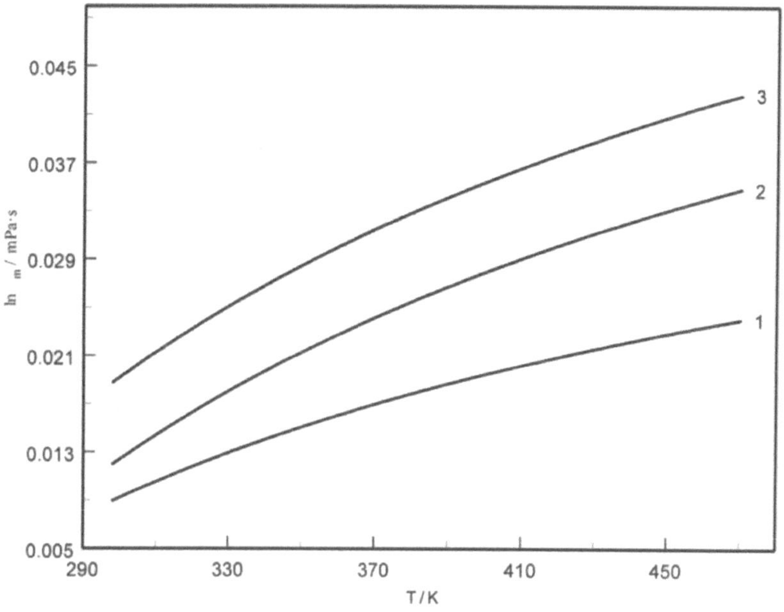

Rys. 87. Uzyskane wartości różnicy lepkości, $\Delta \ln \eta_{\mathrm{m}}(p, T, x_2, x_3)$ mieszanki trójskładnikowej 1-heksen + 1-okten + 1-deken w funkcji temperatury dla różnych ciśnień. Koło *otwarte,* 24,51 MPa; *koło wypełnione,* 49,03 MPa; *kwadrat wypełniony*, 98,06 MPa; *kwadrat otwarty*, 196,13 MPa

ze współczynnikami zależnymi od ciśnienia, $\ln b_{0m}$ i b_{12} zdefiniowane jako: b_{13}

$$\begin{aligned} \ln b_{0m} &= a_0 + a_1 \cdot p + a_2 \cdot p^2 \\ b_{12} &= c_0 + c_1 \cdot p \\ b_{13} &= d_0 + d_1 \cdot p \end{aligned} \quad . \qquad (152)$$

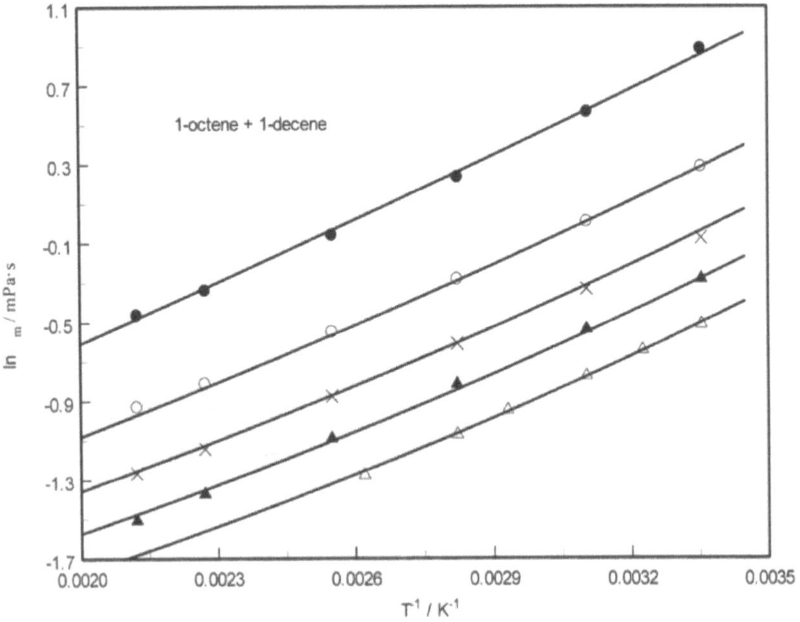

Rys. 88. Zmierzone wartości lepkości $\ln \eta_m$ dwuskładnikowej mieszaniny 1-oktenu i 1-dekenu w funkcji T^{-1} wzdłuż różnych izobarów. Okrąg wypełniony, 0,098 MPa; *okrąg otwarty,* 24,51 MPa; *znak mnożenia,* 49,03 MPa; trójkąt *wypełniony,* 98,06 MPa; trójkąt *otwarty,* 196,13 MPa; *(linia ciągła),* obliczony z równania (151)

Z mierzonych lepkości wynikają wartości parametrów okucia: a_0= -3,920676; a_1= 0,011486; a_2= -0,000014; c_0= 974,358108; c_1= -4,440130; d_0= -14762,1077708 i d_1= 867,658102. Równanie (151), z parametrami zależnymi od ciśnienia równania (152), przedstawia aktualną zmierzoną lepkość trójskładnikowej mieszaniny 1-heksenu + 1-oktenu + 1-dekenu ze statystyką odchylenia: średnie odchylenie bezwzględne = 1,10%, odchylenie standardowe = 0,15%, odchylenie standardowe = 1,37%, błąd standardowy = 0,25% i odchylenie maksymalne = 2,74%. Wartości lepkości mieszanki trójskładnikowej obliczone na podstawie równania (151) przedstawiono na rysunkach 83-88 wraz z danymi doświadczalnymi.

8.2. Wnioski

Gęstość i lepkość ciekłej trójskładnikowej mieszaniny 1-heksenu + 1-oktenu + 1-dekenu mierzono jednocześnie w zakresie temperatur od 298K do 471K i przy ciśnieniach do 196 MPa, stosując techniki ważenia hydrostatycznego i opadania korpusu. Pomiary przeprowadzono wzdłuż pięciu izobarów (0,098, 24,51, 49,03, 98,06 i 196,13) MPa w funkcji temperatury dla składu frakcji wagowej lub $w_1 = w_2 = w_3 = 0.333$ x_1 =odpowiednio 0,4257, x_2 =0,3190 i x_3 =0,2553 frakcji molowej 1-heksenu + 1-oktenu + 1-dekenu.

Zmierzone wartości gęstości i lepkości dla mieszaniny trójskładnikowej posłużyły do obliczenia nadmiaru objętości molowych $(V_{\mathrm{m}}^{\mathrm{E}})$ oraz nadmiaru różnic właściwości molowych i $(\Delta G_{\mathrm{m}}^{\mathrm{E}}, \Delta H_{\mathrm{m}}^{\mathrm{E}}, \Delta S_{\mathrm{m}}^{\mathrm{E}}, \Delta C_{\mathrm{pm}}^{\mathrm{E}})\Delta \ln \eta_{\mathrm{m}}$. Ciśnieniowe pochodne w $(G_{\mathrm{m}}^{\mathrm{E}}, H_{\mathrm{m}}^{\mathrm{E}}, S_{\mathrm{m}}^{\mathrm{E}}, C_{\mathrm{m}}^{\mathrm{E}})$funkcji temperatury i ciśnienia zostały obliczone z wykorzystaniem otrzymanych nadmiarów objętości molowych, $V_{\mathrm{m}}^{\mathrm{E}}(T, p)$oraz ich pochodnych temperaturowych i

$\left(\partial V_m^E/\partial T\right)_{px}$ $\left(\partial^2 V_m^E/\partial T^2\right)_{px}$. Uzyskane wartości nadmiaru objętości molowych dla mieszaniny trójskładnikowej są ujemne we wszystkich temperaturach i ciśnieniach doświadczalnych, natomiast różnice lepkościowe są dodatnie. Nadmiar objętości molowych V_m^E przebiega przez minima (szczególnie przy niskich ciśnieniach), około 307 K przy ciśnieniu atmosferycznym i 395 K przy wysokich ciśnieniach. Ciśnienie nieznacznie zmienia minimalną temperaturę V_m^E na wyższą. Wraz ze wzrostem ciśnienia różnica w lepkości staje się bardziej dodatnia.

Zmodyfikowane empirycznie, teoretycznie uzasadnione równanie typu Arrhenius-Andrade z parametrami zależnymi od ciśnienia wykorzystano do dokładnego przedstawienia zależności między temperaturą a ciśnieniem mierzonych lepkości trójskładnikowej mieszaniny 1-heksenu + 1-oktenu + 1-dekenu w całym zakresie doświadczenia. Statystyki odchylenia dla modelu to: średnie odchylenie bezwzględne = 1,10%, odchylenie standardowe = 0,15%, odchylenie standardowe = 1,37%, błąd standardowy = 0,25% i maksymalne odchylenie = 2,74%.

REFERENCJE

1. Kirkwood J.G. Statystyczna Mechaniczna Teoria Procesów Transportowych. I. Ogólna Teoria. - J. Chem. Phys., 1946, v.14, nr 3, s. 180-201.

2. Ryż S.A.Allnatt A.R. o kinetycznej teorii gęstych płynów. VI. Singlet Distribution Function for Rigid Spheres with an Attractive Potential.- J.Chem.Phys.,1961,v.34,No 6, p.2144-2155.

3. Born M., Green. K.S. A General Kinetic Theory of Liquids.- Cambridge University Press, 1949.

4. Fisher I.Z. Statystyczna teoria płynów, Moskwa, Fizmatgiz Publishers, 1961. 280 pp (po rosyjsku).

5. Fizyka płynów prostych. /H. N. V. Temperley; J. S. Rowlinson, G. S. Rushbrooke, North-Holland Pub. Co.., Amsterdam, 1968.- 718 stron.

6. Frenkel Ya.I. Kinetyczna teoria płynów. - L.: Nauka, 1975. - 592 strony.

7. Bachinsky A.I. Wybrane dzieła. - M.: Wydawnictwo Akademii Nauk PAN ZSRR, 1960. - 276 stron.

8. Bachinsky A.I. Niektóre perspektywy doktryny o lepkości płynów. - W książce: Spotkania dotyczące lepkości cieczy i roztworów koloidalnych. T.2. M.-L., 1944, strona 104-106.

9. Panczenko G. M. Teoria lepkości płynów. - M.-L.: Gostoptekhizdat, 1947. - 156 stron.

10. Szczotka S. G. Teorie o lepkości płynów. - Chem.Rev. 62, 513 (1962)

11. D.I. Sagdeev, M.G. Fomina, G.Kh. Mukhamedzyanov, I.M. Abdulagatov. High Temp - High Press. **42**, 509 (2013).

12. D.I. Sagdeev, M.G. Fomina, G.Kh. Mukhamedzyanov, I.M. Abdulagatov. J.Chem.Eng. Dane **59**, 1105 (2014).

13. D.I. Sagdeev, M.G. Fomina, G.Kh. Mukhamedzyanov, I.M. Abdulagatov. J.Mol.Liquids **197**, 160 (2014).

14. D.I. Sagdeev, M.G. Fomina, G.Kh. Mukhamedzyanov, I.M. Abdulagatov. Thermochim. Acta **592**, 73 (2014).

15. D.I. Sagdeev, M.G. Fomina, G.Kh. Mukhamedzyanov, I.M. Abdulagatov. High Temp. Wysoka prasa. **45**, 119 (2016).

16. D.I. Sagdeev, M.G. Fomina, G.Kh. Mukhamedzyanov, I.M. Abdulagatov. J. Solution Chem., **46**, 996 (2017).

17. D.I. Sagdeev, M.G. Fomina, G.Kh. Mukhamedzyanov, I.M. Abdulagatov, J. Chem. Termodyn. **43**, 1824 (2011).

18. I.W. Beams, Rev. Sci. Instrument. **40**, 167 (1969).

19. M.W. Haynes, M.I. Hiza, N.V. Frederick, Rev. Sci. Instrument. **47**, 1237 (1976).

20. M.W. Haynes, Rev. Sci. Instrument. **48**, 39 (1977).

21. M.W. Haynes, N.V. Frederick, J. Res. Nat. Bur. Stój. **88**, 241 (1983).

22. K. Kerl, J. Phys. E: Sci. Instrument. **20**, 1326 (1987).

23. R. Kleinrahm, W. Wagner, J. Chem. Termodyn. **18**, 739 (1986).

24. J. Klimeck, doktorat, Uniwersytet w Zagłębiu Ruhry Bochum, (1997).

25. J. Klimeck, R. Kleinrahm, W. Wagner, J. Chem. Termodyn. **30**, 1571 (1998).

26. F.F.R. Koenigs, Physics Ed. **19**, 83 (1984).

27. N. Kuramoto, K. Fujii, Metrologia **41**, 84 (2004).

28. H.W. Lösch, R. Kleinrahm, W. Wagner, Neue Magnetschweebagen für gravimetrische Messungen in der Verfahrenstechnik, Yearbook, VDI-Gesellschaft Verfahrenstechnik und Chemieingenieurwesen (GVC) Wydawnictwo VDI: Düsseldorf, 117 (1994).

29. R. Masui, M.W. Haynes, R.F. Chang, H.A. Davis, J.M.H. Levelt Sengers, Rev. Sci. Instrument. **55**, 1132 (1984).

30. M.O. McLinden, Meas. Sci. Technol. **17**, 2597 (2006).

31. M.O. McLinden, H.W. Lösch, J. Chem. Termodyn. **39**, 507 (2007).

32. S.P. Almeida, T.H. Crouch, Rev. Sci. Instrument. **42**, 1344 (1971).

33. K. Brachthäuser, R. Kleinrahm, H.W. Lösch, W. Wagner, opracowanie nowego Dichtemeβverfahrens i budowa wysokotemperaturowego wysokociśnieniowego Dichtemeβanlage. Pasek postępu. VDI-Z. Seria 8, wydanie 371.VDI-Verlag: Düsseldorf, (1993).

34. S.W. Hughes, Phys. Educ. **41**, 445 (2006).

35. J.P. Senter, Rev. Sci. Instrument. **40**, 334 (1969).

36. W. Wagner, K. Brachthäuser, R. Kleinrahm, H.W. Lösch, Int. J. Thermophys. **16**, 399 (1995).

37. W. Wagner, R. Kleinrahm, H.W. Lösch, wchodzą: A.R.H. Goodwin, K.N. Marsh, i W.A. Wakeham (Eds.), Measurement of the Thermodynamic Properties of Single Phases, Elsevier Science & Technology, NY, 127 (2003).

38. W. Wagner, R. Kleinrahm, Metrologia **41**, 24 (2004).

39. I.W. Beams, A.M. Clarke, Rev. Sci. Instrument. **33,** 750 (1962).

40. M. Okada, M. Uematsu, K. Watanabe, J. Chem. Termodyn. **18**, 527 (1986).

41. S.C. Greer, M.R. Moldover, R. Hocken, Rev. Sci. Instrument. **45**, 1462 (1974).

42. M. Kawata, K. Kurase, K. Yoshida, In: Proc. 5th International Congress on Rheology, **1**, 453 (1969).

43. R.A. Melikov, doktorat, Azerbejdżański Instytut Energetyki, Baku, (1996).

44. R.A. Melikov, Trans. Azerbejdżańska Państwowa Akademia Naftowa. Power Eng. Oil Gas Ind. **4**, 144 (1999).

45. K. Yoshida, K. Nishibata, N. Hida, S. Yamamoto, H. Koboyashi, Y. Kurano, Report of Project Research in AIST, 1983, s.77.

46. B. Huner, R.G. Hussey, Phys. Fluid **20**, 1211 (1977).

47. M.J.C. Fluide, J.E. Daborn, J. Phys. E. **15**, 1313 (1982).

48. M. Kanzaki, K. Kurita, T. Fujii, T. Kato, O. Shimomura, S. Akimoto, in: M.H. Manghnani Y. Syono (Eds.), High-Pressure Research in Mineral Physics, Leidel, Nowy Jork, 1987.

49. E.F. Riebling, Rev. Sci. Instrument. **34**, 568 (1963).

50. J. Robertson, doktorat, Uniwersytet w Glasgow, 1983.

51. N.F. Glen, Ph.D. Thesis, University of Glasgow, 1983.

52. J.B. Irving, Ph.D. Thesis, University of Glasgow, 1977.

53. I. Proudmann, J.R.A. Pearson, J. Fluid Mech. **2**, 237 (1957).

54. ChesterD.R. Breach, J. Fluid Mech. **37**, 751 (1969).

55. M. Kawata, K. Kurase, A. Nagashima, K. Yoshida, w środku: W.A. Wakeham, A. Nagashima, J.V. Sengers (Eds.), *Measurements of the Transport Properties of Fluids,* Vol.3, Blackwell Scientific Publ., Oxford, 1991, str. 97-110.

56. I.M. Abdulagatov, M.J. Assael, w środku: V.M. Valayshko (Ed.), Hydrothermal Properties of Materilas, A John Wiley & Sons, Ltd., Publ.., Londyn, 2008, s. 249-271 (rozdział 6).

57. Golubev I.F., Agaev N.A. *Viscosity of Saturated Hydrocarbons* (Baku, Azerneshr, 1964). - 160 str.

58. Irving J.B., Barlow A.I. J. Phys..: Sci. Instrument. **4**, 3 (232) 1971.

59. Timrot D.L. *High Pressure Vapor in Energetics* (Moskwa, Gosenergoizdat, 1950). - 251 str.

60. Rudenko P. S., Sljusar V. P. *Ukr. Phyz. Dziennik* **13**, 6 (917) 1968.

61. Swift G.W., Christy J.A., Kurata F. A.I.Ch.E. Journal, **5**, 1, (98) 1959.

62. Lohrenz J., Swift G.W., Kurata F. A.I.Ch.E. Journal, **6**, 4 (547) 1960.

63. Lohrenz J., Kurata F. A.I.Ch.E. Journal, **8**, 2 (190) 1962.

64. Huang E.T.S., Swift G.W., Kurata F. A.I.Ch.E. Journal, **12**, 5 (932) 1966.

65. Chen M.C.S., Swift G.W. A.I.Ch.E. Journal, **18**, 1 (146) 1972.

66. Biełajewa O.V., Timofejew B.D. Izvestia AN BSSR, seria phyz.-energ,sciences **1** (43), 1972.

67. Guseinov S.O. Izvestia vuzov. Lewa i gaz **10** (56) 1982.

68. *Analizy wymiarowe* Bridgman P.W. (Yale University Press, 1922). - 112 str.

69. D.I. Sagdeev, G.Kh. Mukhamedzyanov, MS on Deposit at OHHHTCXHM, Cherkasy, 20 marca 1981, 12 s.

70. Petrov A.I. Izmeritelnaya technika **4** (44) 1955.

71. Karataev R.N. Izvestia vuzov. Aviationnaya technika **3** (127) 1974.

72. Fulin G., Thomas F., Irvin Jr. Int. J. Heat Mass Transfer, **37**, 1 (41) 1994.

73. Mustafaev M.R. Teplophysika vysokyx temperatur . **38**, 1 (124) 2000.

74. E.W. Lemmon, M.L. Huber, M.O. McLinden, NIST Standard Reference Database 23, NIST Reference Fluid Thermodynamic and Transport Properties, REFPROP, wersja 9.0, Standard Reference Data Program (National Institute of Standards and Technology, Gaithersburg, MD, (2010).

75. F.J.V. Santos, C.A. de Castro, J.H. Dymond, J. Phys. Chem. Sędzia sprawozdawca. Dane **35**, 1 (2006).

76. M.J. Assael, M. Papadaki, Int. J. Thermophys. **12**, 801 (1991).

77. M.L. Huber, A. Laesecke, H.W. Xiang, Fluid Phase Equilib. **224**, 263 (2004).

78. W. Wagner, A. Pruβ, J. Phys. Chem. Sędzia sprawozdawca. Dane **31**, 387 (2002).

79. ZAO "BioChim" Comp., San.-Petersburg, Rosja, 2012 (info@biochim.ru).

80. D.I. Sagdeev, M.G. Fomina, G.Kh. Mukhamedzyanov, I.M. Abdulagatov, Fluid Phase Equilib. **315**, 64 (2012).

81. I.F.Golubev, Determination of specific gravity of liquids and gases at high pressures by hydrostatic weighing method//Proceedings of GIAP, 1957, issue 7, pp.47-61 (in Russian).

82. I.F.Golubev, O.A.Dobrovolsky, Measurement of density of nitrogen and hydrogen at low temperatures and high pressures by hydrostatic weighing method// Gazovaya promyshlennost (Gas industry) 1964, issue 5, pp.43-47 (in Russian).

83. D. I. Sagdeev, M. G. Fomina, G. Kh. Mukhamedzyanov, I. M. Abdulagatov, Int. J. Thermophys. **34**, 1 (2013).

84. Sagdeev D.I., Fomina M.G., Abdulagatov I.M. Lepkość i gęstość n-heptanu w wysokich temperaturach i ciśnieniach. LAP LAMBERT, Wydawnictwo Akademickie, 2017. - 91 p.

85. I.K. Turubiner, M.D.Ippitz, Technika pomiaru gęstości. Moskwa, Mashgiz Publishers, 1949. -127 str.

86. GOST (Państwowa norma Federacja Rosyjska) 8.207-76. Pomiary bezpośrednie z wieloma obserwacjami. Metody przetwarzania wyników obserwacji. Intr. 01.01.1977. - 10 str.

87. *Guide to the Expression of Uncertainty in Measurement*; ISO: Geneva, Switzerland, 1993, (ISBN 92-67-10188-9).

88. Sagdeev D.I., Fomina M.G., Abdulagatov I.M. Lepkość i gęstość glikoli polietylenowych i ich mieszanin. LAP LAMBERT, Wydawnictwo Akademickie, 2017. - 146 p.

89. D.I. Sagdeev, G.Kh. Mukhamedzyanov, w: Heat and mass exchange in chemical technology, vol. 3 (KSTI, Kazan, 1975), s. 60.

90. D.I. Sagdeev, G.Kh. Mukhamedzyanov, MS on Deposit at OHHHTCXHM, Cherkasy, 30 marca 1981 r., 31 s.

91. H. Landolt, H. Jahn. Z. Phys. Chem., Stoechiom. Verwandschaftsl. **10**, 289 (1892).

92. A.F. Forziati, D.L. Camin, F.D. Rossini. J. Res. Natl. Bur. Stój. (U. S.) **45**, 406 (1950).

93. F.J. Wright. J. Chem. Eng. Dane **6**, 454 (1961).

94. A.K. Abas-zade, A.M. Kerimov, N.A. Agaev, T.A. Apaev. W: Właściwości termofizyczne płynów, Moskwa, Nauka, 34 (1970).

95. A.K. Abas-zade, T.A. Apaev, A.M. Kerimov, Izv. Akad. Nauk Azerbejdżańska SSR, ser. Fiz.-Tex. i Mat. Nauk **5**, 70 (1971).

96. A.M. Kerimov, T.A. Apaev. Teplofizicheskie Svoistva Veshchestv i Materialov **5**, 26 (1972).

97. N.F. Otpushennikov, A.L. Badalyan, I.B. Sysoev. W: Transakcja Kurskiego Instytutu Pedagogicznego, Kursk, **57**, 108 (1975).

98. Z.S. Galandarov. Doktorat, Instytut Nafty i Gazu, Azerbejdżan, Baku, (1985).

99. J.H. Dymond, R. Malhotra, J.D. Isdale, N.F. Glen. J. Chem. Termodyn. **20**, 603 (1988).

100. Y.M. Naziev, V.G. Gasanov, D.Y. Naziev, N.M. Bairamov. Izv. Vyssh. Uchebn. Zaved., Neft Gaz **7**, 53 (1992).

101. A. Ahosseini, B. Sensenich, L.R. Weatherley, A.M. Scurto. J. Chem. Eng. Dane **55**, 1611 (2010).

102. T.A. Apaev. Doktorat, Instytut Nafty i Gazu, Baku, Azerbajdżdżan, (1971).

103. A. Treszczanowicz, T.S. Pawlowski, T. Treszczanowicz, A.M. Szafranski. J. Chem. Eng. Data **55**, 5478 (2010).

104. S.O. Guseinov. Doktoraty, MPEI, Moskwa, Rosja (1990).

105. J.M. Naziev, A.N. Schachverdyev, S.O. Gusseinov. Chem. Technik. **28**, 736 (1976).

106. Ya.M. Naziev, S.O. Guseinov, A.N. Shakhverdiev. W: Proc. 7th Symp. Termopary. Prop., N. Y. 699 (1977).

107. A.N. Shakhverdiev. Prace doktorskie, Baku, Azerbejdżan, Instytut Nafty i Gazu, (1981).

108. A. Ahosseini, L.R. Weatherley, A.M. Scurto. J. Chem. Eng. Dane **56**, 3715 (2011).

109. M. Frenkel, R. Chirico, V. Diky, C.D. Muzny, A. Kazakov, J.W. Magee, I.M. Abdulagatov, Jeong Won Kang, NIST ThermoDataEngine, NIST Standard Reference Database 103b- Pure Compound, Binary Mixtures, and Chemical Reactions, Version 5.0, National Institute Standards and Technology, Boulder, Colorado-Gaithersburg, MD, (2010).

110. S.H. Kim, J.W. Kang, K. Kroenlein, J.M. Magee, V. Diky, Ch. Muzny, A.F. Kazakov, R.D. Chirico, M. Frenkel. Chem. Eng. Ed. **47**, 48 (2013).

111. Gu, Z. , J.F. Brennecke. Chem. Eng. Dane **47**, 339 (2002).

112. A.A.H. Pádua, J.M.N.A. Fareleira., J.C.G. Calado, W.A. Wakeham. Int. J. Thermophys. **17**, 781 (1996).

113. M.J. Assael, J.H. Dymond, D. Exadaktilou. Int. J. Thermophys. **15**, 155 (1994).

114. J.H. Dymond, R. Malhotra. Int. J. Thermophys. **8**, 541 (1987).

115. J.H. Dymond, R. Malhotra. Int. J. Thermophys. **9**, 941 (1988).

116. A. Kumagai, K. Data, H. Iwasaki. J. Chem. Eng. Dane **21**, 226 (1976).

117. A. Kumagai, H. Iwasaki. J. Chem. Eng. Dane **24**, 261 (1979).

118. R.L. Gardas, M.G. Freire, P.J. Carvalho, I.M. Marrucho, I.M.A. Fonseca, A.G.M. Ferreira, J.A.P.J. Coutinho. J. Chem. Eng. Data **52**, 80 (2007).

119. E.C. Ihmels, J. Gmehling. Ind. Eng. Chem. Res. **40**, 4470 (2001).

120. H.J. Albert, J.A. Gates, R.H. Wood, J.-P. E Grolier. Równowaga fazowa płynów. **20**, 321 (1985).

121. T. Hofman, A. Goldon, A. Nevines, T. Letcher. M.J. Chem. Termodyn. **40**, 580 (2008).

122. I. Cibulka, M. Ziková. J. Chem. Eng. Dane **39**, 876 (1994).

123. A. Zúñiga-Moreno, L.A. Galicia-Luna. J. Chem. Eng. Dane **47**, 155 (2002).

124. G. Watson, T. Lafitte, C.K. Zeberg-Mikkelsen, A. Baylaucq, D. Bessieres, C. Boned. Równowaga fazowa płynów. **247**, 121 (2006).

125. W. Marczak, M. Dzida, S. Ernst. High Temp. Wysoka prasa. **32**, 283 (2000).

126. T.F. Sun, J.A. Schouten, P.J. Kortbeek, S.N. Biswas. Fizycznie. Chem. Liq. **21**, 231 (1990).

127. H. Kubota, Y. Tanaka, T. Makita. Int. J. Thermophys. **8**, 47 (1987).

128. H. Machida, Y. Sato, R.L.Jr. Smith. Równowaga fazowa płynów. **264** 147 (2008).

129. M.J. Dávila, S. Aparicio, R. Alcalde, B. Garcia, M. Leal. J. Green Chem. **9**, 221 (2007).

130. I M. Abdulagatov, A. Tekin, J. Safarov, A. Shahverdiyev, E. Hassel. Int. J. Thermophys. **29**, 505 (2008).

131. I.M. Abdulagatov, A. Tekin, J. Safarov, A. Shahverdiyev, E. Hassel. Równowaga fazowa płynów. **268**, 21 (2008).

132. I.M. Abdulagatov, A. Tekin, J. Safarov, A. Shahverdiyev, E. Hassel. J. Chem. Termodyn. **40**, 1386 (2008).

133. I.M. Abdulagatov, A. Tekin, J. Safarov, A. Shahverdiyev, E. Hassel. J. Sol. Chem. **37**, 801 (2008).

134. M. Schmidt, H. Lipson. Eureqa Formulize (wersja 0.97) [Oprogramowanie komputerowe]. Cambridge, mgr: Nutonian Inc. Odzyskane 14 czerwca (2012). Dostępny na stronie http://www.nutonian.com/.

135. D. Tomida, S. Kenmochi, T. Tsukada, K. Qiao, Q. Bao, C. Yokoyama. Int. J. Thermophys. **33**, 959 (2012).

136. W.G. Culter, R.H. McMickle, W. Webb, R.W. Schiessier. J. Chem. Phys. **29**, 727 (1958).

137. R.E. Gibson., O.H. Loeffler. J. Am. Chem... Soc. **63**, 2287 (1941).

138. H. Kashiwagi, T. Hashimoto, Y. Tanaka, H. Kubota, T Makita. Int. J. Thermophys. **3,** 201 (1982).

139. V. Tekac, I. Cibulka, R Holub. Równowaga fazowa płynów. **19**, 33 (1985).

140. A. Kumagai, H. Iwasaki. J. Chem. Eng. Dane, **23**, 193 (1978).

141. A. Kumagai, T. Toriumi. J. Chem. Eng. Dane **16**, 293 (1971).

142. S. Glasstone, K. Laidler, E. Eyring. Theory of Rate Processes, McGraw-Hill, Nowy Jork, (1941).

143. R.H. Stokes, R. Mills, Viscosity of Electrolytes and Related Properties, Pergamon Press, New York, 1965.

144. T. Erday-Gruz, Transport Phenomena in Aqueous Solutions, John Wiley & Sons Inc, Nowy Jork, 1974.

145. I.M. Abdulagatov, N.D. Azizov, J. Solution Chem. **34**, 645 (2005).

146. I.M. Abdulagatov, N.D. Azizov, Fluid Phase Equilib. **240**, 204 (2006).

147. I.M. Abdulagatov, N.D. Azizov, Thermochimica Acta **439**, 8 (2005).

148. I.M. Abdulagatov, A. Zeinalova, N.D. Azizov, J. Chem. Termodyn. **38**, 179 (2006).

149. C.E. Grimes, J. Kestin, H.E. Khalifa, J. Chem. Eng. Dane **24**, 121 (1979).

150. J. Kestin, I.R. Shankland, Int. J. Thermophys. **5**, 241 (1984).

151. H. Schmidt, M. Stephan, J. Safarov, I. Kul, J. Nocke, I.M. Abdulagatov, E.J. Hassel. Chem. Termodyn. **47**, 68 (2012).

152. L.R. Cook, H.E. King, C.A. Herbst, D.R. Herschbach, J. Chem. Phys. **100,** 5178 (1994).

153. R. Böhmer, K.L. Ngai, C.A. Angel, D.J. Plazek, J. Chem. Phys. **99**, 4201 (1993).

154. M.J.P. Comuñas, A. Baylaucq, C. Boned, J. Fernández, Int. J. Thermophys. **22**, 749 (2001).

155. E. N. Andrade, Filozofie. Mag. **17**, 497 (1934).

156. T. Lech, G. Czechowski, J. Jadzyn, J. Chem. Eng. Data **46**, 725 (2001).

157. M. Yoshimura, C. Boned, G. Galliéro, J.-P. Bazile, A. Baylaucq, H. Ushiki, Chem. Phys. **369**, 126 (2010).

158. S.E. Quinones-Cisneros, U.K. Deiters. J. Phys. Chem. **B 110**, 12820 (2006).

159. E.W. Lemmon, M.L. Huber, M.O. McLinden. NIST Standard Reference Database 23, NIST Reference Fluid Thermodynamic and Transport Properties, REFPROP, wersja 9.0, Standard Reference Data Program, National Institute of Standards and Technology: Gaithersburg, MD, (2010).

160. M.L Huber, A. Laesecke, H.W. Xiang,. Równowaga fazowa płynów. **224**, 263 (2004).

161. D.I. Sagdeev. Doktoraty, Instytut Technologiczny, Kazań, 1985, 145 p.

162. M.G. Fomina. Doktoraty, Instytut Technologiczny, Kazań, 1986, 176 p.

163. D.L. Camin, F.D. Rossini. J. Phys. Chem. **60**, 1446 (1956).

164. B.N. Kireev. Nauchn. Tr. -Kursk. Boże. Pedagog. Inst. **23** (116), 40 (1974).

165. T.M. Letcher, F. Marsicano. J. Chem. Termodyn. **6**, 501 (1974).

166. R.K. Burkat, A.J. Richard. J. Chem. Termodyn. **7**, 271 (1975).

167. S.O. Guseinov, Z.S. Galandatov. Izv. Vyssh. Uchebn. Zaved., ser. Lewa i Gaz. **25** (8), 66 (1982).

168. J. Tojo, C. Diaz. J. Chem. Eng. Dane **40**, 96 (1995).

169. S.M.N. Hasan, D.-Y. Peng. J. Chem. Eng. Dane **56** (4), 946 (2011).

170. J.O. Halford. J. Chem. Phys. **18**, 361 (1950).

171. S.O. Guseinov, Y.M. Naziev, A.N. Shakhverdiev. Izv. Vyssh. Uchebn. Zaved., ser. Neft i Gaz **24** (7), 62 (1981).

172. U. Domańska. Równowaga fazowa płynów. **130**, 207 (1997).

173. A.L. Badalyan, N.F. Otpushennikov. Trans. Kurski Pedagog. Inst. **91**, 215 (1971).

174. A.L. Badalyan, N.F. Otpushennikov. Trans. Kurski Pedagog. Inst. **116**, 105 (1973)

175. Y.M. Naziev, S.O. Guseinov, A.K. Akhmedov. Izv. Vyssh. Uchebn. Zaved., ser. Neft i Gaz **6**, 65 (1972).

176. S.O. Guseinov, Y.M. Naziev, A.N. Shakhverdiev. Izv. Vyssh. Uchebn. Zaved., ser. Neft i Gaz **4**, 66 (1977).

177. S.O. Guseinov, Z.S. Galandatov. Izv. Vyssh. Uchebn. Zaved., ser. Lewa i Gaz **27** (4), 50 (1984).

178. V.E. Lusternik, A.G. Zdanov. Teplofiz. Svoistva Veshchestv Mater. **7**, 95 (1973).

179. I.M. Abdulagatov, A. Tekin, J. Safarov, A. Shahverdiev, E. Hassel. Thermochim. Acta **476**, 51 (2008).

180. Y. Ganiew, M.O. Musoyan, Y.V. Rastorguev, B.A. Grigor'ev. Obrady 11. międzynarodowej konferencji na temat właściwości wody i pary wodnej, Półkula, NY, 132 (1989).

181. J.M. Bernal-Garcia, J.A. Guzman-Lopez, A. Cabrales-Torres, V. Rico-Ramires, G.A. Iglesias-Silva. J. Chem. Eng. Dane. **53**, 1028 (2008).

182. C.A. Hall, K.A. Le, C. Rudaz, A. Radhi, C.S. Lovell, R.A. Damion, T. Budtova, M.E. Ries. J. Phys. Chem. **B 116**, 12810 (2012).

183. D.J. Glisster, M.D. Ediger. J. Phys. Chem. **97**, 10818 (1993).

184. L. Zhang, Y. Guo, H. Wei, E. Yang, W. Fang, R. Lin. J. Chem. Eng. Dane **55**, 4108 (2010).

185. R. Macias-Salinas, F. Garcia-Sanchez, G. Eliosa-Jimenez. Równowaga fazowa płynów. **210**, 319 (2003).

186. S.L. Oswal, J.P. Dave. Int. J. Thermophys. **27**, 376 (2006).

187. A. Kumagai, D. Tomida, C. Yokoyama. Int. J. Thermophys. **27**, 376 (2006).

188. R.A. Mc Allister. AIChE **J.1**, 427 (1960).

189. R.E. Powell, W.E. Roseveare, H. Eyring. Ind. Eng. Chem. **33**, 430 (1941).

190. I.M. Abdulagatov, N.D. Azizov. J. Chem. Termodyn. **38**, 1402 (2006).

191. I.M. Abdulagatov, A. Tekin, J. Safarov, A. Shahverdiev, E. Hassel. Thermochim. Acta **476**, 51 (2008).

192. L. Grunberg, A.H. Nissan. Natura **164** 799 (1949).

193. M.J. Assael, E. Charitidou. J.H. Dymond, M. Papadaki. Int. J. Thermophys. **13**, 237 (1992).

194. H. Kashiwagi, T. Makita. Int. J. Thermophys. **3**, 289 (1982).

195. F.J. Viera dos Santos, C.A. Nieto de Castro. Int. J. Thermophys. **18**, 367 (1997).

196. J.S. Rowlinson, F.L. Swinton. Liquids and Liquid Mixtures, 3. edycja, Butterworths Sci.., Londyn, (1982).

197. J.M. Prausnitz. Termodynamika molekularna równowagi fazowej płynów. Prentice Hall, Englewood Cliffs, (1969).

198. A. Kumagai, H. Iwasaki. J. Chem. Eng. Dane, **24**, 261 (1979).

199. E.K. Michailidou, M.J. Assael, M.L. Huber, R.A. Perkins. J. Phys. Chem. Sędzia sprawozdawca. Dane 42, 033102-1 (2013).

200. E.K. Michailidou, M.J. Assael, M.L. Huber, I.M. Abdulagatov, R.A. Perkins. J. Phys. Chem. Sędzia sprawozdawca. Dane 43, 023103-1 (2014).

201. I. Prigogine. Molekularna teoria rozwiązań. North-Holland Co., Interscience Inc, Nowy Jork (1957).

202. P.P. Patil, S.R. Patil, A.U. Borse, D.G. Hundiwale. Rasayan J. Chem. 4, 599 (2011).

203. G.G. Redhi. Doktorat, UKZN, Durban, (2003).

204. N. Deenadayalu. Doktorat, UKZN, Durban, (2002).

205. Y. Mahan, C.N. Liew, A.E. Mather. J. Solution Chem. 31, 743 (2002).

206. J. Li, M. Mundhwa, P. Tontiwachwuthikul, A. Henni. J. Chem. Eng. Dane 52, 560 (2007).

207. B. Gonzalez, A. Domiguez, J. Tojo. J. Chem. Eng. Dane 51, 2096 (2006).

Spis treści

Kolibri 360 GmbH
Ferdinand-Jühlke-Straße 7
99095 Erfurt, Deutschland
produktsicherheit@kolibri360.de

Druck:
CPI Druckdienstleistungen GmbH
im Auftrag der
Kolibri 360 GmbH
Ferdinand-Jühlke-Str. 7
99095 Erfurt